Eberhard Abele
Reiner Anderl
Herbert Birkhofer
Bruno Rüttinger

EcoDesign

Eberhard Abele
Reiner Anderl
Herbert Birkhofer
Bruno Rüttinger
(Hrsg.)

EcoDesign

Von der Theorie in die Praxis

Mit 101 Abbildungen

Springer

Herausgeber:

Prof. Dr.-Ing. Eberhard Abele
Technische Universität Darmstadt
Petersenstraße 30
64287 Darmstadt

Leiter des Instituts
Produktionsmanagement, Technologie und Werkzeugmaschinen (PTW)

Prof. Dr.-Ing. Reiner Anderl
Technische Universität Darmstadt
Petersenstraße 30
64287 Darmstadt

Leiter des Fachgebiets
Datenverarbeitung in der Konstruktion (DiK)

Prof. Dr. h. c. Dr.-Ing. Herbert Birkhofer
Technische Universität Darmstadt
Magdalenenstraße 4
64289 Darmstadt

Leiter des Fachgebiets
Produktentwicklung und Maschinenelemente Darmstadt (pmd)

Prof. Dr. Bruno Rüttinger
Technische Universität Darmstadt
Alexanderstraße 10
64283 Darmstadt

Leiter der Arbeitsgruppe *Arbeits-, Betriebs- und Organisationspsychologie (ABO)* des Instituts für Psychologie der Technischen Universität Darmstadt

Bibliografische Information der Deutschen Bibliothek
Die Deutsche Bibliothek verzeichnet diese Publikation in der Deutschen Nationalbibliografie; detaillierte bibliografische Daten sind im Internet über http://dnb.ddb.de abrufbar.

ISBN 978-3-540-75437-4 **Springer Berlin Heidelberg New York**

Springer ist ein Unternehmen von Springer Science+Business Media
springer.de

Umschlaggestaltung: deblik, Berlin
Satz: Druckreife Vorlage der Herausgeber
Herstellung: Christine Adolph

Gedruckt auf säurefreiem Papier 30/2133/CA 5 4 3 2 1

Vorwort der Herausgeber

Der Schutz der Umwelt als Zielstellung für unser Handeln und als Lebensgrundlage für zukünftige Generationen nimmt einen breiten Raum in der öffentlichen Diskussion und in den Medien ein. Viele Vorschläge werden genannt, wie wir unsere Ressourcen schonen und die Abfälle und Emissionen begrenzen können. All das ist gut gemeint, aber manches ist in einem Hochlohnland wie Deutschland mit seinem komplexen wirtschaftlichen Gefüge nicht oder nur auf lange Sicht hinaus umzusetzen. Anderes betrifft bei genauer Betrachtung weit mehr die Verbraucher mit ihrer Konsumorientierung als die industriellen Produzenten, die im harten globalen Wettbewerb stehen und versuchen, die Kundenwünsche optimal zu befriedigen.

Das vorliegende Buch ist ein Bericht über ein von der Deutschen Forschungsgemeinschaft (DFG) gefördertes Vorhaben, in dem Wissenschaft und Unternehmen gemeinsam versuchen, Lösungen aufzuzeigen und umzusetzen, um konsequent der Verantwortung der Unternehmen für die Umwelt gerecht zu werden. Der Transferbereich 55 „Umweltgerechte Produkte durch optimierte Prozesse, Methoden und Instrumente in der Produktentwicklung“ umfasst sechs Kooperationsprojekte zwischen Instituten und Fachgebieten der TU Darmstadt und Industrieunternehmen. Er basiert auf den wissenschaftlichen Ergebnissen und Erkenntnissen des Sonderforschungsbereichs 392 „Entwicklung umweltgerechter Produkte“ und zielt auf die Umsetzung der dort gewonnenen Erfahrungen im industriellen Alltag. Die Forscher stellen sich damit explizit den Herausforderungen des betrieblichen Alltags und wollen ihren Teil dazu beitragen, dass umweltgerechtes Denken und Handeln in die Prozesse der Produktentstehung umfassend integriert wird.

Die Schwierigkeiten dabei sind groß. Unternehmen stehen in einem scharfen, oft globalen Wettbewerb. Lohnniveau und Arbeitsplatzsicherung sind dabei zentrale Themen. Kosten und Qualität, Time to Market und Renditen für Anteilseigner bestimmen maßgeblich die Entscheidungen im gesamten Prozess der Produktentstehung. Die Umweltrelevanz von Produktentscheidungen und Prozessgestaltungen gerät demgegenüber leicht in Gefahr, nachrangig behandelt und auf das Erfüllen von gesetzlichen Mindestanforderungen reduziert zu werden.

Hinzu kommen die vielfältigen Verordnungen und Gesetze im Umweltrecht aus nationalen und EU-Legislativen. So notwendig und wichtig derartige Vorgaben zum Schutze unserer Umwelt sind, so unsicher, ja teilweise unbefriedigend sind die Umsetzungsbestimmungen, denen es oft an konkreten, für die Unternehmenspraxis geeigneten Vorgaben mangelt. Unsicherheit über Ziele und Maßnahmen aber fördert die Skepsis hinsichtlich der Bedeutung von Umweltanforderungen und lässt leicht andere Anforderungen wichtiger erscheinen.

In diesem Spannungsfeld aus Marktanforderungen, Wettbewerbsdruck und Gesetzesvorgaben hat der Transferbereich 55 in drei Jahren Laufzeit die hier beschriebenen Projekte bearbeitet und dabei auf unterschiedlichsten Betätigungsfeldern nachweisbare Erfolge erzielt. Schnell zeigte sich dabei, dass den einzelnen Unternehmen nicht eine Einheitslösung für umweltgerechtes Denken und Handeln nützt. Vielmehr bedarf es der individuellen Umsetzung von EcoDesign-Ansätzen, welche den spezifischen Situationen und Bedürfnissen der Unternehmen Rechnung tragen. So werden hier Projekte beschrieben, die konkrete Produktentwicklungen betreffen, ebenso wie Projekte, in denen der Schwerpunkt auf einer Optimierung der Produktentstehungsprozesse im Hinblick auf Umweltbezüge im Vordergrund steht. Bereichsübergreifend verwendbare Arbeitsmittel und Softwareentwicklungen für Umweltanalysen und -optimierungen finden sich ebenso wie marktpsychologische und ergonomische Arbeiten zur Verbesserung der Umweltperformance von Produkten. Einmal mehr leitet sich hieraus die Erkenntnis ab, dass Umwelt nicht allein ein Thema für einen Umweltbeauftragten sein darf, sondern durchgängig alle Phasen des betrieblichen Leistungserstellungsprozesses betrifft. Dennoch können wertvolle, weitgehend allgemeingültige Ratschläge für die Implementierung des EcoDesigns in Unternehmen gegeben werden, die in diesem Buch in einem praktischen Leitfaden zusammengefasst wurden.

Was hier vorliegt, sind konkrete Umsetzungsbeispiele von umweltgerechten Produkten, Prozessen, Methoden und Instrumenten mit einer Fülle von Hinweisen und Empfehlungen für Nachahmer in anderen Unternehmen und Branchen. Für die Wissenschaft mag dieses Buch als Empfehlung, aber auch als Ansporn dienen, sich den Herausforderungen der betrieblichen Praxis zu stellen. Wissenschaft und Praxis müssen keine Gegensätze sein und es gehört zu den wertvollsten Erfahrungen dieses Transferbereichs, das gemeinsame Agieren von Forschern und Praktikern zum Wohle unserer Umwelt zu beobachten.

Den wissenschaftlichen Mitarbeitern und den mit uns als Hilfsassistenten, Bachelor- oder Masterstudenten mitarbeitenden Studierenden sei an dieser Stelle auf das Herzlichste gedankt. Sie sind es, die sich auf dieses komplexe und schwierige Vorhaben eingelassen und es mit außerordentlichem Engagement und mit Freude zum Erfolg geführt haben. Herzlicher Dank gebührt auch den kooperierenden Forschern im In-

und Ausland, deren Sichten und Arbeiten in vielen Diskussionen uns immer wieder Anstoß und Anregung zu noch besserem Vorgehen waren.

Außerordentlicher Dank aber gebührt den kooperierenden Unternehmen, die bereit waren, sich mit uns der Verantwortung „Umwelt" zu stellen. Eine der erstaunlichsten Erfahrungen bei der Akquise der Unternehmen in der Zeit der Vorbereitung des Transferbereichs war die vielfache Bereitschaft der Unternehmen, sich trotz hohem Markt- und Wettbewerbsdruck mit erheblichem eigenen Aufwand und Engagement in die Projekte einzubringen. Insbesondere die Mitarbeiter aus der Industrie, die als direkte Kooperationspartner mit und zusammen diesen Transferbereich ausgestalteten, haben hervorragende Arbeit geleistet. Ihnen und den Unternehmen Alfred Kärcher GmbH & Co. KG, Heidelberger Druckmaschinen AG, Hilti Entwicklungsgesellschaft mbH Motorola AG sowie der TechniData AG sei ganz besonders gedankt.

Schließlich gebührt der Deutschen Forschungsgemeinschaft (DFG) für ihre Forschungsförderung ein großer Dank. Sie hat mit dem großartigen Instrument der Transferbereiche seit Jahren einen erfolgreichen Weg aufgezeigt, die viel zitierte Kluft zwischen Wissenschaft und Praxis zu schließen und der wissenschaftlichen Exzellenz auch eine Umsetzungsexzellenz an die Seite zu stellen. Herzlichen Dank auch an die Gutachter der DFG, die unsere Anträge so positiv begutachtet und unsere Arbeit immer wohlwollend unterstützt haben.

Darmstadt, im November 2007
Eberhard Abele, Reiner Anderl, Herbert Birkhofer, Bruno Rüttinger

Inhaltsverzeichnis

Autorenverzeichnis

Dipl.-Ing. (FH) Ingrid Amon-Tran
Heidelberger Druckmaschinen AG
Abteilungsleiterin Umwelt & Chemie
Teilprojekt C4
Kurfürsten-Anlage 52-60
69115 Heidelberg

Dipl.-Wirtsch.-Ing. Erik Bachmann
TechniData AG
Senior Project Manager
EH&S Solutions for Products & Production
Teilprojekt C5
Dornierstraße 3
88677 Markdorf

Dipl.-Wirtsch.-Ing (FH) Wolfram Callenius
Alfred Kärcher GmbH & Co. KG
Produkt- und Zielgruppenmanagement
Scheuersaugmaschinen
Teilprojekt C6
Alfred-Kärcher Straße 28-40
71364 Winnenden

Dipl.-Ing. Frank Dieter Clesle
TechniData AG
Corporate Vice President
Leiter Protfolio Management
Teilprojekt C5
Dornierstraße 3
88677 Markdorf

Dr.-Ing. Stefan Feickert
Produktionsmanagement, Technologie
und Werkzeugmaschinen (PTW)
Teilprojekt C5 (bis 12/2006)

Dr. Tobias Felsing
Arbeits-, Betriebs- und Organisations-
psychologie (ABO)
Teilprojekt C6

Dipl.-Psych. Holger Franke
Arbeits-, Betriebs- und Organisations-
psychologie (ABO)
Teilprojekt C6

Dipl.-Ing. Christof Fritz
Produktentwicklung und Maschinenelemente
Darmstadt (pmd)
Teilprojekt C3

Dr.-Ing. Hagen Gehringer
Alfred Kärcher GmbH & Co. KG
Bereichsleiter Corporate Development
Teilprojekte C2 und C6
Alfred-Kärcher Straße 28-40
71364 Winnenden

Dipl.-Wirtsch.-Ing. Jan Grossmann
Produktentwicklung und Maschinenelemente
Darmstadt (pmd)
Teilprojekt C1

Dr.-Ing. Joachim Günther
Hilti Entwicklungsgesellschaft mbH
Gruppenleiter Konstruktion Diamanttechnik
Teilprojekt C1
Hiltistrasse 6
D-86916 Kaufering

M.Sc. Sonja Hansen
Produktionsmanagement, Technologie
und Werkzeugmaschinen (PTW)
Teilprojekt C1

Dipl.-Wirtsch.-Ing. Dirk Hanusch
Produktentwicklung und Maschinenelemente
Darmstadt (pmd)
Teilprojekt C4

Dr. Kerstin Haury
Arbeits-, Betriebs- und Organisations-
psychologie (ABO)
Teilprojekt C6

Dipl.-Ing. Udo Hermenau
Produktionsmanagement, Technologie
und Werkzeugmaschinen (PTW)
Teilprojekt C2

Dipl.-Psych. Sonja Kleinheinz
Arbeits-, Betriebs- und Organisations-
psychologie (ABO)
Teilprojekt C6

Dipl.-Wirtsch.-Ing. Benjamin Kuhrke
Produktionsmanagement, Technologie
und Werkzeugmaschinen (PTW)
Teilprojekt C5

Axel Leschtar
Alfred Kärcher GmbH & Co. KG
Umweltberauftragter
Teilprojekt C2
Alfred-Kärcher Straße 28-40
71364 Winnenden

Dipl.-Wirtsch.-Ing. Katharina Melk
Datenverarbeitung in der Konstruktion (DiK)
Teilprojekt C5

Dipl.-Ing. Lars Melzer
Hilti Entwicklungsgesellschaft mbH
Leiter Entwicklung Diamanttechnik
Teilprojekt C1
Hiltistrasse 6
D-86916 Kaufering

Dr. Katrin Müller
Motorola GmbH
Physical and Digital Realization
Research Center
Senior Engineer
Teilprojekt C3
Heinrich-Hertz-Strasse 1
65232 Taunusstein

Dipl.-Ing. Christof Schendel
Produktentwicklung und Maschinenelemente
Darmstadt (pmd)
Teilprojekt C2

Dipl.-Psych. Katrin Seibel
Arbeits-, Betriebs- und Organisations-
psychologie (ABO)
Teilprojekt C6

Dipl.-Wirtsch.-Ing. Pamela Stöcker
Datenverarbeitung in der Konstruktion (DiK)
Teilprojekt C5

Dipl.-Ing. Markus Voss, ing. EC Lyon
Produktentwicklung und Maschinenelemente
Darmstadt (pmd)
Teilprojekt C4 (bis 03/2006)

Abbildungsverzeichnis

Tabellenverzeichnis

Einleitung

Udo Hermenau

Der 70er-Jahre-Slogan „Jute statt Plastik“ war ein Leitmotiv für die Forderung nach umweltgerechten Produkten. Heute wird von den Verbrauchern selbstverständlich erwartet, dass Produkte umweltgerecht sind. Inzwischen sind manche umweltgerechten Produkte sogar als High-end-Produkte zum Statussymbol geworden, indem sie die Verantwortung des Besitzers für die Umwelt dokumentieren. Allerdings nur, wenn sie das „Batik-Image“ der 70er und 80er Jahre abgelegt und damit die Alternativnische, in der sie lange Zeit standen, verlassen haben. „Eco“ ist in, „Öko“ ist out. Moderne umweltgerechte Produkte sind zeitgemäß, funktional und chic, das gebatikte T-Shirt aus den 70ern ist Welten von den heutigen „Eco“-Produkten entfernt, wie beispielsweise Energiesparlampen oder „3-Liter-Autos“.

Nachdem mit zunehmender Sensibilisierung für den Umweltschutz, auf breiter Front ausgelöst durch die Umweltbewegung der 70er-Jahre, zuerst der Produktionsbereich im Fokus der Betrachtungen stand und rauchende Schlote nicht mehr als Zeichen des Fortschritts angesehen wurden, erkannte man zunehmend die Belastung der Umwelt durch die hergestellten und in Umlauf gebrachten Produkte. Im Bereich des produktbezogenen Umweltschutzes erfolgten zunächst abgegrenzte technische Maßnahmen zur Verringerung der Umweltwirkungen von Produkten. Beispiele hierfür sind die Einführung des Katalysators in Kraftfahrzeugen oder die demontage- und recyclinggerechte Gestaltung von Konsumgütern.

Forschung und Wissenschaft gehen jedoch schon seit längerem einen Schritt weiter. Um Umweltwirkungen nicht von einer Lebensphase des Produkts in eine andere zu verschieben, wird bereits seit geraumer Zeit an ganzheitlichen Ansätzen gearbeitet, die eine ökologische Optimierung von Produkten über den gesamten Produktlebensweg, also „von der Wiege bis zur Bahre“, ermöglichen.

Dieser Trend findet sich auch in den politischen Aktivitäten der EU wieder. Von der breiten Öffentlichkeit eher wenig beachtet, wurden die Aktivitäten für eine umweltgerechte Gestaltung von Produkten auf politischer und gesetzgeberischer Ebene kontinuierlich vorangetrieben. Herausragende Beispiele hierfür sind die Integrierte Produktpolitik (IPP), die als Grünbuch seit 2001 vorliegt und das politische Bekenntnis der EU zur Entwicklung umweltgerechter Produkte darstellt. Ebenso wurden die gesetzlichen Rahmenbedingungen mit der EU-Richtlinie zur Gestaltung energiebetriebener Produkte (Directive 2005/32/EC on the eco-design of Energy-using Products - EuP) im Jahr 2005 festgeschrieben [Richtlinie 2005/32/EG]. Die EuP beinhaltet als Rahmenrichtlinie Vorgaben für die Gestaltung umweltgerechter Produkte, die mittels Durchführungsmaßnahmen konkretisiert und durch die EU-Staaten in nationales Recht umgesetzt werden müssen. Derzeit erfolgen die Fallstudien zu ausgewählten Produkten, auf deren Ergebnissen die Durchführungsmaßnahmen festgelegt werden. Im Gegensatz zur freiwilligen IPP wird die Einhaltung der EuP für die Hersteller der ausgewählten Produktgruppen verpflichtend, um eine CE-Kennzeichung zu erhalten und damit das Produkt in Europa in den Verkehr bringen zu dürfen.

An der Technischen Universität Darmstadt wurde die Entwicklung zum produktbezogenen Umweltschutz hin bereits Anfang der 90er Jahre erkannt und mit dem von Anfang 1996 bis Ende 2004 von der Deutschen Forschungsgemeinschaft (DFG) geförderte Sonderforschungsbereich 392 „Entwicklung umweltgerechter Produkte" ein Forschungsschwerpunkt zu diesem Thema eingerichtet.

Sehr bald wurde im Rahmen der Forschung jedoch deutlich, dass die Umsetzung der wissenschaftlichen Ansätze in die Praxis der Unternehmen sich erheblich langwieriger als anfänglich erwartet gestaltet. Deutlich wurde dies sogar im Rahmen einer Studie zu den Inhalten einschlägiger wissenschaftlicher Veröffentlichungen [Pascual 2003a]. Von den wissenschaftlichen Konferenzbeiträgen im Bereich EcoDesign beschrieb nur ca. jede 25. Veröffentlichung die praktisch umgesetzte ökologische Betrachtung eines Produkts, was einem Anteil von ca. 6 % entspricht. Hiervon befasste sich ein Drittel mit durchgeführten Ökobilanzen und zwei Drittel mit Pilotprojekten zur umweltgerechten Gestaltung ausgewählter Produkte.

„Jute statt Plastik" ist für die Entwicklungspraxis natürlich keine geeignete Anforderung an einen Konstrukteur, wenn es darum geht, ein umwelt- und marktgerechtes Produkt zu entwerfen. Die Entwicklung umweltgerechter Produkte stellt vielmehr eine komplexe Herausforderung dar, da eine Vielzahl teilweise konkurrierender technischer, ökonomischer und ökologischer Anforderungen zu berücksichtigen ist, um ein marktgerechtes, konkurrenzfähiges und gleichzeitig umweltgerechtes Produkt zu entwickeln.

Gestaltet sich dies bereits in den Fallstudien der Wissenschaftler schwierig, so verschärfen sich die Anforderungen zusätzlich bei der Umsetzung in der Entwicklungspraxis eines Unternehmens. Personalkapazitäten, technische Richtlinien, Kostenrahmen und Entscheidungshierarchien sind nur einige wenige Faktoren, die erheblichen

Einfluss auf die Umsetzung eines EcoDesign-Ansatzes in der Praxis haben.

Aufgrund dieser Erfahrungen wurde der Transferbereich 55 „Umweltgerechte Produkte durch optimierte Prozesse, Methoden und Instrumente in der Produktentwicklung“ ins Leben gerufen. Ebenfalls von der DFG gefördert, erfolgt von Anfang 2004 bis Ende 2007 an der TU Darmstadt die Übertragung der im Rahmen der wissenschaftlichen Grundlagenforschung erarbeiteten Ergebnisse des Sonderforschungsbereichs 392 in die industrielle Praxis.

Das vorliegende Buch gibt einen umfassenden Überblick über die Erkenntnisse und Erfahrungen des Transferbereichs 55. Neben der Darstellung der Fallstudien sollen die gewonnenen Erkenntnisse insbesondere dazu dienen, dem Leser eine Orientierung bei der praktischen Umsetzung der Entwicklung umweltgerechter Produkte zu geben.

EcoDesign

Im Zusammenhang mit der Entwicklung umweltgerechter Produkte tauchen Begriffe auf wie „EcoDesign“ (bzw. „Öko-Design“), „Design for the Environment“ (DfE), „Life Cycle Design“ (LCD), “Design for Sustainability” (DfS) und andere mehr.
Während Begriffe, die sich auf „Sustainability“ bzw. „Nachhaltigkeit“ beziehen, meist in einem über die Produktentwicklung hinausgehenden, größeren und vielfach auch sozialen und gesellschaftlichen Kontext gebraucht werden, haben sich die genannten Begriffe im Zusammenhang mit der Entwicklung umweltgerechter Produkte etabliert. Problematisch ist jedoch, dass es für diese Begriffe keine einheitlichen Definitionen gibt. So wird beispielsweise im DIN-Fachbericht ISO/TR 14062 „Umweltmanagement -Integration von Umweltaspekten in Produktdesign und -entwicklung“ „EcoDesign“ als „...Integration von Umweltaspekten bei Produktdesign und -entwicklung...“ definiert [ISO 14062 2003]. Diese Definition ist jedoch, wie die meisten anderen auch, sehr vage und ermöglicht keine eindeutige Abgrenzung dessen, was unter „EcoDesign“ verstanden werden kann.

Insbesondere in Umweltberichten von Unternehmen wird der Begriff „EcoDesign“ weit gefasst. So kann er die Bereitstellung von Entsorgungseinrichtungen für die Produkte bedeuten, die Berücksichtigung einer Checkliste zur Materialauswahl in der Produktentwicklung oder auch die prospektive Verringerung aller Umweltwirkungen der Produkte über den gesamten Produktlebensweg auf Grundlage aufwendiger Ökobilanzen umfassen [Pascual 2003b].

Im Rahmen des vorliegenden Buchs wird der Begriff „EcoDesign" synonym mit dem an der TU Darmstadt gebrauchten Begriff des „Life Cycle Design" verstanden, der „... die ganzheitliche ökologische, ökonomische und technische Optimierung von Produkten unter Berücksichtigung ihres gesamten Lebensweges" umfasst [TFB 55 2007]. Dies gilt auch, wenn von der „... Entwicklung umweltgerechter Produkte..." die Rede ist. Die bevorzugte Verwendung des Begriffes „EcoDesign" ergibt sich lediglich aus dessen größerer Verbreitung über verschiedene Sprachräume hinweg.

Der Sonderforschungsbereich 392

Der Sonderforschungsbereich 392 „Entwicklung umweltgerechter Produkte - Arbeitsmittel, Methoden, Instrumente" wurde Anfang 1996 an der TU Darmstadt initiiert und endete im Dezember 2004. Ziel des von der Deutschen Forschungsgemeinschaft geförderten Forschungsvorhabens war es, Methoden, Arbeitsmittel und Instrumente zur Unterstützung des Produktentwicklers für eine ganzheitliche und präventive ökologische Optimierung von Produkten zu erarbeiten.

Der SFB 392 wurde vor dem Hintergrund ins Leben gerufen, dass Industrie und wissenschaftliche Forschungseinrichtungen die Notwendigkeit zur umweltgerechten Gestaltung von Produkten als Baustein zur Sicherstellung der Lebensgrundlagen des Menschen zwar grundsätzlich anerkannten, ein ganzheitlicher und entwicklungsbegleitender Ansatz fehlte dafür jedoch Mitte der 90er Jahre. Der ganzheitliche Ansatz des SFB 392 berücksichtigte alle Aspekte des Produktlebenswegs und sollte einseitige ökologische Verbesserungen in einer Lebensphase zu Lasten Anderer ausschließen. Zudem stand „Ganzheitlichkeit" im Sinne des SFB 392 auch immer für die gleichberechtigte Berücksichtigung ökologischer, ökonomischer und technischer Aspekte.

Methoden, Arbeitsmittel und Instrumente zur ganzheitlichen und präventiven ökologischen Optimierung sollten den Produktentwickler bei seiner Entscheidungsfindung im Entwicklungsprozess derart unterstützen, dass der Großteil der Umweltwirkungen eines Produkts bereits durch eine entsprechende Gestaltung in der Entwicklungsphase vermieden wird. Aus Sicht des SFB 392 stellte insbesondere diese Umsetzung einer ganzheitlichen, prospektiven und präventiven ökologische Gestaltung von

Produkten einen geeigneten nachhaltigen Lösungsansatz dar. Er bildete somit auch den zentralen Aspekt der Forschungsarbeit des SFB 392 (Abbildung 1).

Um die Auswirkungen der Entscheidungen des Produktentwicklers auf die Umweltwirkungen des Produkts in seinem Lebensweg beurteilen zu können, wurden die Relationen zwischen den Entscheidungen im Entwicklungsprozess und den Umweltwirkungen der dadurch angestoßenen Prozesse im Produktlebensweg untersucht. Dabei wurden der gesamte Produktlebenslauf und die Wechselwirkungen zwischen den Lebenslauf- und Entwicklungsphasen betrachtet und beurteilt.

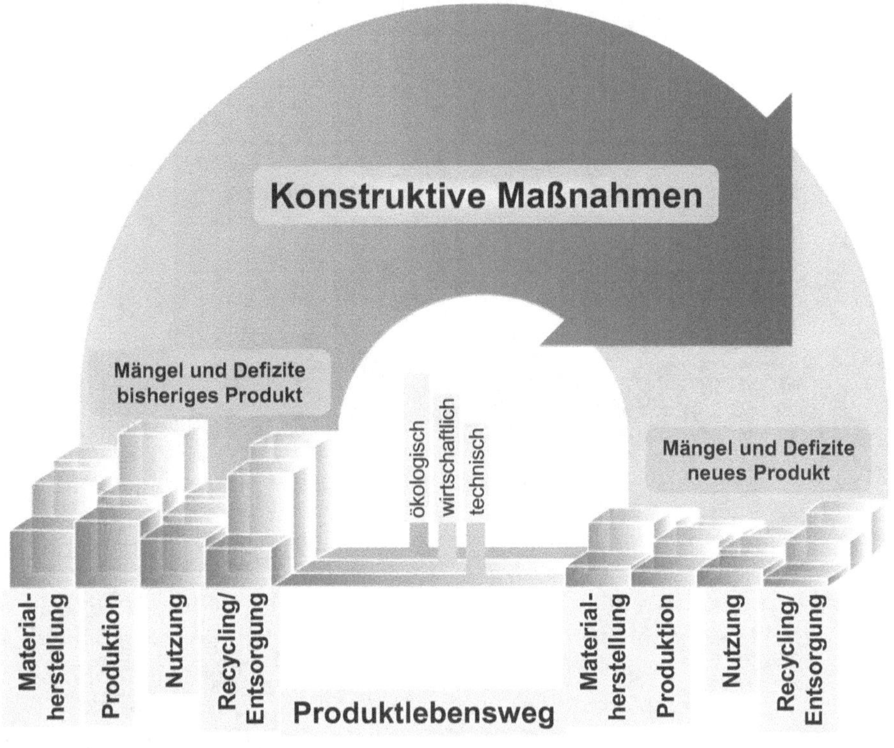

Abb. 1. Vision des Sonderforschungsbereichs 392 [in Anlehnung an: Abele et al. 2005]

Dieses Konzept des SFB 392, der „Ganzheitlichen Produkt- und Prozessentwicklung“ (Abbildung 2) berücksichtigte alle Produktlebensphasen „von der Wiege bis zur Bahre“, ausgehend von der Werkstoffherstellung über die Produktion und Nutzung bis hin zum Recycling und zur Entsorgung. Die daraus gewonnenen Erkenntnisse wurden in die Produktenwicklung zurückgespiegelt, indem sie in die entwickelten Methoden, Arbeitsmittel und Instrumente integriert wurden mit dem Ziel, die Entwicklung umwelt- und markgerechter Produkte zu ermöglichen.

Für einen weitergehenden Einblick in die Arbeiten und Ergebnisse des SFB 392 möchten wir an dieser Stelle auf das ebenfalls beim Springer-Verlag erschienene Buch „Environmentally-friendly Product Development – Methods and Tools“ verweisen [Abele et al. 2005], in dem diese umfassend dargestellt werden.

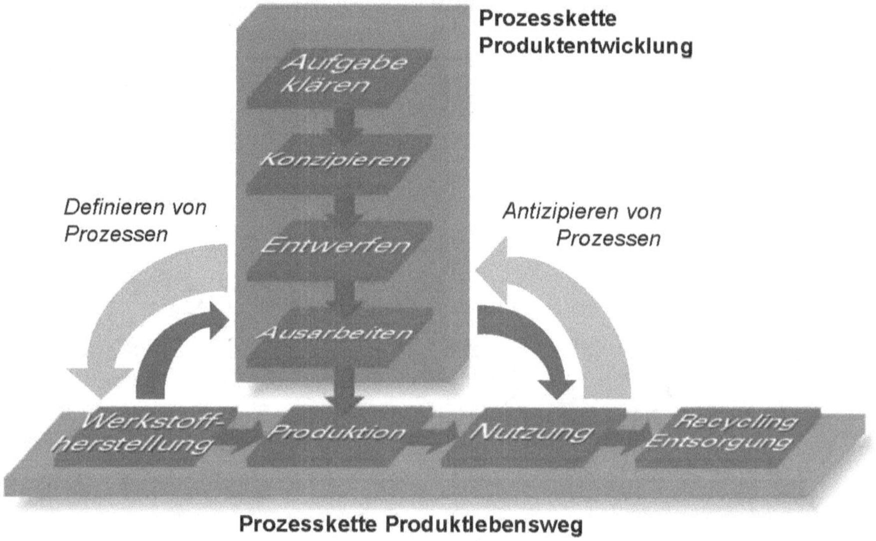

Abb. 2. Ganzheitliche Produkt- und Prozessentwicklung [Quelle: SFB 392 2003]

Im Verlauf der Arbeiten des SFB 392 wurde auch der Bedarf der Industrie bei der Umsetzung der neuen, aus dem EcoDesign resultierenden Anforderungen deutlich. Diese Erkenntnis war Motivation für die Initiierung des Transferbereichs 55 mit seinen sechs Transferprojekten zur Fortführung und Übertragung der EcoDesign-Forschungsaktivitäten mit dem Ziel der Integration in die industrielle Praxis.

Der Transferbereich 55

Der Transferbereich 55 „Umweltgerechte Produkte durch optimierte Prozesse, Methoden und Instrumente in der Produktentwicklung“ wurde Anfang 2005 an der TU Darmstadt eingerichtet. Gefördert von der

Deutschen Forschungsgemeinschaft (DFG), zielte dieser darauf ab, bis zu seinem Auslaufen Ende 2007 die Ergebnisse des SFB 392 in die industrielle Praxis zu übertragen. Mit Abschluss des SFB 392 standen Methoden, Arbeitsmittel und Instrumente aus neun Jahren EcoDesign-Grundlagenforschung sowie das umfangreiche, im Rahmen von Kooperationsprojekten mit der Industrie erworbene Hintergrundwissen zur Verfügung.

Diese zu überwinden war ein zentraler Aspekt der Arbeiten im Transferbereich 55, die in sechs Teilprojekten mit fünf Industriepartnern durchgeführt wurden.

Ziele

Ziel des TFB 55 war es, Wege aufzuzeigen, wie EcoDesign nachhaltig in die Praxis der Unternehmen übertragen werden kann, um zukünftig die Entwicklung markt- und umweltgerechter Produkte sicherzustellen. Im Fokus der Forschungsarbeiten stand dabei neben der Entwicklung bzw. Anpassung von Methoden, Arbeitsmitteln und Instrumenten auch deren Übertragung in die Praxis.

Aus diesem Ziel wurden die folgenden Teilziele abgeleitet:

- Entwicklung umwelt- und marktgerechter Produkte:
  Grundsätzlich sollten die kooperierenden Unternehmen in die Lage versetzt werden, umwelt- und marktgerechte Produkte zu entwickeln, indem sie EcoDesign in ihrer Entwicklungspraxis umsetzen. Die verschiedenen Teilprojekte besaßen dabei unterschiedliche Ausrichtungen. Sie reichten von der methodischen Unterstützung der aktiven Entwicklungsarbeit bis hin zur strategischen Integration in die Unternehmensabläufe.
- Anpassen, Optimieren und Integrieren von Methoden:
  Die methodische Adaption bestehender wissenschaftlicher Methoden an die Bedürfnisse der Anwender in der Industrie war ein weiteres Ziel der Arbeiten im Transferbereich. Es galt, die Rahmenbedingungen des Methodeneinsatzes zu identifizieren und Strategien für eine Anpassung an diese Bedingungen zu entwickeln.
- Proaktives Umsetzen rechtlicher Rahmenbedingungen:
  Gerade die EuP-Richtlinie stellt die Unternehmen vor neue Herausforderungen. Während das Ziel der Richtlinie bereits bekannt ist, ist die Ausgestaltung der Umsetzungsmaßnahmen nur begrenzt absehbar, aber durch die ausdrücklich erwünschte Beteiligung aller Stakeholder von den Unternehmen zu beeinflussen. Die Möglichkeit,

Einfluss auf die Ausgestaltung zu nehmen, erfordert aber auch die Kenntnis der resultierenden Auswirkungen von EcoDesign-Maßnahmen bereits im Vorfeld der Richtlinienkonkretisierung.

- Produktübergreifendes Übertragen von Lösungsansätzen und Ergebnissen:
  Im Unterschied zu vielen EcoDesign-Pilotprojekten ist die Übertragung der Erkenntnisse auch auf andere Produkte derselben Sparte ein erklärtes Ziel im Transferbereich. Neben der Übernahme produktspezifischer ökologischer Optimierungslösungen innerhalb einer Sparte beinhaltet dieses Ziel auch die Übertragung der zur Optimierung angewandten methodischen Vorgehensweisen, Arbeitsmittel und Instrumente.
- Berücksichtigung von Zukaufteilen:
  Die zunehmend sinkende Fertigungstiefe erfordert auch die Berücksichtigung der durch die Zukaufteile verursachten Umweltwirkungen. Herauszufinden, nach welchen Kriterien diese gestaltet und ausgewählt werden und wie auf die umweltgerechte Gestaltung bzw. den Einkauf umweltgerechter Teile Einfluss genommen werden kann, ist ein weiteres Ziel innerhalb des Transferbereichs.
- Verankern von Umweltwissen im Unternehmen:
  Die nachhaltige Umsetzung des EcoDesigns in einem Unternehmen erfordert die Sensibilisierung der Anwender für die Aspekte des produktbezogenen Umweltschutzes sowie die Bereitstellung des erforderlichen Hintergrundwissens einschließlich der geeigneten Methoden, Arbeitsmittel und Instrumente.

Beteiligte Fachgebiete und Unternehmen

Im TFB 55 arbeiteten seitens der TU Darmstadt zwei Institute und ein Fachgebiet aus dem Bereich des Maschinenbaus sowie eine Arbeitsgruppe des Instituts für Psychologie interdisziplinär zusammen.
Im Einzelnen handelt es sich um:

- Das „Institut für Produktionsmanagement, Technologie und Werkzeugmaschinen“ (PTW) unter der Leitung von Prof. Dr.-Ing. Eberhard Abele,
- das Fachgebiet „Produktentwicklung und Maschinenelemente“ (pmd) unter der Leitung von Prof. Dr. h. c. Dr.-Ing. Herbert Birkhofer,
- das Fachgebiet „Datenverarbeitung in der Konstruktion“ (DiK) unter der Leitung von Prof. Dr.-Ing. Reiner Anderl und
- die Arbeitsgruppe „Arbeits-, Betriebs- und Organisationspsychologie“ (ABO) unter der Leitung von Prof. Dr. Bruno Rüttinger.

Für eine Zusammenarbeit im TFB 55 konnten folgende fünf Unternehmen unterschiedlicher Größe und Ausrichtung gewonnen werden:
- Motorola AG,
- Hilti Entwicklungsgesellschaft mbH,
- Alfred Kärcher GmbH & Co. KG,
- Heidelberger Druckmaschinen AG und
- TechniData AG.

Transferschwerpunkte und -projekte

Die Ausrichtung der Transferprojekte orientierte sich an den im Sonderforschungsbereich 392 definierten Bereichen des EcoDesign-Wissenstransfers (Abbildung 3):
- Produkte:
  Umsetzung und Evaluation der Methoden und Instrumente im Zuge der Entwicklung eines Produktes.
- Prozesse:
  Anpassung und Gestaltung geeigneter Arbeits- und Informationsabläufe in der Produktentstehung.
- Methoden:
  Methodisches Vorgehen bei der Entwicklung umweltgerechter Produkte.
- Instrumente:
  Konzeption eines Softwareinstruments zur ökologischen Beurteilung auf Basis von ERP[1]-Systemen.

[1] Enterprise Ressource Planing System.

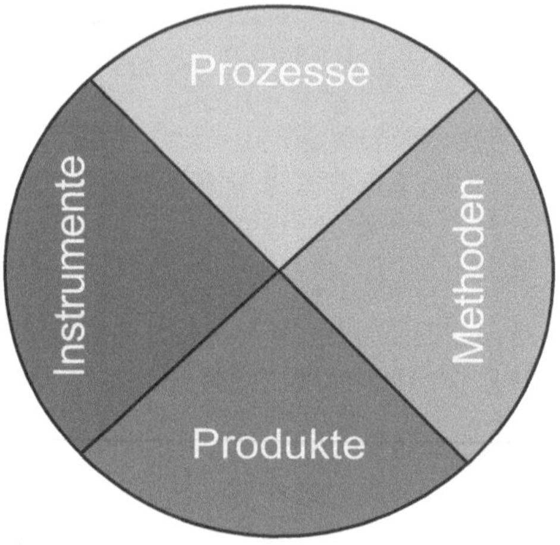

Abb. 3. Transferschwerpunkte des SFB 392

Wie in Abbildung 4 deutlich wird, konnte ein Teilprojekt verschiedene Aspekte des Transfers vertiefend bearbeiten. (Die Höhe der Diagrammsäulen repräsentiert Dauer und Umfang der einzelnen Projekte.)

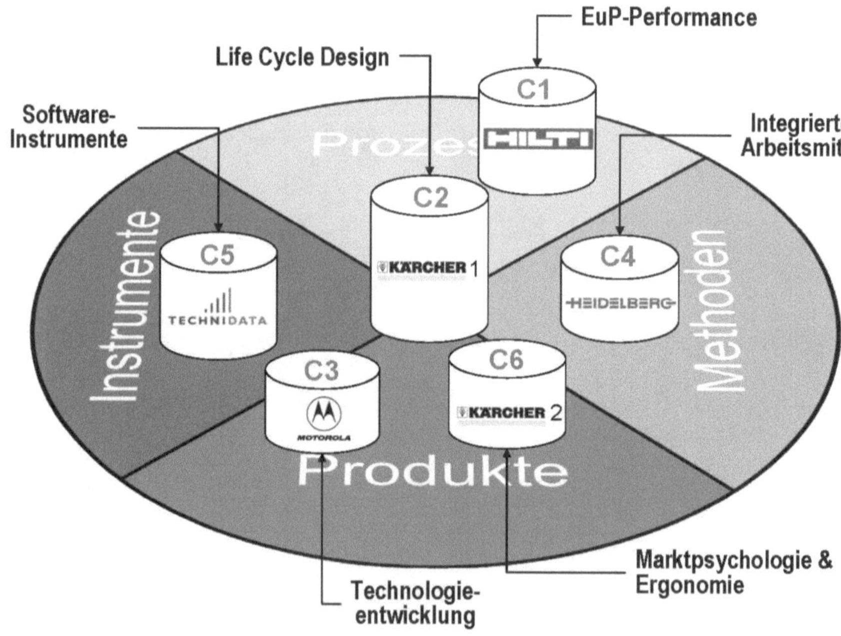

Abb. 4. Ausrichtung der TFB 55-Teilprojekte

Erschien eine fachübergreifende Vernetzung im Rahmen eines Teilprojekts sinnvoll, erfolgte die Bearbeitung durch mehrere der beteiligten Institute bzw. Fachgebiete der TU Darmstadt.

Zur Identifikation und Nutzung von Synergien bei der Bearbeitung erfolgten ein reger Austausch und eine enge Zusammenarbeit der beteiligten Projektbearbeiter. Zudem bot der im TFB 55 ins Leben gerufene „Expertenkreis Industrie“ (EKI) den Industriepartnern in regelmäßigen Abständen die Möglichkeit, gemeinsame Fragestellungen zusammen mit den Mitarbeitern der TU Darmstadt zu bearbeiten.

Die nachfolgende Aufzählung der Transferprojekte soll nur als eine erste Orientierung dienen. Weitergehenden Einblick in die Projekte und die erzielten Ergebnisse geben die nachfolgenden Kapitel.

Bei den Projekten handelte es sich im Einzelnen um:

- Teilprojekt C1 **„EuP-Implementierung“**
  In Kooperation der Hilti Entwicklungsgesellschaft mbH mit den Fachgebieten pmd und PTW erfolgte in diesem Projekt die Optimierung der Hilti-Produktentwicklungsprozesse mit Hinblick auf die anstehenden EuP-Durchführungsmaßnahmen.
- Teilprojekt C2 **„Life Cycle Design in der industriellen Produktentwicklungspraxis“**
  Im Rahmen dieses Projekts wurden mit Unterstützung der Fachgebiete PTW und pmd beim Projektpartner Alfred Kärcher GmbH & Co. KG EcoDesign Aspekte strategisch in den Produktentwicklungsprozess integriert.
- Teilprojekt C3 **„Umweltgerechte Energieversorgung für mobile Kommunikationsgeräte“**
  Der Fokus des Projekts lag auf der Entwicklung innovativer und umweltgerechter Energieversorgungskomponenten für den Einsatz in mobilen Kommunikationsgeräten der Motorola AG in Zusammenarbeit mit dem Fachgebiet pmd.
- Teilprojekt C4 **„Integrierte Arbeitsmittel für die Entwickler umweltgerechter Investitionsgüter“**
  Die Projektpartner Heidelberger Druckmaschinen AG und das Fachgebiet pmd gestalteten bedarfsgerechte Arbeitsmittel zur Entwicklung umweltgerechter Investitionsgüter und integrierten diese in die vorhandene IT-Umgebung des Industriepartners.
- Teilprojekt C5 **„Life Cycle Design auf Basis von Standardsoftwaresystemen“**
  Die TechniData AG, ein Exklusivpartner der SAP-AG, erstellte zusammen mit den Fachgebieten PTW und DiK ein Umsetzungskonzept

für ein Softwareinstrument, das dem Produktentwickler eine ökologische Produktbeurteilung auf Grundlage der im ERP-System gehaltenen Daten ermöglicht.

- Teilprojekt C6 **„Marktpsychologische und ergonomische Aspekte bei der Entwicklung umweltgerechter Produkte“**
  Im Rahmen dieses Projekts, hier in Zusammenarbeit der Alfred Kärcher GmbH & Co. KG und der Arbeitsgruppe ABO, sollte durch eine entsprechende Gestaltung der Mensch-Maschine-Schnittstelle die umweltgerechte Nutzung von Produkten sichergestellt sowie marktpsychologische Aspekte bei der Gestaltung umweltgerechter Produkte berücksichtigt werden.

Literatur

[Abele et al. 2005] Abele, E.; Anderl, R.; Birkhofer, H. (eds.): Environmentally Friendly Product Development – Methods and Tools, Springer: London, Berlin, Heidelberg 2005

[ISO 14062 2003] DIN Deutsches Institut für Normung e. V. (eds.): DIN-Fachbericht ISO/TR 14062, Umweltmanagement – Integration von Umweltaspekten in Produktdesign und –entwicklung, Beuth: Berlin, Wien, Zürich 2003

[Pascual 2003a] Pascual, O.; Boks, C.; Stevels, A.: Electronics ecodesign research empirically studied, in: Environmentally Conscious Design and Inverse Manufacturing, 2003. 3rd International Symposium on EcoDesign '03, 8.-11.Dezember 2003; Seiten 89-94

[Pascual 2003b] Pascual, O.; Boks, C.; Stevels, A.: Measuring implementation and performance of ecodesign in the electronics sector, in: Environmentally Conscious Design and Inverse Manufacturing, 2003. 3rd International Symposium on EcoDesign '03, 8.-11.Dezember 2003; Seiten 192- 197

[Richtlinie 2005/32/EG] Kommission der Europäischen Gemeinschaften: Richtlinie 2005/32/EG des Europäischen Parlaments und des Rates vom 6. Juli 2005 zur Schaffung eines Rahmens für die Festlegung von Anforderungen an die umweltgerechte Gestaltung energiebetriebener Produkte und zur Änderung der Richtlinie 92/42/EWG des Rates sowie der Richtlinien 96/57/EG und 2000/55/EG des Europäischen Parlaments und des Rates (EuP-Richtlinie). Amtsblatt der Europäischen Union, Brüssel: 2005

[SFB 392 2003] Homepage des Sonderforschungsbereichs 392: www.sfb392.tu-darmstadt.de/sfb392/index.php?page=Konzept.php, Stand 29.08.2007

[TFB 55 2007] Homepage des Transferbereichs 55: www.lifecycledesign.de, Stand 03.08.2007

1 EuP-Implementierung

Teilprojekt C1
Jan Großmann, Sonja Hansen, Lars Melzer, Joachim Günther

1.1 Projektpartner und Ausrichtung des Transferprojekts

Die Hilti AG (Hilti) ist ein international führendes Unternehmen in Entwicklung, Herstellung und Vertrieb von hochwertigen Produkten für die Baubranche. Das umfassende Systemangebot besteht aus aufeinander abgestimmten Produkten der Lasermesstechnik, der Direktmontage, der Bohr-, Abbau-, Schraub-, Dübel- und Diamanttechnik (Abbildung 5). Abgerundet wird die Angebotspalette durch die Bereiche Installationstechnik, Direktbefestigung, Brandschutz- und Schaumsysteme sowie Trenn- und Schleiftechnik. Im Jahr 2006 erzielten die weltweit 17.250 Mitarbeiter einen Umsatz von 4,1 Milliarden Schweizer Franken.

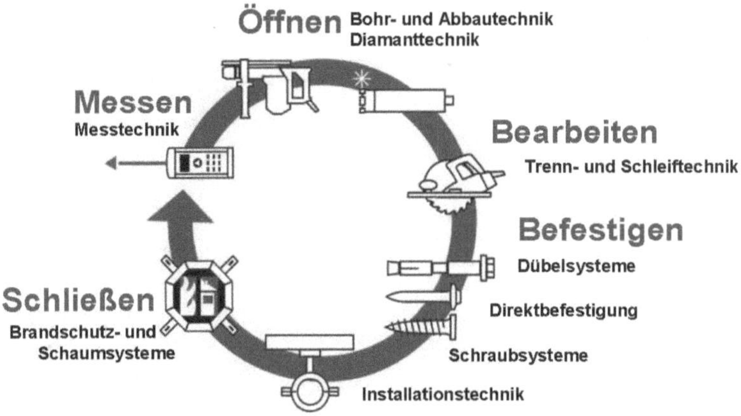

Abb. 5. Produktprogramm der Hilti AG

Am deutschen Hauptsitz in Kaufering bei Landsberg am Lech arbeiten rund 1.200 Mitarbeiter in den Geschäftsbereichen Produktentwicklung, Produktion, Service, Vertrieb und Verwaltung. Neben dem Stammsitz in Schaan im Fürstentum Liechtenstein ist die Hilti Entwicklungsgesellschaft mbH in Kaufering ein wichtiger Standort für Forschung und Entwicklung im Bereich Bohr- und Abbautechnik.

Das oberste Unternehmensziel von Hilti ist, seine Kunden zu begeistern und kompetenter Ansprechpartner für alle Fragen rund um den Bau zu sein. Die Unternehmensziele sind in den folgenden drei Punkten näher beschrieben und konkretisiert [Hilti 2006]:

- Wir bauen eine bessere Zukunft:
  Dieses Ziel umfasst den verantwortungsvollen Umgang gegenüber der Gesellschaft und der Umwelt. Der Schwerpunkt liegt auf der Förderung eines Betriebsklimas, in dem jedes Teammitglied geschätzt wird und persönlich wachsen kann. Ziel ist es, die eingegangenen Beziehungen zu Lieferanten und Partnern so zu gestalten, dass sich eine gewinnbringende Situation für alle Beteiligten einstellt. Um die Handlungsfreiheit langfristig sicherzustellen, wird ein substanzielles und nachhaltig profitables Wachstum angestrebt.
- Wir begeistern unsere Kunden:
  Durch innovative Lösungen soll ein überlegener Mehrwert für den Kunden geschaffen werden, der genau auf seine Bedürfnisse abgestimmt ist.
- Wir leben unsere Werte:
  Die Unternehmenskultur fördert die Integrität, die Teamarbeit und ein hohes Engagement und unterstützt somit den Mut zur Veränderung.

Im ersten Absatz ist das Ziel formuliert, mit der Umwelt verantwortungsbewusst umzugehen.

Durch das Transferprojekt "EuP-Implementierung" zwischen Hilti und der TU Darmstadt wurde dieses Ziel konkretisiert und in die Geschäftsprozesse umgesetzt. Das Transferprojekt hatte zum Ziel, Grundlagenwissen aus der Forschung in Unternehmen zu transferieren. Es war ausgelegt auf drei Jahre und lief von Januar 2005 bis Dezember 2007. Ein weiterer Ansatzpunkt war die bevorstehende Umsetzung der „Richtlinie 2005/32/EG des Europäischen Parlaments und des Europäischen Rates vom 6. Juli 2005 zur Schaffung eines Rahmens für die Festlegung von Anforderungen an die umweltgerechte Gestaltung energiebetriebener Produkte und zur Änderung der Richtlinie 92/42/EWG des Rates sowie der Richtlinien 96/57/EG und 2000/55/EG des Europäischen Parlaments und des Rates (EuP-Richtlinie)". Durch diese Richtlinie wurden erhebliche Auswirkungen auf die Produkt- und Prozessgestaltung in Unternehmen erwartet.

1.2 Projektziele

Ziel des Projektes war es, konkrete Auswirkungen der EuP-Richtlinie auf die Produkte und Prozesse prospektiv zu ermitteln, geeignete Maßnahmen zu konzipieren und in einem Pilotprojekt umzusetzen. Hilti soll dadurch befähigt werden,

- bei Ratifizierung der Richtlinie auf deren Umsetzung im Unternehmen vorbereitet zu sein,
- die aufgrund der Richtlinie zu ergreifenden Maßnahmen und Veränderungen in das Gesamtkonzept der bei Hilti bis 2008 angestrebten Entwicklungsziele zu integrieren,
- sein Image als Premiumanbieter gezielt um Aspekte der Nachhaltigkeit zu erweitern, aktiv in den Märkten, der Gesellschaft und der Politik darzustellen und im Bewusstsein der Öffentlichkeit zu verankern, sowie
- den noch verbleibenden Spielraum in der Normenarbeit für eine zweckdienliche Anpassung der EuP-Richtlinie an die Bedürfnisse von Hilti durch eigene und belegbare Erfahrungen nutzen zu können.

Es ging also darum, die bestehende große Unsicherheit bezüglich der Umsetzung der EuP-Richtlinie für Hilti aufzulösen und gleichzeitig die Umsetzung als Chance zu begreifen, bereits formulierte Unternehmens- und Produktentwicklungsziele bei Hilti in einer Gesamtschau ganzheitlich abzurunden.

Die Motivation für Hilti lag vor allem in der Operationalisierung und Verstärkung der methodischen Ansätze zur Entwicklung umweltgerechter Produkte im Sinne des Unternehmensleitbildes. Ziel der EuP-Richtlinie ist ein ganzheitliches und nachweisliches Reduzieren der Umweltbeeinträchtigungen über den gesamten Lebensweg [Richtlinie 2005/32/EG].

In dem Transferprojekt wurde auch eine geeignete Methodik zur Unterstützung des Produktentwicklungsprozesses und des „Life Cycle Managements" erarbeitet. Die Produktentwicklung sollte somit in die Lage versetzt werden, umweltgerechte Produkte zu entwickeln.

Der Sonderforschungsbereich 392 (SFB 392) hatte hierfür Methoden, Instrumente und Arbeitsmittel erarbeitet [Abele et al. 2005]. Er nahm damit sowohl den Leitgedanken als auch viele wesentliche Elemente der EuP-Richtlinie vorweg.

Die Erfahrungen in dem Entwicklungsprojekt wurden während der Projektdurchführung in die Richtlinienarbeit zurückgespielt, um eine praxistaugliche Richtliniengestaltung zu unterstützen. Die erforderliche methodische und instrumentelle Unterstützung wurde mit den bestehenden Entwicklungsprozessen abgeglichen. Dazu wurden die spezifischen

Rahmenbedingungen und der Entwicklungsprozess im Rahmen einer Prozessanalyse erfasst und dokumentiert. Durch das Aufgreifen und Anpassen von bestehenden Methoden wurde die Akzeptanz der Umsetzungsmaßnahmen erhöht.

1.3 Vorgehensweise

Das Transferprojekt gliederte sich in die drei Arbeitsschwerpunkte: Projekt vorbereiten, Entwicklungsprojekt durchführen und Erkenntnisse verbreiten. Die Arbeitsschwerpunkte unterteilten sich in einzelne Arbeitspakete (Abbildung 6).

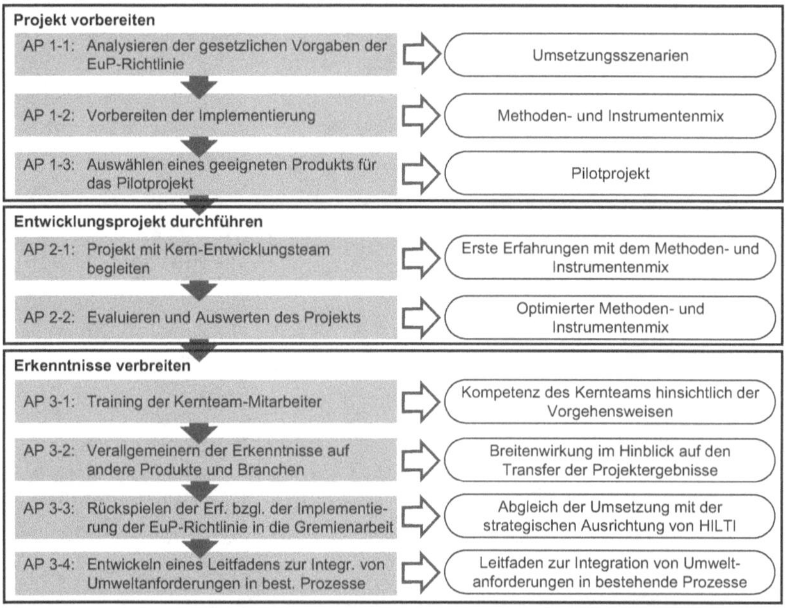

Abb. 6. Arbeitsschwerpunkte und Arbeitspakete des Transferprojekts

Im ersten Arbeitsschwerpunkt “Projekt vorbereiten“ wurde der produkt-, entwicklungsprozess- und umfeldbezogene Handlungsbedarf ermittelt, der bezüglich der Umsetzung der EuP-Richtlinie bestand. Dazu wurden geeignete Produkte aus dem Bereich Diamantbohrtechnik ausgewählt, die Entwicklungsprozesse bei Hilti in einer Prozessanalyse beschrieben und die verwendeten Methoden und Instrumente dokumentiert. Diese Beschreibung wurde mit den Vorgaben und Durchführungsmaßnahmen der EuP-Richtlinie systematisch verglichen. Aus dem Vergleich wurden detaillierte Anforderungen an eine EuP-gerechte Gestaltung von Produkten, Prozessen, Methoden und Instrumenten abgeleitet. Dies geschah vorwiegend durch Anpassen der bereits eingesetzten Methoden und Instrumente an die Anforderungen der EuP-Richtlinie, es wurden aber auch Ergänzungen aus dem Methodenpool des SFB 392 vorgenommen und so ein Hilti spezifischer Methoden- und Instrumentenmix zur Entwicklung umweltgerechter Produkte erarbeitet.

Dieses Konzept wurde im zweiten Arbeitsschwerpunkt "Entwicklungsprojekt durchführen" in einem kooperativ durchgeführten Pilotprojekt mit Hilti Entwicklern umgesetzt und entwicklungsbegleitend evaluiert. Neben der eigentlichen Produktentwicklung wurden Erfahrungen über die Integration der Vorgaben der EuP-Richtlinie und der Entwicklung umweltgerechter Produkte in die vorhandene Prozesslandschaft und die Leistungsfähigkeit und Akzeptanz der Methoden und Instrumente gewonnen. Durch die Projektarbeit wurde ein Kern-Entwicklungsteam mit umfangreichen Kompetenzen hinsichtlich der Methodenanwendung aufgebaut.

Gemäß der strategischen Ausrichtung des Transferprojekts wurden die Ergebnisse und Erkenntnisse im dritten Arbeitsschwerpunkt "Erkenntnisse verbreiten" in andere Entwicklungsabteilungen von Hilti hineingetragen. Mitglieder des Kern-Entwicklungsteams wurden hinsichtlich der Vermittlung der Ergebnisse und Erkenntnisse trainiert und agierten dann bei der unternehmensweiten Einführung des optimierten Methoden- und Instrumentenmix als Multiplikatoren. Die Erfahrungen in den Entwicklungsprojekten wurden während der Projektdurchführung in die Richtlinienarbeit zurückgespielt, um eine praxistaugliche Richtliniengestaltung zu unterstützen.

1.4 Ergebnisse des Transferprojekts

In den folgenden Kapiteln werden die Ergebnisse der Analyse der EuP-Richtlinie, der Gestaltung der methodischen Unterstützung für die Entwicklung umweltgerechter Produkte sowie die Umsetzung im Unternehmen vorgestellt.

Die Auswahl des Pilotproduktes richtete sich nach mehreren Kriterien. Es sollte ein typisches Hilti Produkt mit großem Marktanteil sein und zeitlich in den Rahmen des Transferprojektes passen. Die Auswahl fiel auf ein Diamantkernbohrsystem (Abbildung 7). Das System des Diamantkernbohrgeräts DD 200 besteht aus einem Bohrgerät mit Elektromotor, zugehörigen Bohrkronen und einem Bohrständer und dient dazu, Bohrungen bis zu 400 mm Durchmesser in Beton und armiertem Beton zu erstellen.

Abb. 7. Diamantkernbohrsystem DD 200

Dieses Gerät eignete sich sehr gut für das Pilotprojekt, da sich die gewonnenen Erkenntnisse auf andere ähnliche Produkte übertragen ließen und das Wissen des Pilotteams durch immer neue Teamzusammensetzungen schnell im Bereich Diamanttechnik des Unternehmens verbreitet werden konnte.

1.4.1 Analyse der gesetzlichen Vorgaben der EuP-Richtlinie

Die folgende Zusammenfassung basiert auf einer Analyse der EuP-Richtlinie und ihrer Vorstufen (Vorschlagsversionen) sowie diverser Stellungnahmen zu der Richtlinie und Präsentationen von wichtigen Stakeholdern, wie z. B. Vertretern von Industrieverbänden, Unternehmen, Nichtregierungsorganisationen (NROs) und Forschungsinstituten sowie Politikern der nationalen und EU-Ebene. Die EuP-Richtlinie ging aus der Integrierten Produktpolitik (IPP) der Europäischen Union (EU) hervor. Die Integrierte Produktpolitik markiert den Paradigmenwechsel in der europäischen Umweltpolitik weg vom produktionsbezogenen und hin zum produktbezogenen Umweltschutz [IPP 2001]. Mit der EuP-Richtlinie sollen bereits in der Entwicklungsphase Umweltgesichtspunkte des gesamten Produktlebenswegs des zu entwickelnden Produktes berücksichtigt werden. Die Richtlinie greift in die Produktentwicklung ein, da 80% der späteren Umweltwirkungen des Produktes bereits in der Konzeptionsphase festgelegt werden [Atik 2001].

Energiebetriebene Produkte (ohne Verkehrsmittel) verursachen rund 30% des Gesamtenergieverbrauchs und 40% der CO_2-Emissionen der Europäischen Union. Das von der Kommission vorgelegte Europäische

Programm zur Klimaänderung (ECCP) sieht eine erhebliche Senkung des Energieverbrauchs vor. Diese Reduktion ist nach dem Programm möglich und dringend erforderlich, um den Klimawandel aufzuhalten und die Kyoto-Ziele[2] der EU zu erreichen. Außerdem gehört die Klimaänderung zu den Prioritäten des Sechsten Umweltaktionsprogramms der Gemeinschaft, das im Beschluss Nr. 1600/2002/EG von Europäischem Parlament und Rat niedergelegt wurde. Die EuP-Richtlinie gilt für energiebetriebene Produkte mit einem Handelsvolumen von mindestens 200.000 Stück und erheblichem Verbesserungspotential ohne übermäßig hohe Kosten. Zur Abschätzung von Verbesserungspotential und Kosten laufen seit 2006 Vorstudien zu den Produktgruppen, die im ECCP-Bericht als Hauptenergieverbraucher identifiziert wurden. Aus diesem Grund ist ein Schwerpunkt der Richtlinie der Energieverbrauch in der Nutzungsphase dieser Produkte (Tabelle 1).

Tabelle 1. Übersicht über die Produktgruppen der Vorstudien[3]

Los	Bezeichnung	Los	Bezeichnung
1	Kessel	8	Bürobeleuchtung
2	Warmwasserbereiter	9	Straßenbeleuchtung
3	PCs und Computermonitore	10	Klimatechnik für Wohngebäude
4	Kopier-, Faxgeräte mit Drucker, Scanner, Multifunktionsgeräte	11	Elektromotoren
5	Konsumelektronik, Fernsehrgeräte	12	Kommerzielle Kühl- und Gefriergeräte
6	Standby und Schein-Aus-Verluste	13	Haushaltskühl- und Gefriergeräte
7	Batterieladegeräte und externe Stromversorgungen	14	Geschirrspüler und Waschmaschinen für den Hausgebrauch

Die Vorstudien beinhalten eine Analyse der bedeutendsten Umweltwirkungen, eine Bestandsaufnahme der besten verfügbaren Techniken, eine Berechnung des Verbesserungspotenzials und eine Analyse der Lebenszykluskosten. Daraus ergeben sich Anregungen für die Anforderungen für die Durchführungsmaßnahmen. Wenn die entsprechende Industriebranche nachweisen kann, dass sie diese Anforderungen erfüllt oder übertrifft, beispielsweise durch freiwillige

[2] Senkung Treibhausemissionen um 8% unter 1990er Level bis 2012 (Gesamt-EU - national unterschiedlich).

[3] Mehr Informationen, auch zu den Studien gibt es unter: http://europa.eu.int/comm/energy/demand/legislation/eco_design_en.htm.

Selbstverpflichtungen, kann dies auch dazu führen, dass von der Verabschiedung einer Durchführungsmaßnahme abgesehen wird. Die Erfüllung der Anforderungen wird außerdem in die CE-Kennzeichnung, das EU-Eco-Label sowie in bestehende Energielabel einfließen. Alle fünf bis zehn Jahre ist eine Überarbeitung der Anforderungen vorgesehen.

Allgemeines Ziel der EuP-Richtlinie ist, die Integration von Umweltaspekten in den Produktentwicklungsprozess und das Schaffen einer einheitlichen Arbeitsgrundlage. Die spezifischen Ziele der EuP-Richtlinie sind:

- Frühzeitige Integration von Umweltaspekten in die Entwicklung und Gestaltung von energiebetriebenen Produkten,
- Reduzieren von Umweltbeeinträchtigungen über den gesamten Produktlebensweg unter besonderer Berücksichtigung der Energieeffizienz,
- Schaffen einer verbindlichen und einheitlichen Arbeitsgrundlage, um Wettbewerbsnachteile zu vermeiden und von den besten verfügbaren Techniken zu profitieren.

Die EuP-Richtlinie fordert und fördert EcoDesign, insbesondere Energieeffizienz, und fordert Hersteller dazu auf, Produkte entsprechend zu entwickeln und produktbezogene umweltrelevante Informationen zur Verfügung zu stellen. Die EuP-Richtlinie ist außerdem eine so genannte „CE-Richtlinie", d. h. ihre Erfüllung wird auch Vorraussetzung für die CE-Kennzeichnung sein. Hersteller müssen EuP-Konformität nachweisen, um das CE-Kennzeichen auf dem Produkt anzubringen. Der Nachweis erfolgt mit einer Konformitätserklärung oder einem Umweltmanagementsystem, das die Produktentwicklungsphase mit einbezieht. Tabelle 2 zeigt die wichtigsten Daten in der Entstehungsgeschichte der EuP-Richtlinie.

Ein weiterer wichtiger Aspekt ist, dass es sich bei der EuP-Richtlinie um eine Rahmenrichtlinie handelt. Das bedeutet, dass sie relativ allgemein ist und sich keine genauen Anforderungen und Maßnahmen aus dem Text ableiten lassen. Viele Aspekte, die in der Rahmenrichtlinie erwähnt werden, z. B. die Erstellung eines ökologischen Profils, werden erst zu einem späteren Zeitpunkt in den so genannten Durchführungsmaßnahmen genau definiert. Streng genommen entstehen erst durch die Durchführungsmaßnahmen verbindliche Pflichten für Hersteller und Händler. Die Tabelle 3 zeigt den Zeitplan für die Umsetzung ins deutsche Recht[4].

---

[4] Die Verantwortung für die Umsetzung liegt beim Bundesministerium für Wirtschaft und Technologie, im Referat IVB3 (Stand Herbst 2006).

Tabelle 2. Zeitplan/Entstehungsplan der EuP-Richtlinie[5]

Jahr	Politische Entscheidungen bzw. sonstige Aktivitäten
2003	01. August: Vorschlag für die EuP-Richtlinie
2004	27. Januar und 03. Februar: Abstimmung Umwelt- und Industrie-Ausschuss
	01. April: Erste Lesung im EU-Parlament
	29. November: Gemeinsamer Standpunkt des EU-Ministerrates
2005	13. April: Zweite Lesung im EU-Parlament
	22. Juli: Veröffentlichung der Rahmenrichtlinie im Amtsblatt
	Aktivität: Method for the Evaluation of Energy using Products (MEEuP) Methodikstudie läuft bei VHK
2006	Aktivität: Studien zu Durchführungsmaßnahmen werden vergeben (13 Produktgruppen und Standby-/Off-mode)
2007	2. Viertel: Gründung des Konsultationsforums
	Aktivität: Erster Entwurf des Arbeitsprogramms zur Abstimmung im Forum
	Juli: Verabschiedung des EuP-Arbeitsprogramms durch EU-Kommission
	11. August: Umsetzung in nationales Recht durch Mitgliedsstaaten
	3. Viertel: Gründung des Regelungsausschusses
2008	Verabschiedung der ersten Durchführungsmaßnahmen

Tabelle 3. Zeitplan für die nationale Umsetzung

Jahr	Termin	Politische Entscheidung
2006-2007	Oktober bis Februar	Erstellung 1. Entwurf (Referentenentwurf)
2007	März bis Mai	Hausabstimmung, Ressortabstimmung, parallel Anhörung der Länder, kommunalen Spitzenverbände, Fachkreise usw.
2007	Juni/Juli	ggf. Anpassung des Entwurfs, abschließende Ressortbefassung, Kabinettsbeschluss
2007	August/September	Zuleitung an den Bundesrat, Einbringung in den Bundestag

In den Durchführungsmaßnahmen werden spezifische Anforderungen für bestimmte Produktkategorien festgelegt. Die Auswahl der ersten Produktkategorien richtet sich dabei nach dem Verbesserungspotenzial, das sich aus den ECCP-Studien ergibt. Ein wichtiges Kriterium der

[5] Quelle: EU-Kommission, diverse Präsentationen.

Durchführungsmaßnahmen ist, dass sie keine nachteiligen Auswirkungen auf den Verbraucher haben dürfen, insbesondere:

- keine spürbare Beeinträchtigung der Leistung,
- keine nachteilige Auswirkungen auf Sicherheit und Gesundheit,
- keine wesentliche Erhöhung des Kaufpreises und der Lebenswegkosten.

Des Weiteren muss die Wettbewerbsfähigkeit des Herstellers berücksichtigt werden und die Nachprüfbarkeit der Maßnahmen am Produkt gegeben sein.

Die Abbildung 8 zeigt den Zeitplan für die Vorstudien. Demnach sollten die ersten Durchführungsmaßnahmen im ersten Quartal 2008 verabschiedet werden.

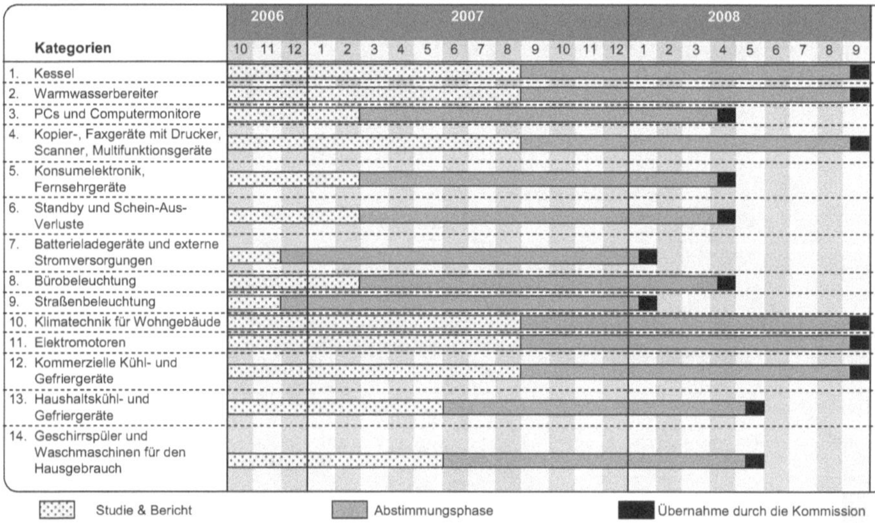

Abb. 8. Zeitplan der ersten Vorstudien

Die Vorstudien sind der erste Schritt, um zu ermitteln, ob und welche EcoDesign-Anforderungen für eine bestimmte Produktgruppe festgelegt werden sollen. Die Vorstudien stellen fest, welche Möglichkeiten zur Verbesserung der Umweltleistung des Produktes bzw. der Produktgruppe bestehen. Sie dienen als Grundlage für die nächsten Schritte (Technikfolgenabschätzung, Konsultationsforum und die möglicherweise daraus folgenden Vorschläge zu Durchführungsmaßnahmen).

Wie sich bereits zeigte, starteten schon vor Verabschiedung der ersten Durchführungsmaßnahmen Vorstudien zu neuen Produktgruppen. Daher ist es wahrscheinlich, dass langfristig fast alle elektronisch betriebenen Produkte, wie in der Rahmenrichtlinie festgelegt, von Durchführungsmaßnahmen betroffen sein werden.

Auch wenn heute noch nicht gesagt werden kann, was dies genau bedeutet, kann aus der Rahmenrichtlinie abgeleitet werden, dass man als Unternehmen gut vorbereitet ist, wenn man die Umweltwirkungen seiner Produkte im Detail kennt, frühzeitig die Grundprinzipien der Entwicklung umweltgerechter Produkte einführt und sie entsprechend den allgemeinen Vorgaben aus der Rahmenrichtlinie dokumentiert. Als Voraussetzung für die Erfüllung der potenziellen Umweltanforderungen ist es wichtig, sich nachfolgend genannte Informationen zu beschaffen:

- Verbrauch an Materialien, Energie und Ressourcen,
- Entstehung von Emissionen (bezogen auf Wasser, Boden, Luft) und von Abfällen zur Verwertung und Beseitigung,
- Möglichkeiten des Recyclings oder der umweltverträglichen Beseitigung gebrauchter Geräte mit den dazu gehörigen Umweltzielen durch Endgerätehersteller.

Die rechtzeitige Vorbereitung auf die Richtlinie war eine Chance für Hilti, frühzeitig (ökologische) Verbesserungspotentiale zu identifizieren und geeignete Methoden in den PE-Prozess zu integrieren. Das Transferprojekt bot Hilti insbesondere Chancen auf Mitgestaltung der Richtlinie, auf Innovation der eigenen Prozesse und Produkte, auf Imageverbesserung, Wettbewerbsvorteile und Meistern zukünftiger Herausforderungen im Umweltbereich.

Nach dem Betrachten der ersten Produktkategorien (Tabelle 1), für welche Vorstudien durchgeführt wurden, wurde klar, dass von den Durchführungsmaßnahmen der ersten Runde weder Diamantkernbohrgeräte speziell noch Bohrgeräte oder Elektrowerkzeuge allgemein betroffen sind. Trotzdem gab es einige Studien, die auch für Hilti relevant waren. Dies gilt insbesondere für die produktkategorienübergreifende Vorstudie des Los 6 "Standby- und Off-mode losses", da auch manche der Diamantkernbohrgeräte über einen Standby-Modus verfügen. Dies gilt für die Geräte selbst sowie für die Diebstahlsicherung, über die größere Modelle verfügen. Zusätzlich könnte Los 7 „Batterie Chargers" relevant sein, da Hilti auch Geräte wie Akku-Schrauber herstellt. Gleiches gilt für Los 11 „Electric Motors". Daher wurden diese drei Vorstudien bezüglich möglicher Auswirkungen analysiert (Tabelle 4). Aufgrund der Tatsache, dass kaum eine Studie abgeschlossen war und es selbst nach Abschluss der Studien noch ein langer Weg bis zur Verabschiedung einer Durchführungsmaßnahme ist, sollten die Entwicklungen auch nach Abschluss des Projektes fortlaufend beobachtet werden.

Tabelle 4. Analyse der Vorstudien zu den Durchführungsmaßnahmen

Los	Stand der Durchführungsmaßnahmen
6	Standby und Schein-Aus-Verluste: Die Vorstudie zum Standby-Verbrauch ist produktkategorienübergreifend, daher wurden in der Studie 15 recht unterschiedliche Produkte der Elektronikindustrie, von Fernsehern bis hin zu elektronischen Zahnbürsten genauer betrachtet. Grundsätzlich fallen auch Hilti Produkte unter diese Durchführungsmaßnahme. Allerdings ist davon auszugehen, dass die Einsparpotenziale bei den entsprechenden Produkten vergleichsweise niedrig sind, da die Verbreitung auf dem Markt relativ gering ist.
7	Batterieladegeräte und externe Stromversorgungen: Eine Kernerkenntnis der Studie[6] ist, dass die Produkte, die unter Los 7 fallen, sehr unterschiedlich sind und im System betrachtet werden sollten. In dieser Vorstudie waren Elektrowerkzeuge eine der Fallstudien. Produkttypisch ist, dass ein großer Unterschied in der Nutzungsphase zwischen Profi- und Haushaltsnutzern liegt, was sich in der Gesamtbilanz allerdings durch die entsprechend verkürzte bzw. verlängerte Lebensdauer der Geräte angleicht. Ähnlich wie beim Standbyverbrauch tragen Elektrowerkzeuge einen vergleichsweise geringen Anteil an der Energieverschwendung, da sie in der Regel die meiste Zeit im Werkzeugkasten verbringen und nicht permanent eingesteckt bleiben wie manche Laptops oder Handyladegeräte.
11	Elektromotoren: Los 11 zu Elektromotoren betrifft nach Aussage des zuständigen Mitarbeiters des Fachverbands Antriebe des ZVEI große Motoren und Antriebssysteme. Die Vorstudie war im Jahr 2007 noch nicht weit genug fortgeschritten, um die Relevanz für Hilti einzuschätzen.

In der Studie zu Los 7, die bereits abgeschlossen war, wurde deutlich, dass selbst dies noch nicht viel Aufschluss über mögliche Durchführungsmaßnahmen gab. Es wurde lediglich der aktuelle Stand z. B. in Bezug auf den Markt, das Nutzerverhalten, die Einsparpotenziale und ihre Kosten dargestellt. Diese Erkenntnisse wurden im Konsultationsforum zur Diskussion gestellt. Die Lobbyarbeit von Industrie, Umweltschutzorganisationen und sonstigen Stakeholdern ging weiter, da weiterhin die Möglichkeit seitens der Industrie bestand, durch Selbstverpflichtungsmaßnahmen einer Durchführungsmaßnahme zuvorzukommen.

Noch 2007 sollten weitere Vorstudien zu folgenden Produktgruppen beginnen: Kessel für feste Brennstoffe, Wäschetrockner, Digitalempfänger, Beleuchtung, Industriebeleuchtung.

[6] http://www.ecocharger.org/docs/BIOconsortium_EuP_Lot_7_Final_Report.pdf.

1.4.2 Rückspielen der Erfahrungen in die Gremienarbeit

Seit Mai 2005 nahm ein Projektbearbeiter an den ca. zweimonatlichen Treffen der Ad-hoc-Arbeitsgruppe EuP des Zentralverband Elektrotechnik- und Elektronikindustrie e.V. (ZVEI) teil. Teilnehmer in der Arbeitsgruppe waren Umweltexperten und Vertreter betroffener Fachverbände des ZVEI sowie Unternehmensvertreter, meist großer Unternehmen, der Elektronikindustrie. Regelmäßig nahmen auch geladene Gäste aus anderen Gremien teil, um über spezielle Themen zu berichten, z. B. über die Normungsarbeit oder die Aktivitäten im eigenen Verband. Inhaltlich ging es in den Treffen um Fortschritte der EuP-Richtlinie (inklusive Durchführungsmaßnahmen) und die Vorstellung der Lobbyaktivitäten. Teilnehmer berichteten von entsprechenden Aktivitäten bei anderen Verbänden und Gremien. Zu den üblichen Punkten der Tagesordnung zählten beispielsweise Berichte und Stellungnahmen einschlägig arbeitender Fachverbände. Ein fester Programmpunkt war außerdem der Stand und Zeitplan der politischen Aktivitäten. Auch Fachbranchen berichteten häufig z. B. über Initiativen zu Selbstverpflichtungen oder über die Zusammenarbeit mit Auftragnehmern der Vorstudien. Es wurden die Erfahrungen, die beispielsweise einzelne Branchen gemacht hatten, diskutiert.

Durch die Gremienarbeit sollte die Ausgestaltung der EuP-Richtlinie gezielt beeinflusst werden, indem über relevante Informationen aus dem Transferprojekt informiert wurde. Letztendlich war der Entscheidungsprozess aber in vielen Punkten schon zu weit fortgeschritten, um noch maßgeblichen Einfluss zu nehmen. Im Rahmen der Gremienarbeit wurden über den ZVEI Ergebnisse zur der von der EU-Kommission in Auftrag gegebenen Methodikstudie MEEuP und eine Stellungnahme zu dieser Methode an die EU-Kommission weitergegeben. Insbesondere die Erfahrungen der MEEuP-Anwendung sowie die Ergebnisse im Vergleich zu denen, die mit anderen Kurzbilanzierungsverfahren erzielt wurden, unterstützten die Vertreter der Industrie bei der Argumentation für Änderungen der Methode.

1.4.3 Methodische Unterstützung im Entwicklungsprozess

Als Vorbereitung für die Implementierung wurde der Produktentstehungsprozess der Hilti Entwicklungsgesellschaft beschrieben und Ansatzpunkte für die Implementierung der methodischen Unterstützung identifiziert. Ergänzt wurde diese Untersuchung um eine Produktanalyse, in der die ökologischen Verbesserungspotentiale der

Produkte ermittelt wurden. Aus der Kombination aus Produkt- und Prozessanalyse wurde der Handlungsbedarf in Bezug auf die methodische Unterstützung abgeleitet und eine Implementierungsstrategie entwickelt. Ein weiterer Schwerpunkt lag auf der Evaluation der vorgeschlagenen Arbeitsmittel. Zielsetzung war es, die Akzeptanz der Methoden bei den Entwicklern durch ein Anpassen an deren Bedürfnisse zu erhöhen.

Der Produktentstehungsprozess wird bei Hilti Time-To-Money-Prozess (TTM-Prozess) genannt. Der TTM-Prozess (Abbildung 9) besteht aus sechs so genannten „Gates" und fünf damit verbundenen Phasen. Für jedes Gate sind Schlüsselfragen in einer Art Checkliste zusammengefasst. Die Beantwortung der Schlüsselfragen dient als Grundlage für die Entscheidung, ob das Projekt in die nächste Phase eintreten kann. In der Prozessbeschreibung werden Methoden, Formblätter und Dokumente für die Zielerreichungen angegeben, die allerdings im Einzelfall nicht verpflichtend sind. Als Entscheider über den Projektfortschritt ist in dem Prozess das Management der operativen Geschäftseinheit festgelegt.

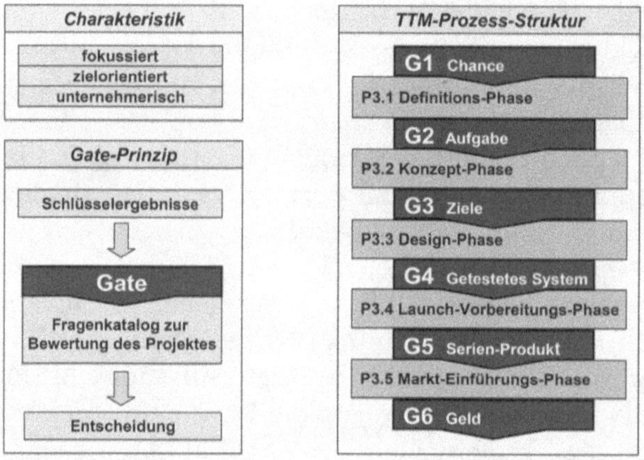

Abb. 9. Der TTM-Prozess

In Gate 1 startet das Projekt und es werden die Geschäftschancen für das zu entwickelnde Produkt erörtert. Es werden unter anderem das Marktsegment ausgewählt, die Markt- und Wettbewerbssituation analysiert, die Kundenzielgruppe und der Anwendungsbereich des Produktes festgelegt und ein Projektleiter bestimmt. Weiterhin wird der Auswahl- und Entscheidungsprozess für die Rekrutierung der Mitglieder des Projektteams bis zum Gate 2 beschlossen.

Gate 2 stellt das Ende der Definitionsphase dar. Zu diesem Zeitpunkt müssen eine klare, lösungsneutrale Vision für das Produktsystem ausgearbeitet sowie die Chancen und Risiken des Entwicklungsprojekts identifiziert und bewertet worden sein. Weiterhin ist vom Projektteam zu klären, ob ein Marktzugang besteht. Für diesen Markt muss ein Marketing-Konzept erstellt werden.

Nach Beendigung der Konzeptphase muss am Gate 3 in Zusammenarbeit mit den notwendigen Experten ein klares Konzept ausgearbeitet worden sein. Die Entscheidungen bei Gate 3 werden in einem Meeting mit Vorstandsbeteiligung getroffen.

Am Gate 4 liegt das getestete Gesamtsystem vor und es wird überprüft, ob das Projekt auf dem richtigen Weg zur Erreichung der zum Gate 3 kommunizierten Ziele ist. Die Einhaltung der Projektziele wird durch Kundenakzeptanztests und Risikobewertungen überprüft. An diesem Gate müssen detaillierte Pläne und Spezifikationen für den Eintritt in die Launch-Vorbereitungsphase bezüglich Produktion, Logistik und Verkauf fertiggestellt sein. Zusätzlich werden die Launch-Verpflichtung (Menge, Qualität, Einführungsmonat) zwischen der operativen Geschäftseinheit und den Marktorganisationen abgestimmt.

Das Serienprodukt liegt am Gate 5 vor und die Einhaltung der zuvor definierten Ziele wird noch einmal kontrolliert. Zu diesem Zeitpunkt finden erste Feld-, Reparatur- und Serienproduktionstests (Produkt, Service, Software) statt. Die Ergebnisse werden mit den Spezifikationen abgeglichen und die Zielerreichung wird intern kommuniziert. Von dem Entwicklungsteam muss geklärt werden, ob alle notwendigen Zulassungen vorhanden sind. Letztendlich werden der Markteinführungsplan und die Voraussetzungen für eine reibungslose Markteinführung (Lagerbestand, Software, Servicestrukturen, Reparaturwerkzeuge, Produkttraining) überprüft und Vorbereitungen für das Sammeln von Kundenfeedback getroffen.

Am Gate 6 werden die Projektergebnisse dokumentiert. Die Dokumentation umfasst die Punkte Feedback von Kunden, Verbesserungsaktivitäten und ihre Auswirkungen, Vergleich der tatsächlichen Ergebnisse mit den Projektzielen, Empfehlungen für andere Projekte, Dokumentation gemäß gesetzlichen Anforderungen und Aufnahme des neuen Produkts in die Produktpflege.

Die im Rahmen des Transferprojektes erarbeitete methodische Unterstützung zielte insbesondere auf die frühen Phasen des Produktentwicklungsprozesses ab (Abbildung 10).

Unter den frühen Phasen wird der Zeitraum von ca. einem halben Jahr vor Start des TTM-Prozesses (Technologiephase) bis zum Übergang von Gate 2 zu Gate 3 verstanden. Eine Erkenntnis in den letzten Jahren bei Hilti war, dass Methoden je nach Projektsituation (Neuprodukt, Nachfolgeprodukt) unterschiedlich zusammengestellt und angewendet werden müssen. Die projektspezifische Planung und Anwendung von

Methoden in einem Entwicklungsprojekt wird bei Hilti als Methodenfahrplan bezeichnet [Günther 2006].

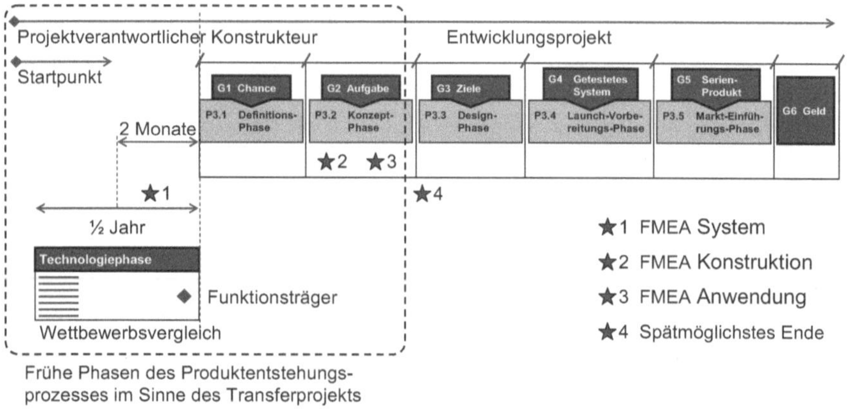

Abb. 10. Einordnung der methodischen Unterstützung

Eine Unterstützung in späteren Phasen des TTM-Prozesses wurde durch das gezielte Ergänzen der Schlüsselfragen durch umweltrelevante Fragestellungen umgesetzt. Kombiniert wurden diese Maßnahmen durch spezifische Checklisten, die als Dokumentation der erreichten bzw. umgesetzten Maßnahmen dienten. Grundideen für die Implementierung waren unter anderen:

- Nutzen der vorhandenen Methoden und Strukturen,
- Ausnutzen von Synergien mit anderen Unternehmensbereichen, z. B. Marketing (Nutzerverhalten), Qualitätssicherung (Lebensdauer), Methodenabteilung (Nutzen der Erfahrungen und Infrastruktur)

In der Produktanalyse wurden eigene ökologische Beurteilungen für ein Diamantkernbohrsystem durchgeführt. Ergänzt wurden diese Betrachtungen um detaillierte Studien zu Hauptumweltbeeinträchtigungen (z. B. Bohrschlammanalyse, Anwendungsart). In der Analysephase wurde zusätzlich auf bereits vorhandene Ergebnisse einer Umweltrelevanzanalyse von Dr. Rainer Züst aus dem Jahr 2005 zurückgegriffen. Die Abbildung 11 zeigt die Ergebnisse der Umweltrelevanzanalyse für das Produktprogramm.

Für den Diamantkernbohrbereich konnten die Ergebnisse der Umweltrelevanzanalyse bestätigt werden. Die Hauptumweltbeeinträchtigungen der Produkte resultieren aus der Nutzungsphase des Produktes (Priorität 1) und der Werkstoffherstellung (Priorität 2). Bei dem Diamantkernbohrsystemen muss allerdings zusätzlich der Wasserverbrauch in der Nutzungsphase berücksichtigt werden. Beim Aufstellen der funktionellen Einheit für die ökologische Analyse, die die Nutzungsphase der Geräte beschreibt, hat sich gezeigt, dass zwei Nutzergruppen unterschieden werden müssen. Es gibt so genannte „Daueranwender", die das Prozessergebnis als Dienstleistung anbieten und sich somit stark in der Nutzung des Gerätes von den „Gelegenheitsanwendern" unterscheiden. Ziele der Produktanalyse waren die Identifikation der ökologischen Stellhebel, das Ableiten von Umweltzielen (Abbildung 12) und das Finden von ersten Ideen für Produktoptimierungen.

Umweltrelevanz Matrix BU ***Gegenüberstellung der einzelnen Produkte***	*Rohstoff-gewinnung*	*Herstellung & Distribution*	*Nutzung*							*Nach Gebrauch*	
Mögliche Schwerpunkte für Verbesserungen	***Materialwahl und -menge***		***Energie-verbrauch***	***Standby***	***Werkzeug-verbrauch***	***Wasser-verbrauch***	***Transport zur Baustelle***	***Reparatur(en)***	***Emissionen***	***Recycling Gerät***	***Recycling Werkzeuge***
Breakers (z.B. **TE 706**)	│		■		■		│		■	│	│
Combi Hammers (z.B. **TE 56**)	▮	│	■		■		▮		■	▮	│
Leichte Geräte (**TE 2**) (Abschätzung)	■	▮	▮		▮		▮		▮	■	▮
Cutting and Sanding (Abschätzung)	■	▮	▮		▮		▮		▮	■	▮
Diamond Drilling (groß) (z.B. **DD 500**)	│		■		■		│			│	
Diamond Drilling (klein) (z.B. **DD 300**)	▮		■		■		│			▮	│
Screw Fastening (Akku) (z.B. **SF 100**)	■	│		■	■		▮			■	▮
Measuring Systems (**PD 30, Batterien**)	▮	▮	■				│			▮	▮

Abb. 11. Verbesserungspotenziale (Einzelgeräte)[7]

Die Umweltziele wurden für das Konzipieren der methodischen Unterstützung benötigt, um Umweltanforderungen an Produkte zu formulieren. Basierend auf den Ergebnissen der Umweltanalyse wurden für die Umweltziele Anforderungen bzw. Kennzahlen für das Lastenheft für die Entwicklung des Diamantkernbohrsystems abgeleitet. Die Anforderungen für das Lastenheft lassen sich in die nachfolgenden Bereiche einteilen: Energieeffizienz, Nutzung, Materialeinsatz, Transport, Health & Safety, End-of-Life.

[7] Quelle: Interner Hilti Bericht von Dr. Rainer Züst, „ECODESIGN – Bestimmung der bedeutenden produktbezogenen Umweltaspekte", Schweizer Institut für Systems Engineering SISE AG.

Umweltziele

1. Verringerung des Energieverbrauchs durch
   - minimale Reibungsverluste
   - optimierten Motor
   - Arbeitspunkt
2. Keine Verwendung von unerlaubten Substanzen (gemäß Stoffverbotsliste) und Verringerung der nur eingeschränkt erlaubten Substanzen sowie der energieintensiven Materialien
3. Reduktion des Komponentenverschleißes
4. Verminderung des Wasserverbrauchs
5. Senkung der Lärmemission
6. Reduktion von Vibrationen
7. Recycling:
   - hohe Recyclingfähigkeit der verwendeten Materialien
   - Verwendung von Rezyklaten
   - einfache Demontagefähigkeit (Demontagekonzepte)
   - verringerte Materialvielfalt und Designkomplexität
   - Markierung der Nichtmetalle
8. Verwendung nachwachsender Rohstoffe
9. Umweltinnovationen
10. Verbesserung der Transporteigenschaften
11. Senkung der Staubemission

Abb. 12. Abgeleitete Umweltziele

Das entwickelte Implementierungskonzept besteht aus den drei Ebenen Unternehmen, Projekt, Entwickler (Abbildung 13). Die Ebenen zeichnen sich durch unterschiedliche Voraussetzungen und Anforderungen an die zu implementierenden Methoden aus.

Unternehmen

Strategische Ausrichtung
- Festlegen der Umweltziele (Unternehmensziel)
- Übertragen der Ziele auf das Produktprogramm
- ***Bilanzierung*** von Umweltauswirkungen (***MEEuP***)

Projekt

Operative Ausgestaltung
- Methodenanwendung im Entwicklungsteam
- Abstimmen der Anforderungen für das Lastenheft
- Integration in Prozesse und Strukturen
- Schnittstelle zwischen Unternehmen und Entwickler
- ***Umwelt-QFD, Umwelt-FMEA***

Entwickler

Arbeitsplatz
- Gestaltung von Arbeitsmitteln
  - Unternehmens- und anwendungsspezifisch
  - Hohes Maß an Handlungsinformationen
- Informationsbereitstellung zum Lösen von Konflikten
- ***HTML Wissenstool***

Abb. 13. Implementierungsebenen und Unterstützung

Auf der Unternehmensebene werden Entscheidungen für die strategische Ausrichtung getroffen. Auf dieser Ebene müssen aus den Unternehmenszielen Umweltziele für Produktkategorien und einzelne Produkte abgeklärt werden. Unterstützt wird das Festlegen der Ziele durch eine Bilanzierung der Umweltwirkungen von Produkten. Die Bilanzierungen müssen nicht für jedes Entwicklungsprojekt neu durchgeführt werden. Bei geringen Änderungen am Produkt kann auf alte Ergebnisse zurückgegriffen werden. Mit diesem können die Zielsetzungen überarbeitet werden. Die Häufigkeit der Methodenanwendung ist ein weiteres Argument, die Bilanzierung auf der Unternehmensebene festzumachen, da größere zeitliche Abstände zwischen der Bilanzierung von Produkt und Nachfolgeprodukt liegen können. Die daraus resultierenden Voraussetzungen an die Datenverwaltung lassen sich auf dieser Ebene am besten realisieren.

Der Ebene der Projektarbeit, d. h. dem Entwicklungsteam, fällt die Verantwortung zu, die vorgegebenen Zielsetzungen im Entwicklungsprojekt umzusetzen und somit einen Beitrag zu den Unternehmenszielen zu leisten. Die Methodenanwendung auf dieser Ebene erfolgt im Entwicklungsteam. Als methodische Unterstützung wurden erarbeitet:

- eine abgewandelte Umwelt-Fehlermöglichkeiten- und Einflussanalyse (Umwelt-FMEA) und
- ein abgewandeltes Umwelt-Quality Function Deployment (Umwelt-QFD).

Ein Hauptfokus der Umsetzung lag auf der Integration der Methoden in den Entwicklungsprozess und der Akzeptanz der Methoden durch das Entwicklungsteam. Bei der Methodenauswahl wurde auf Synergien zu bestehenden Hilti Methoden geachtet.

Als dritte Implementierungsebene wurde der Entwickler identifiziert. Beim Anpassen der Methoden wurde ein besonderer Schwerpunkt auf die Berücksichtigung der Bedürfnisse des Entwicklers gelegt. Neben dieser Beteiligung benötigt der Entwickler für seine täglichen Arbeitsprozesse angepasste Hilfsmittel für die umweltgerechte Produktgestaltung. Daher wurde ein HTML-Wissenstool realisiert, das Wissen zur Entwicklung umweltgerechter Produkte aufbereitet und themenspezifisch zur Verfügung stellt. Für die tägliche Arbeit wurde insbesondere die strategiebasierte Entwicklung umweltgerechter Produkte um eine Sammlung von Beispielen ergänzt, um so dem Entwickler einen praxisorientierten Einstieg in die Thematik zu ermöglichen.

Der folgende Abschnitt stellt die entwickelten Methoden vor und geht auf die Ergebnisse der Befragungen zu der Methodenanwendung ein. Die Bedürfnisse der Entwickler wurden durch Einzelgespräche und in Workshops durch eine exemplarische Anwendung der beiden zur Verfügung gestellten Methoden und eine anschließende Befragung erfasst und so bei der Methodengestaltung berücksichtigt. Grundlage für die Befragung waren ein allgemeiner Fragebogen (Methodenakzeptanz & Methodennutzen) und zwei spezifische Fragebögen (Beurteilung der

Umwelt-QFD und der Umwelt-FMEA). Die Befragung hatte die folgenden Ziele:

1. Ermitteln von Anforderungen an die Methodengestaltung,
2. Gewinnen von Erfahrungen zur Methodenanwendung und Methodenimplementierung,
3. Identifizieren von Erfolgsfaktoren für die Implementierung in den Entwicklungsprozess,
4. Anpassen von Methoden an den Anwender und die spezifischen Randbedingungen.

1.4.3.1 Umwelt-FMEA

Abbildung 14 zeigt den Aufbau der Umwelt-FMEA. Nachfolgend werden die einzelnen Arbeitsschritte der Umwelt-FMEA näher erläutert. Der Methodenablauf orientiert sich sehr stark am Ablauf der bereits bei der Hilti Entwicklungsgesellschaft genutzten FMEA [Pritzl 2002]. Damit wurde erfolgreich eine bereits vorhandene Methode um Umweltaspekte erweitert, woraus Synergien bezüglich der Methodenanwendung resultierten.

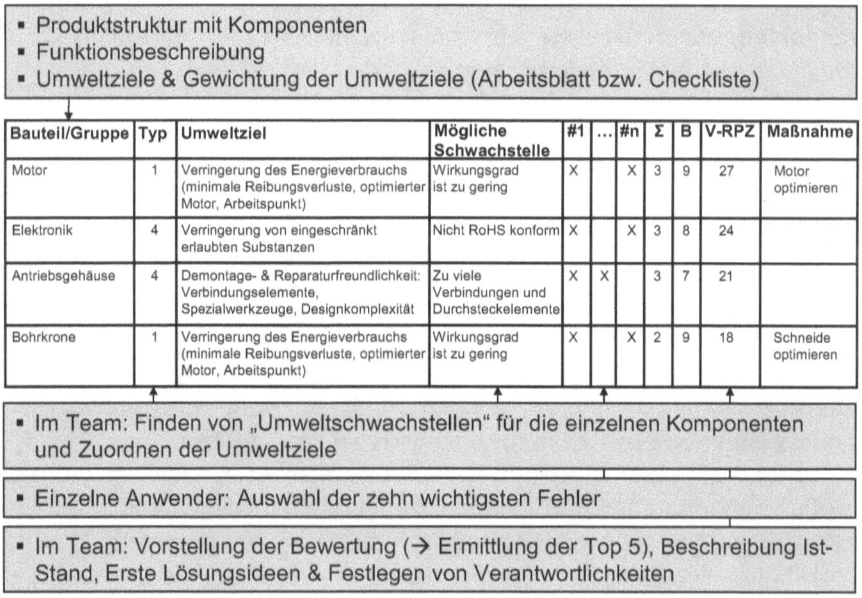

Abb. 14. Umwelt-FMEA

In der Umwelt-FMEA werden die Komponenten des Geräts mögliche Umweltschwachstellen zugeordnet. Als Hilfsmittel bei der

Schwachstellensuche dient eine Checkliste mit den Umweltzielen, die auch Beispiele für die erfolgreiche Umsetzung der Umweltziele enthält (Abbildung 15).

Die entwickelte Umwelt-FMEA besteht aus den nachfolgend beschriebenen fünf Arbeitsschritten:

1. Aufstellen der Produktstruktur mit Komponenten:
   Grundlage für die Umwelt-FMEA ist eine Beschreibung der Produktstruktur des Produktes, dazu wird das Produkt in diesem Arbeitsschritt in seine Baugruppen, Komponenten und Einzelteile zerlegt. Das Ergebnis dieses Arbeitsschrittes ist eine Baumstruktur des betrachteten Produkts mit den zugehörigen Komponenten.
   Die Umweltziele liegen als Checkliste vor. Die relative Bedeutung (B) der Umweltziele wird in einem Paarvergleich ermittelt.
2. Funktionsbeschreibung:
   In der zuvor erstellten Baumstruktur werden die Funktionen der einzelnen Komponenten beschrieben. Die Beschreibung ordnet neben den Funktionen auch die Prozesse den Komponenten zu.
3. Schwachstellensammlung:
   Anhand der Produktstruktur, der Funktionsbeschreibung und den zugehörigen Prozessen werden in einem Brainstorming Umweltschwachstellen gesammelt und den Komponenten sowie den Umweltzielen zugeordnet. Die Schwachstellensammlung sollte
4. möglichst in einem Team erfolgen (Entwicklungsteam oder interdisziplinäres Team).
5. Ranking der Hauptschwachstellen:
   Die in Arbeitsschritt drei gefundenen Schwachstellen werden in einer Liste zusammengefasst. Die Teilnehmer des Workshops markieren in dieser Liste die aus ihrer Sicht wichtigsten zehn Umweltschwachstellen.
   Im nächsten Schritt werden die Ergebnisse dieser Einzelbewertung aufsummiert und anschließend mit der Bedeutung des Umweltfehlers multipliziert. Aus dieser Berechnung resultiert die vereinfachte Risikoprioritätszahl (V-RPZ).
6. Diskussion der Hauptschwachstellen und Ableiten von Maßnahmen:
   Eine definierte Anzahl an Umweltfehlern mit der höchsten V-RPZ werden im Team diskutiert. Das Team muss nicht zwangsläufig dieselbe Zusammensetzung haben wie im Arbeitsschritt drei. Ziel ist es, die Folgen der Umweltschwachstellen aufzudecken, den Ist-Stand zu beschreiben und daraus Ziele, Maßnahmen und Verantwortlichkeiten für die Überarbeitung zu definieren.

Abschließend werden die Ergebnisse und Maßnahmen in einem Abschlussbericht dokumentiert. Geplant ist eine Einbindung der Dokumentation in die Meilensteinreviews des TTM-Prozesses.

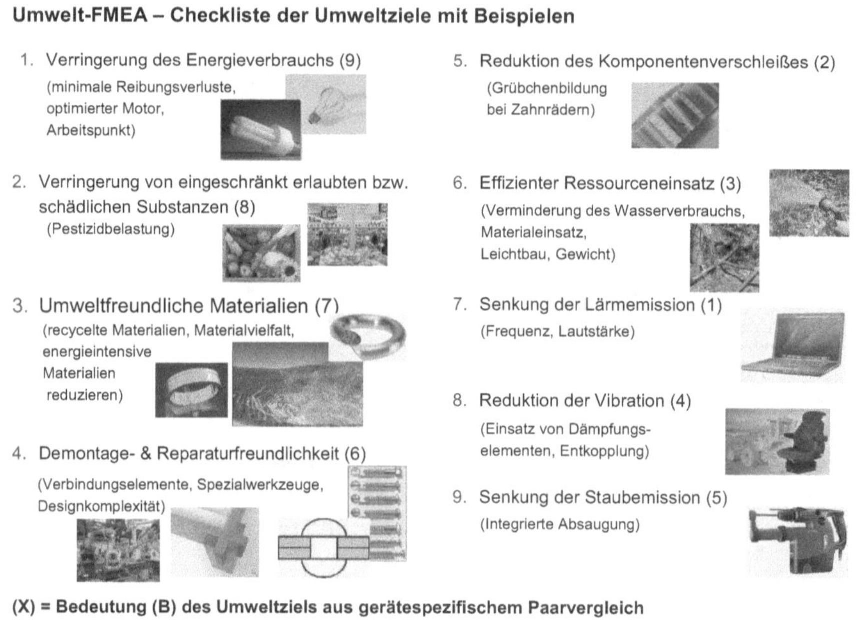

Abb. 15. Checkliste zur Umwelt-FMEA

Abbildung 16 zeigt eine Übersicht über die Ergebnisse der Befragung zur Anwendung der Umwelt-FMEA. Insgesamt wurden fünf Fragen zu einzelnen Aspekten und Arbeitsschritten gestellt. Die Befragten konnten auf einer siebenteiligen Skala angeben, ob sie den Aspekt bzw. den Arbeitsschritt überhaupt nicht (0) oder vollkommen (1) verstanden haben bzw. nachvollziehen konnten.

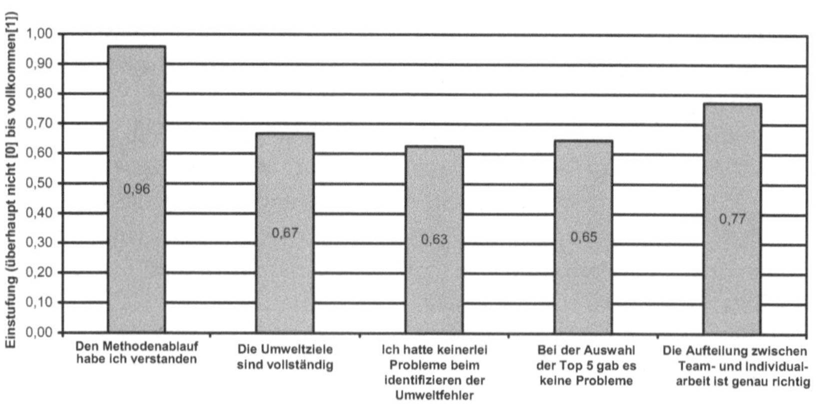

Abb. 16. Ergebnisse der Befragung zur Umwelt-FMEA (Acht Hilti Mitarbeiter)

Die Auswertung hat gezeigt, dass das Verständnis der Methode keine Probleme bereitete. Dies ist auch darin begründet, dass die Vorgehensweise von der bei Hilti bekannten System-FMEA abgeleitet wurde. Bei dem Verständnis der Umweltziele zeigte sich eine breite Fächerung in den Bewertungen, insgesamt sind die Umweltziele von den Anwendern aber im Wesentlichen verstanden worden. Das Identifizieren der Umweltschwachstellen wurde insgesamt am schlechtesten bewertet. Daraufhin wurde die Checkliste konkretisiert. Der Abstraktionsgrad der Checkliste wurde als zu hoch empfunden, wodurch zu viel Spielraum für die Interpretation der Umweltziele blieb. Die Auswertung der Befragung zeigte, dass die Auswahlprozedur danach recht gut funktionierte. Durch eine Clusterung der identifizierten Umweltschwachstellen vor dem Auswahlprozess wurde die Übersichtlichkeit des Auswahlprozesses erhöht. Die Aufteilung zwischen der Team- und Individualarbeit wurde von den Teilnehmern des Workshops als gut empfunden.

1.4.3.2 Umwelt-QFD

Abbildung 17 zeigt den Aufbau der Umwelt-QFD. Im Folgenden werden die Grundidee und die einzelnen Arbeitsschritte näher erläutert.

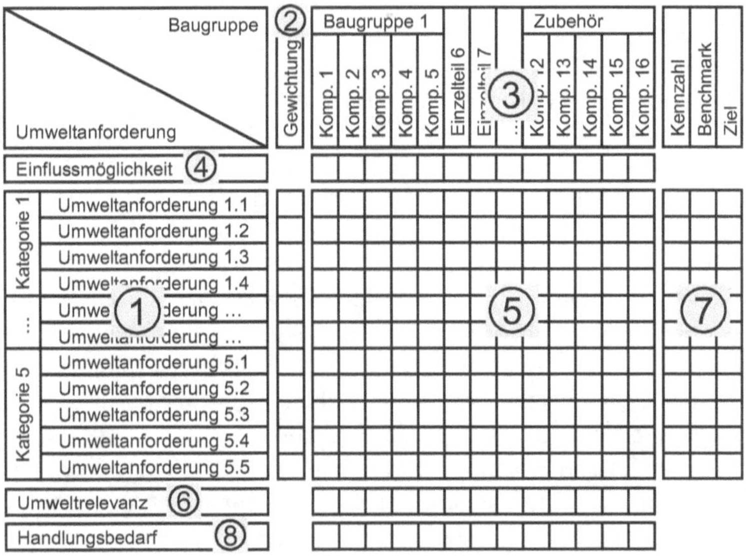

Abb. 17. Aufbau der Umwelt-QFD

In der Umwelt-QFD wird über eine Bewertungsmatrix der Einfluss der einzelnen Baugruppen auf die produktspezifischen Umweltanforderungen ermittelt. Es wird zwischen keinem (0), leichtem (1), mittlerem (3) und starkem (9) Einfluss unterschieden. Durch Multiplikation mit dem Gewichtungsfaktor und anschließendes Aufsummieren erhält man die Umweltrelevanz der Komponenten. Das Umwelt-QFD stellt so einen Zusammenhang zwischen den Umweltanforderungen und den Baugruppen bzw. Bauteilen des Produktes her und setzt den Anwender damit in die Lage, zielgerichtet umweltrelevante Baugruppen zu identifizieren. Das anschließende Ableiten von Maßnahmen und Setzen von Zielwerten wird durch ein vergleichendes Benchmark unterstützt, in dem neue Zielwerte für die existierenden Kennzahlen ermittelt werden.

Das entwickelte Umwelt-QFD besteht aus den nachfolgend beschriebenen acht Arbeitsschritten (vgl. Ziffern 1 bis 8 in der Abbildung 17):

1. Festlegen der Umweltaspekte bzw. Umweltanforderungen:
   Die Festlegung erfolgt auf der Grundlage einer ökologischen Beurteilung des Produktes (z. B. Kurzbilanzierungsverfahren), der Umweltziele des Unternehmens und aus den Anforderungen bzw. den abgeleiteten Kennzahlen an das Produkt. Die Umweltanforderungen gliedern sich in die folgenden fünf Hauptkategorien: Nutzung, Materialeinsatz, Health & Safety, Transport und Energieeffizienz. Grundsätzlich ist auch eine mehrstufige Gliederung in Hauptaspekte, Unteraspekte, Detailaspekte denkbar.
2. Definieren der Gewichtungsfaktoren:
   Die Gewichtung leitet sich aus der zuvor durchgeführten ökologischen Beurteilung ab. Da die ökologische Beurteilung sehr zeitaufwändig ist, kann hier alternativ eine Experteneinschätzung vorgenommen werden. Eine weitere Alternative ist das Ermitteln der Gewichtungsfaktoren durch einen Paarvergleich der Umweltanforderungen.
3. Ermitteln der Produktstruktur:
   In diesem Arbeitsschritt wird das Produkt in seine Baugruppen, Komponenten und Einzelteile zerlegt. Der Zerlegungsgrad sollte dabei so gewählt werden, dass eine Beurteilung erfolgen kann. Zusätzlich zu der Baustruktur müssen eventuelle Zubehörteile berücksichtigt werden, die für den Arbeitsprozess erforderlich sind.
4. Bestimmen der Einflussmöglichkeiten auf die Produktstruktur:
   Hierbei soll die Einflussmöglichkeit des Entwicklungsteams auf die jeweilige Komponente oder das Einzelteil bewertet werden, dazu werden die Verbesserungsmöglichkeiten der einzelnen Bauteile im Vergleich untereinander erarbeitet und herausgestellt. Die Einschätzung kann und sollte dabei unterschiedliche Kriterien berücksichtigen, wie z. B. technische Einflussmöglichkeit, aus der Änderung resultierende Kosten, Bedeutung der Komponente für den Kunden. Die

unterschiedlichen Kriterien werden in einer Gewichtung (Einflussmöglichkeit) durch Vergabe von Punktwerten, Ermittlung einer Rangfolge etc. zusammengefasst. Für die Nutzung als Gewichtungsfaktoren wird die Einflussmöglichkeit auf Basis des höchsten, tatsächlich auftretenden Wertes normiert.

5. Ausfüllen der Einflussmatrix:
   In der Einflussmatrix wird bewertet, welchen Einfluss die Komponente auf die Umweltanforderung hat. Für die Bewertung wird die QFD-Skala [0/1/3/9] verwendet. Der Wert 0 bedeutet, dass die Komponente keinen Einfluss auf die Umweltanforderung hat. Der Wert 9 wird vergeben, wenn die Umweltanforderung wesentlich von der Komponente beeinflusst wird. Durch die Bewertung wird festgelegt, welche Bauteile für die Erfüllung bzw. Nichterfüllung der jeweiligen Umweltanforderung verantwortlich sind.
6. Ermitteln der Umweltrelevanz:
   Die Arbeitstabelle ermittelt durch Multiplikation der Gewichtungsfaktoren mit dem Bewertungswert der Korrelationsmatrix und anschließendes Aufsummieren die Umweltrelevanz der einzelnen Komponenten. Im Anschluss erfolgt eine Normierung der Umweltrelevanz auf Basis des höchsten, tatsächlich auftretenden Wertes.
7. Produktbewertung:
   Ermitteln der Kennzahlen für das eigene Produkt und Bewertung von Konkurrenzprodukten bzw. Ermitteln von Benchmarks sowie Festlegen von anzustrebenden Zielwerten hinsichtlich der einzelnen Umweltanforderungen.
8. Ableiten des Handlungsbedarfs:
   Es gibt zwei Möglichkeiten, um den Handlungsbedarf zu bestimmen. Zum einen kann die Umweltrelevanz mit der Einflussmöglichkeit durch Multiplikation zu einem Wert zusammengefasst werden, um die Baugruppen, Komponenten und Einzelteile in eine Reihenfolge zu bringen. Zum anderen können die beiden Werte in einem zweiachsigen Portfolio dargestellt werden, um Entwicklungsstrategien abzuleiten.

Aus der Lage der Komponenten im Portfolio lassen sich folgende Entwicklungsstrategien ableiten:

I.) Hohe Umweltrelevanz und hohes Verbesserungspotential:
Deutliche Verbesserung der Umweltwirkung bei geringem Aufwand möglich; Bauteile können und sollten kurzfristig verbessert werden.

II.) Hohe Umweltrelevanz und niedriges Verbesserungspotential:
Deutliche Verbesserung der Umweltwirkung nur bei bedeutendem Aufwand möglich; Bauteile sind nicht ohne Weiteres zu verbessern, eine bewusste Bearbeitung der Thematik sollte jedoch bei

Vorhandensein ausreichender Ressourcen vorgenommen werden, da sie aus Umweltsicht sinnvoll ist.

III.) Niedrige Umweltrelevanz und hohes Verbesserungspotential: Geringfügige Verbesserung der Umweltwirkung mit geringem Aufwand möglich; Bauteile können bei Vorhandensein ausreichender Ressourcen eingeschoben werden, da sie kleine schnelle Erfolge ermöglichen und keines großen Aufwands bedürfen, die Umweltwirkung ist jedoch gering.

IV.) Niedrige Umweltrelevanz und niedriges Verbesserungspotential: Geringfügige Verbesserung der Umweltwirkung nur mit bedeutendem Aufwand möglich; Bauteile sollten erst dann hinsichtlich ihrer Umweltwirkung optimiert werden, wenn Ressourcen frei sind und alle übrigen Optionen ausgeschöpft wurden.

Abschließend werden die Ergebnisse und Maßnahmen in Tabellenform dokumentiert. Geplant ist eine Einbindung der Dokumentation in die Meilensteinreviews des TTM-Prozesses.

Abbildung 18 zeigt eine Übersicht über die Ergebnisse der Befragung zur Anwendung der Umwelt-QFD. Insgesamt wurden sieben Fragen zu einzelnen Aspekten und Arbeitsschritten gestellt. Die Befragten konnten auf einer siebenteiligen Skala angeben, ob sie den Aspekt bzw. den Arbeitsschritt überhaupt nicht (0) oder vollkommen (1) verstanden haben.

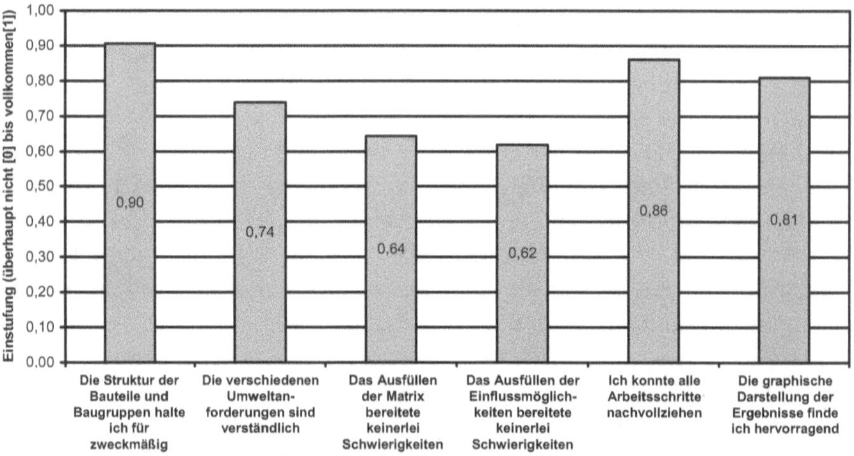

Abb. 18. Ergebnisse der Befragung zur Umwelt-QFD (Sieben Hilti Mitarbeiter)

Die Anwendung der Umwelt-QFD, insbesondere die Struktur der Bauteile und Baugruppen, wurde insgesamt sehr positiv bewertet. Allerdings wurden die Beschreibung der Funktions- oder Baugruppen und der Detaillierungsgrad überarbeitet. Die Umweltanforderungen wurden wie bei der Umwelt-FMEA durch Erläuterungen und eine unterstützende Checkliste konkretisiert. Das Ausfüllen der Matrix bereitete im Gegensatz zum Ausfüllen der Einflussmöglichkeit weniger Probleme. Die einzelnen Arbeitsschritte konnten im Allgemeinen nachvollzogen werden und die Ergebnisdarstellung im Portfolio wurde positiv bewertet.

1.4.3.3 Befragung zur Methodenanwendung

Im allgemeinen Fragebogen stand die Einschätzung der Methodenakzeptanz und des Methodennutzens durch den Anwender im Vordergrund. Der verwendete Fragebogen gliedert sich in die folgenden Themenbereiche: Methodennutzen, Methodenanwendung, Erwartungen an die Methodenanwendung, Methodenrelevanz, Ideen für Produktverbesserungen durch die Methodenanwendung, Integration in den TTM-Prozess.

Insgesamt wurde der Nutzen der zur Verfügung gestellten Methoden für den Teilnehmer oder das Unternehmen von den Teilnehmern gemischt bewertet und als mittelwichtig eingeschätzt. Der Hauptnutzen der Methodenanwendung wurde in der Sensibilisierung auf das Umweltthema gesehen und im Schaffen eines Bewusstseins für die Bedeutung der Entwicklung umweltgerechter Produkte. Demgegenüber stehen die Vorbehalte, dass die Ergebnisse der Methodenanwendung teilweise schon von vorhandenen Methoden abgedeckt werden. Positiv wurde die systematische Vorgehensweise empfunden, die durch die ergebnisorientierte Bewertung Potenziale klar erkennbar macht und somit eine Fokussierung auf die richtigen Handlungsfelder erlaubt.

Die Methodenanwendung hilft innerhalb des Unternehmens, das Thema der Entwicklung umweltgerechter Produkte aktiv anzusprechen. Ein weiterer Vorteil liegt darin, dass Ergebnisse für Folgeprojekte verfügbar gemacht werden. Durch eine gute Dokumentation und Vermittlung der Ergebnisse wurde die Wissensverbreitung gefördert und Doppelarbeit vermieden. Die Aussage „Die Methodenanwendung hat eine hohe Relevanz für meine Arbeit" fand die geringste Zustimmung bei den Befragten. Hervorgehoben wurde an dieser Stelle die gute Analyseeignung der Methoden, kritisiert und überarbeitet wurde die eingeschränkte Syntheseeignung, d. h. die Unterstützung bei der Lösungsfindung im Produktentwicklungsprozess. Bei der Bewertung der Generierung neuer Produktideen wurde angegeben, dass Hilfsmittel bei der Umsetzung der erarbeiteten Punkte fehlten.

Relativ zu den zuvor genannten Einschränkungen findet die Integration in den TTM-Prozess eine verhältnismäßig große Zustimmung. In einer freien Beurteilung wurde jedem Befragten die Möglichkeit gegeben, abschließend die Methodenanwendung in eigenen Worten zu beurteilen. Nachfolgend sind die wichtigsten Erkenntnisse aus der Workshopanwendung zusammengefasst. Den größten Nutzen sahen die Anwender darin, dass alle Beteiligten durch die Methodenanwendung auf denselben Stand („in ein Boot holen") gebracht wurden. Das Austauschen der unterschiedlichen Grundhaltungen zu dem Thema fördert das Kennenlernen und den Teamgeist. Durch das gezielte Ermitteln von Zusammenhängen zwischen den Umweltmerkmalen und Produkteigenschaften können Argumente für das Marketing gefunden werden. Die Methodenanwendung bietet die Möglichkeit, alle Nebenwirkungen in der Gruppe zu diskutieren und liefert eine andere Sichtweise auf das Produkt. Der "Umweltwille" wird durch die Methode dokumentiert. Alle kostenrelevanten Aspekte werden meistens schon berücksichtigt, daher verbleibt für die Methodenanwendung der Spagat zwischen Kosten und Umwelt. Einmal mehr bestätigt sich damit die auch in anderen Methodenanwendungen gewonnene Erkenntnis, dass methodisches Arbeiten ein strukturiertes Vorgehen und die Einbeziehung der Mitarbeiter fördert und damit der Entwicklungsprozess geordneter und planbarer verläuft.

Handlungsbedarf sahen die Befragten vor allem in der Zieldefinition der Methode, in der weiteren Ausgestaltung der Unterstützung und im Abgleich mit den vorhandenen Methoden, um Doppelarbeit zu verhindern. Einigkeit herrschte darin, dass die Methodenanwendung das strukturierte Vorgehen unterstützt, geeignet ist, Schwachstellen zu identifizieren, eine andere Sichtweise auf das Produkt fördert, die zu Produktverbesserungen führen kann, und die Möglichkeit zu neuen Produktideen bietet. Durch eine Integration der Methoden in den Entwicklungsprozess kann eine wichtige Dokumentationsfunktion übernommen werden. Damit leistet die Methodenanwendung einen Beitrag zu den Unternehmenszielen.

1.4.3.4 Methodenanwendung im Entwicklungsprojekt

Auf Basis der Erkenntnisse des vorangegangenen Arbeitspaketes wurde die methodische Unterstützung für den Einsatz in einem Entwicklungsprojekt optimiert. Parallel wurden ausgewählte Mitarbeiter in der Anwendung des vorbereiteten Methoden- und Instrumentenmix in Workshops trainiert. In einem ersten Workshop mit ausgewählten Entwicklern wurden die Grundlagen der Entwicklung umweltgerechter Produkte vermittelt. In dem Pilotprojekt wurde der Methoden- und Instrumentenmix angewendet. Das Pilotprojekt diente in erste Linie dazu, die einzelnen Produktentwickler, die im weiteren Verlauf als Multiplikatoren agierten, vom Nutzen und von der Leistungsfähigkeit der

Methoden und Instrumente zu überzeugen. Ergebnis war eine umfassende Dokumentation der Erkenntnisse und Erfahrungen des exemplarisch durchgeführten Pilotprojekts im Hinblick auf die Integration von Umweltwissen und die Nutzung ganzheitlich optimierter Methoden und Instrumente. Weiterhin wurde ein Kern-Entwicklungsteam mit ausgeprägten Fähigkeiten und Kompetenzen hinsichtlich des entwickelten Methoden- und Instrumentenmix aufgebaut.

1.4.4 Einführung von Methoden zur umweltgerechten Produktentwicklung

Die im Rahmen des Transferprojektes gewonnenen Erkenntnisse lassen sich auf andere Unternehmen übertragen (Abbildung 19). Durch das Verallgemeinern wurden Arbeitsschritte und Inhalte definiert, die bei der Einführung von Methoden zur Entwicklung umweltgerechter Produkte in Unternehmen berücksichtigt werden müssen. Durch die Kenntnis der beschriebenen Zusammenhänge lassen sich Probleme bei der Implementierung reduzieren, die Vorgehensweise liefert somit eine Unterstützung für die Einführung der methodischen Unterstützung in die Geschäftsprozesse.

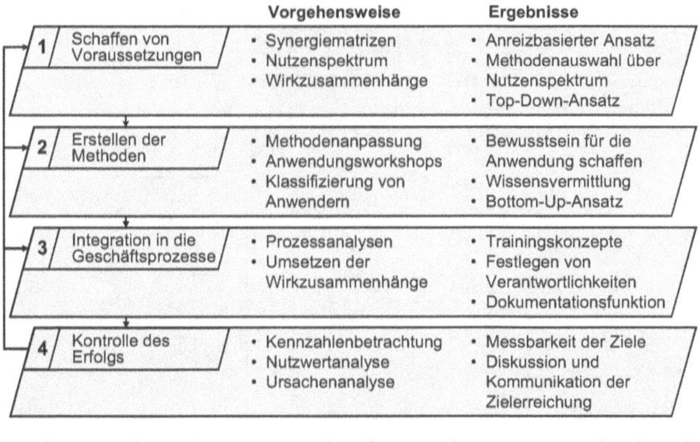

Abb. 19. Vorgehensweise, Ansätze und Erkenntnisse zur Methodeneinführung

Aus der Projektdurchführung wurden vier Arbeitsschritte für die Methodenimplementierung identifiziert. Die Arbeitsschritte, die verallgemeinerten Ansätze und die gewonnen Erkenntnisse werden nachfolgend erläutert.

Als Erstes muss auf der Unternehmensebene eine EcoDesign-Strategie definiert werden. Die Umweltziele müssen in den Unternehmenszielen verankert und Maßnahmen zum Übertragen der Umweltziele auf das

Produktprogramm festgelegt werden. Durch eine Kommunikation dieser Ziele im Unternehmen werden die für die Implementierung notwendigen Voraussetzungen und Freiheiten geschaffen (Abbildung 20). Durch dieses Vorgehen wurde bei Hilti eine Erfolgsbeurteilung der Methodenanwendung ermöglicht. Basierend auf den zu erreichenden Zielen wurde ein erstes Konzept für eine durchgängige methodische Unterstützung erarbeitet.

Der anreizbasierte Ansatz unterstützt Unternehmen bei der Auswahl geeigneter Methoden. Die Grundidee des anreizbasierten Ansatzes ist der Nachweis, dass durch den Einsatz von Methoden zur Entwicklung umweltgerechter Produkte ein Beitrag zu dem Unternehmenszielen und damit zum Unternehmenserfolg geleistet wird [Großmann; Birkhofer 2006]. Die Informationen aus der Methodenanwendung können verwendet werden, um einen Nutzen für das Unternehmen zu erzeugen. Die Nutzenerzielung kann direkt oder indirekt erfolgen. Indirekt bedeutet, dass eine weitere Verarbeitung der Information erforderlich ist (z. B. als Input für andere Methoden). Es ergibt sich ein Nutzenspektrum das durch die Anwendung von Methoden zur umweltgerechten Produktentwicklung erreicht werden kann. Ausgewählt werden die Methoden aus einem Handbuch, das an zehn gängigen Methoden zur umweltgerechten Produktentwicklung und zehn Methoden bzw. Konzepten aus der Betriebswirtschaftslehre das Nutzenspektrum und Synergien aus den Methodenkombinationen aufzeigt. Durch eine Abgleich zwischen Methodennutzen und Unternehmenszielen kann ein Unternehmen Methoden auswählen, die zu den formulierten Unternehmenszielen passen.

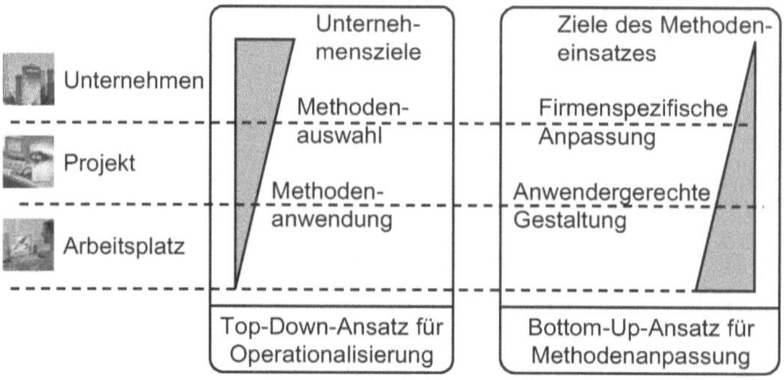

Abb. 20. Ansätze zur Methodenimplementierung

Im Gegensatz zur Zielfestlegung erfolgte die Anpassung der Methoden an die spezifischen Rahmenbedingungen im „Bottom-Up“-Verfahren. Neben dem Beitrag zu den Zielen ist die Methodenakzeptanz des Anwenders (Entwickler) der wesentliche Erfolgsfaktor für eine erfolgreiche

Methodeneinführung. Weitere Faktoren für eine erfolgreiche Implementierung sind der Aufwand der Methodenanwendung und die Nutzbarkeit bzw. die Qualität der Methodenergebnisse. Der Aufwand der Methodenanwendung wurde durch das Nutzen von Ähnlichkeiten zu bereits vorhandenen Methoden reduziert.

Aus den Beobachtungen während der Methodenanwendung und der Auswertung der Fragebögen konnte das in Abbildung 21 dargestellte qualitative Modell zu den unterschiedlichen Entwicklertypen abgeleitet werden. Dabei hängt die Motivation zur Methodenanwendung von der Einstellung des Entwicklers zur methodischen Unterstützung ab.

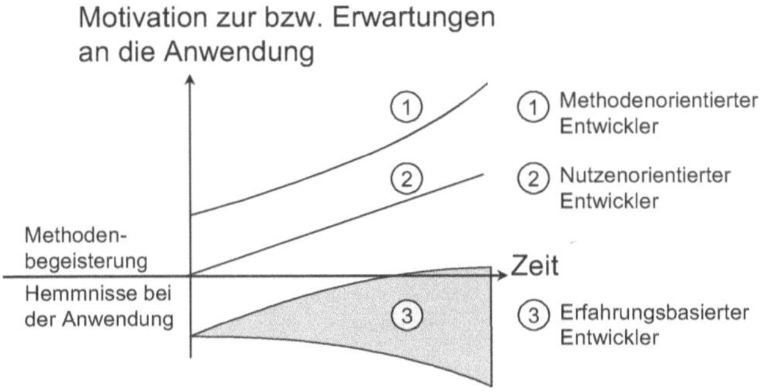

Abb. 21. Qualitatives Modell der unterschiedlichen Entwicklertypen

Aus den Ergebnissen der Einzelfälle lassen sich die folgenden drei Entwicklertypen ableiten:

1. Methodenorientierter Entwickler:
   Dieser Entwickler bringt von vorneherein eine positive Einstellung zur Methodenanwendung mit und sieht einen direkten Nutzen in der Methodenanwendung. Dies kann entweder ein persönlicher Nutzen sein oder ein Nutzen für das Unternehmen. Die positive Grundeinstellung erleichtert die Einführung neuer Methoden. Unterstützt durch die Ergebnisse der Methodenanwendung, kann ein Ansteigen der Motivation über die Zeit beobachtet werden.
2. Nutzenorientierter Entwickler:
   Diese Gruppe ist der Methodenanwendung gegenüber neutral eingestellt und betrachtet sie unter rationalen Aspekten. Ausschlaggebend für die Motivation zur Anwendung sind die erzielten Ergebnisse. Lassen sich die Ergebnisse nutzen, um einen Mehrwert für sich oder das Unternehmen zu ziehen, ist von einer positiven Entwicklung der Motivation über die Zeit auszugehen.
3. Erfahrungsbasierter Entwickler:
   Dieser Entwickler arbeitet am liebsten erfahrungsbasiert und hat

deutliche Vorbehalte gegen die Anwendung neuer Methoden, da er keinen Nutzen für seine tägliche Arbeit sieht.

Folgende Maßnahmen sind geeignet, um Barrieren bei der Anwendung von Methoden zur umweltgerechten Produktentwicklung abzubauen:

- Aufzeigen des Nutzens für den Kunden.
- Verankerung der Umweltziele in der Unternehmensphilosophie und -kultur.
- Erstellen und Leben einer konsistenten und zielgerichteten EcoDesignStrategie.
- Auflösen der bestehenden Zielkonflikte zwischen Qualität, Umwelt, Kosten und Zeit.
- Bereitstellung der erforderlichen Ressourcen für die Methodenanwendung.
- Schaffen von Freiräumen für den Aufbau von Kompetenzen.

Die Qualität bzw. die Nutzbarkeit der Ergebnisse hat einen Einfluss auf die Motivation während der Methodenanwendung. Abbildung 22 zeigt den qualitativen Verlauf der erzielten Methodenergebnisse über die Zeit.

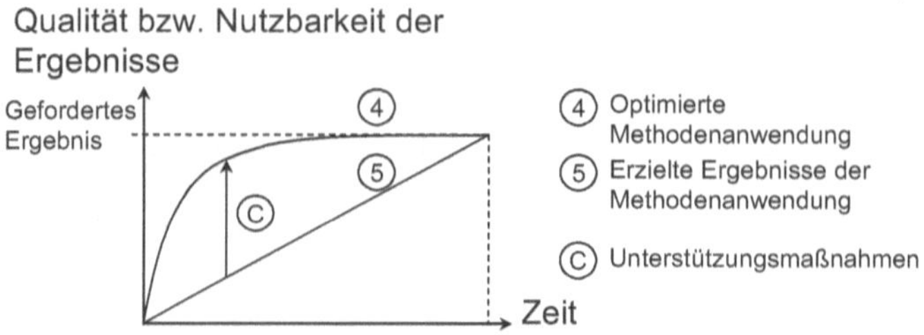

Abb. 22. Qualitativer Verlauf der Methodenergebnisse über die Zeit

Die Gerade Nummer fünf zeigt, dass die Qualität bzw. die Nutzbarkeit der erzielten Ergebnisse über die Zeit zunimmt. Diese Erkenntnis erlaubt eine realistische Einschätzung bezüglich der Leistungsfähigkeit der Methode und führt zu richtigen Erwartungshaltungen der Anwender. Gründe für den steigenden Verlauf liegen in der wachsenden Erfahrung in der Methodenanwendung, der steigenden Methodenkompetenz und dem wachsenden Hintergrundwissen der Anwender. Ziel muss es sein, die Zeit durch geeignete Unterstützungsmaßnahmen zu verkürzen, bis nutzbare Ergebnisse vorliegen. Mögliche Unterstützungsmaßnahmen sind:

- Bereitstellung von Umweltwissen, das bei der Methodenanwendung benötigt wird.
- Anwendung der Methoden im interdisziplinären Team.
- Anpassen der Methoden an die Bedürfnisse der Entwickler.

- Schaffen eines Bewusstseins für die Methodenanwendung durch eine realistische Beurteilung der erreichbaren Ergebnisse.
- Nutzen von Synergien zu im Unternehmen bekannten Methoden.
- Moderation der Methodenanwendung durch einen erfahrenen Moderator.
- Hervorheben des Syntheseschrittes und verstärktes Ableiten von geeigneten Maßnahmen.
- Bereitstellung von geeigneten Hilfsmitteln (Checklisten und Erläuterungen).

Die Befragungen zur Methodenanwendung haben gezeigt, dass das Nutzen von Gemeinsamkeiten zwischen neuen und bekannten Methoden einen positiven Einfluss auf die Methodenakzeptanz und die Qualität bzw. Nutzbarkeit der Ergebnisse hat. Im Transferprojekt wurde ein HTML-Wissenstool mit umweltrelevanten Produktinformationen als Wissensspeicher für Produktentwickler erarbeitet (Abbildung 23). Die Nutzung des Tools als Ideenspeicher unterstützt das Erarbeiten innovativer Lösungen, hat einen positiven Effekt auf die Qualität der Methodenergebnisse und schafft ein Basiswissen für die Methodenanwendung.

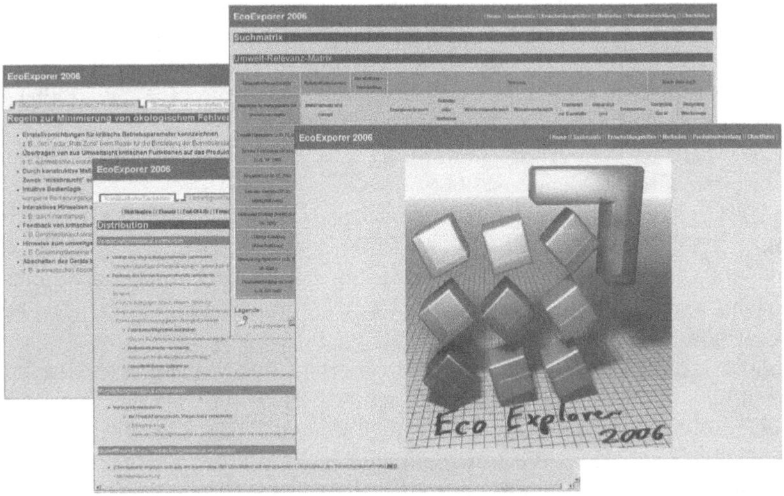

Abb. 23. Auszug aus dem HTML-Wissenstool

Die Integration der methodischen Unterstützung in den Entwicklungsprozess erfolgt am besten innerhalb der frühen Phasen, da zu diesem Zeitpunkt die größten Freiheitsgrade für Änderungen am Produkt bestehen. Neben dem Einordnen in den Entwicklungsprozess hat das Zuweisen von Verantwortlichkeiten und Durchführen der Dokumentation eine sehr hohe Bedeutung. Unerlässlich für eine Beurteilung des Erfolges des Methodeneinsatzes und der getroffenen Maßnahmen ist das Definieren geeigneter Kennzahlen.

Das vorliegende Transferprojekt konnte genutzt werden, um die Unklarheiten, die sich aus der EuP-Richtlinie ergeben, für Hilti und andere Unternehmen aufzulösen. Für die Integration von Aspekten der Entwicklung umweltgerechter Produkte wurde eine methodische Unterstützung konzipiert und in einem Entwicklungsprojekt erfolgreich angewendet. Die zur Verfügung gestellten Arbeitsmittel zeichnen sich durch ihre firmenspezifische Gestaltung und durch Praxisnähe aus.

1.5 Literatur

[Abele et al. 2005] Abele, E.; Anderl, R.; Birkhofer, H.: Environmentally Friendly Product Development – Methods and Tools, Springer: London, Berlin, Heidelberg 2005

[Atik 2001] Atik, A.: Entscheidungsunterstützende Methoden für die Entwicklung umweltgerechter Produkte, Shaker: Aachen 2001

[Großmann; Birkhofer 2006] Großmann, J.; Birkhofer, H.: Incentive-based Approach for the Implementation of EcoDesign Methods. In: Going Green - Care Innovation 2006, November 13-16, 2006 in Vienna, Austria, CD-Rom

[Günther 2006] Günther, J.: Der Methodenfahrplan – ein Beitrag zur Systematik in der Produktentwicklung. In: Projektmanagement Praxis 2006. VDI-Bericht Nr. 1974. VDI-Verlag Düsseldorf: 2006. Seite 21-30

[Hilti 2006] Hilti Aktiengesellschaft: Jahresbericht 2006. Fürstentum Lichtenstein, Corporate Communications: 2006

[IPP 2001] Kommission der Europäischen Gemeinschaften: Grünbuch zur Integrierten Produktpolitik. Brüssel: 2001

[Pritzl 2002] Pritzl, G.; Günther, J.: FMEA – Einführung im Unternehmen und Erfahrungen aus der Praxis. Vortrag im Tagungsband der APIS-Anwendertagung 24.9.2002, Bad Breisig, 2002.

[Richtlinie 2005/32/EG] Kommission der Europäischen Gemeinschaften: Richtlinie 2005/32/EG des Europäischen Parlaments und des Rates vom 6. Juli 2005 zur Schaffung eines Rahmens für die Festlegung von Anforderungen an die umweltgerechte Gestaltung energiebetriebener Produkte und zur Änderung der Richtlinie 92/42/EWG des Rates sowie der Richtlinien 96/57/EG und 2000/55/EG des Europäischen Parlaments und des Rates (EuP-Richtlinie). Amtsblatt der Europäischen Union, Brüssel: 2005

2 Life Cycle Design in der industriellen Entwicklungspraxis

Teilprojekt C2
Udo Hermenau, Christoph Schendel, Benjamin Kuhrke, Hagen Gehringer, Axel Leschtar

2.1 Einleitung

Die Arbeiten im Rahmen dieses Projekts erfolgten in Kooperation mit der Alfred Kärcher GmbH & Co. KG, einem weltweit agierenden Unternehmen mit über 6.500 Mitarbeitern und einem Jahresbetrag von 1,25 Mrd. €. Als Hersteller von Reinigungsgeräten für Geschäfts- und Privatkunden verfügt Kärcher über ein umfangreiches Produktportfolio, angefangen vom Staubsauger bis hin zur stationären Reinigungsanlage für Nutzfahrzeuge (Abbildung 24).

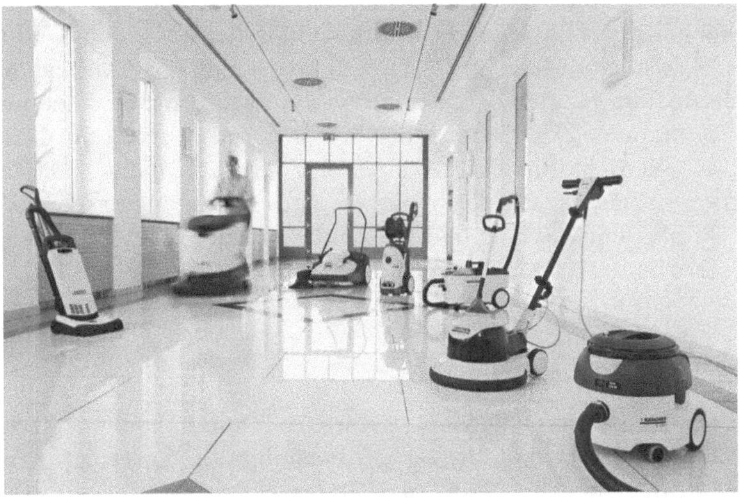

Abb. 24. Ausschnitt aus dem Kärcher-Produktprogramm [Quelle: Alfred Kärcher GmbH & Co. KG]

Entsprechend vielfältig sind die Aufgaben in der Produktentwicklung. Hinsichtlich Entwicklungszeit, -budget und beteiligten Akteuren unterscheiden sich die Prozesse zwischen kleineren Facelifts und kompletten Neuentwicklungen ganzer Anlagen.

Vielfältig sind auch die Umweltanforderungen, die an die verschiedenen Produkte gestellt werden. Während Geschäftskunden in ihrer Arbeit oft eigenen Umweltrichtlinien unterliegen, deren Erfüllung die Geräte von Kärcher gewährleisten müssen, haben Privatkunden andere, zum Teil diffusere Anforderungen. Als Anbieter von Premiumprodukten sieht sich Kärcher hier mit hohen Erwartungen konfrontiert. Seitens der Kunden wird vorausgesetzt, dass die Produkte technisch auf höchstem Niveau und gleichzeitig umweltgerecht sind.

Bereits in der Vergangenheit zeichnete sich Kärcher durch sein Engagement im produktionsbezogenen Umweltschutz aus, was auch 2004 mit der Verleihung des Umweltpreises des Landes Baden-Württemberg honoriert wurde. Mit diesem Transferprojekt verfolgte Kärcher nun das Ziel, das „Life-Cycle"-Denken, also die Betrachtung der produktbezogenen Umweltwirkungen über den gesamten Produktlebenslauf hinweg, im Unternehmen zu verankern. Dementsprechend war auch der Rahmen des Transferprojekts weit gefasst. Auf Seite von Kärcher wurde das Projekt durch die für die Unternehmensstrategie zuständige Abteilung „Corporate Development" betreut, wobei die operative Ausführung zu großen Teilen der Umweltabteilung oblag. Eine enge Einbindung der Entwicklungsabteilung sowie Konsultationen mit Produktmanagern, Mitarbeitern der Versuchsabteilung und anderen Kärcher-Unternehmensbereichen gehörten ebenfalls zum Projekt. Seitens der Technischen Universität Darmstadt waren wissenschaftliche Mitarbeiter der Institute „PTW – Produktionsmanagement, Technologie und Werkzeugmaschinen" und „pmd – Produktentwicklung und Maschinenelemente" beteiligt. Die Dauer des Projekts betrug drei Jahre, von Januar 2005 bis Dezember 2007.

2.1.1 Projektziele

Ziel dieses Transferprojekts war es, Kärcher in die Lage zu versetzen, die eigene Produktpalette mittelfristig selbstständig ökologisch zu optimieren und zukünftig bei der Neu- und Weiterentwicklung von Produkten EcoDesign-Aspekte zu berücksichtigen. Das Unternehmen sollte damit befähigt werden, umwelt- und marktgerechte Produkte zu entwickeln und zu produzieren.

Von besonderer Bedeutung war dabei, dass sich die Integrationsmaßnahmen in erster Linie an den Bedürfnissen der Akteure im Unternehmen ausrichten sollten. Was so selbstverständlich klingt, gestaltet sich jedoch bei der Übertragung des EcoDesigns aus der Wissenschaft in die Industrie oftmals schwierig. Viele der derzeit verfügbaren Methoden und Instrumente fokussieren sich auf eine umfassende Berücksichtigung von Umweltaspekten und die wissenschaftliche Absicherung der Ergebnisse, sind jedoch nicht uneingeschränkt in der Praxis anwendbar. Eine umfangreiche Einarbeitung, der erforderliche Zeitaufwand und das notwendige Hintergrundwissen des Anwenders stehen den Rahmenbedingungen in der täglichen Entwicklungspraxis, die z. B. geprägt ist von Zeit- und Kostenvorgaben, begrenzten Personalressourcen oder eingeschränkten Entscheidungskompetenzen, vielfach entgegen. Zudem reicht die Anwendung von EcoDesign-Methoden und -Instrumenten alleine nicht aus. Vielmehr müssen auch die Entwicklungsabläufe im Unternehmen an die neuen Anforderungen angepasst werden.

Vor diesem Hintergrund ergaben sich Anforderungen für die nachhaltige Umsetzung und Anwendung des EcoDesigns in der täglichen Arbeit des Unternehmens: Es sollten Hemmnisse der Umsetzung identifiziert, Lösungen zu deren Überwindung entwickelt und darauf aufbauend grundsätzliche Integrationsempfehlungen abgeleitet werden.

Im Rahmen der Umsetzung selbst sollte ein praktikables Vorgehen für EcoDesign-Entwicklungsabläufe im Unternehmen erarbeitet und umgesetzt werden. Dies beinhaltete die Anpassung der Entwicklungsabläufe, die Bereitstellung praktikabler Arbeitsmittel und Instrumente sowie die langfristige nachhaltige Verankerung des EcoDesigns in der Unternehmenskultur.

2.1.2 Vorgehensweise

Um den oben angeführten Zielen Rechnung zu tragen, wurde ein Projektrahmen abgesteckt, der alle notwendigen Unternehmensfunktionen einschloss. Adressat der Überlegungen war, wie bereits im Rahmen des Sonderforschungsbereichs 392, der einzelne Produktentwickler bzw. Konstrukteur. Ihm obliegt die Umsetzung von Anforderungen in ein Produktmodell, das durch die Fertigung stofflich realisiert wird. Durch die Ausgestaltung der Produktfunktionen, Festlegung der Geometrie und Auswahl der Materialien legt er alle umweltrelevanten Prozesse im Produktleben, also in der Herstellungs-, Nutzungs- und Entsorgungsphase, fest, weshalb sich die Forderung nach einer umweltgerechten Gestaltung zuerst an ihn richtet. Mit dem ersten Arbeitsschritt, der Produktentstehungsprozess-Analyse, wurden die Aktivitäten aller weiteren Akteure außerhalb der eigentlichen Produktentwicklung einbezogen. Ziel war es herauszufinden, wer, wann und unter welchen Voraussetzungen umweltrelevante Entscheidungen über die Produktgestaltung trifft.

Das Ergebnis dieser Analyse diente anschließend dazu, ein Konzept zu erarbeiten, welches die Berücksichtigung von Umweltaspekten bei der Produktentstehung ermöglicht. Das Konzept erfasst dabei den gesamten Produktentstehungsprozess einschließlich aller relevanten Entscheidungsträger und deren Einflüsse auf die Produktentstehung.

Das entwickelte Konzept wurde anschließend ausgestaltet im Hinblick auf unternehmensstrategische Aspekte, beispielsweise produktbezogene Umweltziele, operationale Aspekte, also Unternehmensabläufe und Entscheidungsspielräume, sowie Arbeitsmittel für die Anwendung in der täglichen Praxis.

2.1.3 Ausgangslage

Im nachfolgenden Kapitel wird die bei Kärcher bestehende Ausgangslage zu Beginn des Kooperationsprojekts kurz aufgezeigt. Neben der Darstellung der Bedeutung des produktbezogenen Umweltschutzes im Unternehmen werden der Kärcher-Produktentstehungsprozess im Überblick dargestellt sowie die Ergebnisse einer durchgeführten Analyse der Ist-Situation der Kärcher Produktenwicklungspraxis erläutert.

2.1.3.1 Stand des produktbezogenen Umweltschutzes im Unternehmen

Bei Kärcher lagen bei Projektstart bereits Ansätze für die Berücksichtigung von produktbezogenen Umweltaspekten vor. Im Rahmen der internen Kärcher-Normen waren beispielsweise bereits Stoffverbote geregelt und die Anwendung einer „Umweltcheckliste“ (Abbildung 25), deren Berücksichtigung im Rahmen des Quality-Gate Prozesses bei der Konzeptfreigabe überprüft wurde, im hauseigenen Entwicklungsprozess verankert. Weitere, in Kärcher-Normen festgeschriebene Richtlinien zum Umweltschutz behandeln z. B. das Recycling und die Entsorgung oder regeln die Verpackung der Produkte.

Um einen Überblick über die Umweltgerechtheit seiner Produkte zu erhalten und eine fundierte Aussage über die Umwelttreiber an ausgewählten Produkten zu erhalten, ließ die Kärcher-Umweltabteilung zudem eine Vielzahl ökologischer Beurteilungen von Produkten und Baugruppen durch die TU Darmstadt durchführen. Die Ergebnisse dieser Beurteilungen wurden anschließend den Bereichsleitern der verschiedenen Produktsparten zur Verfügung gestellt.

Seitens des Unternehmens bestand nun die Motivation, diese Ansätze auch entsprechend der Unternehmensphilosophie auszubauen und die Berücksichtigung von EcoDesign-Aspekten als selbstverständlichen Teil der täglichen Entwicklungsarbeit zu integrieren.

KäN 050.031
Seite 3 von 4

3 Materialien			
	Umweltaspekt	Zielwert	Weitere Informationen siehe
3.1	Verbotene Stoffe	• **Sicher vermeiden**	**KäN 050.032 Umweltgerechte Produkte – Inhaltsstoffe**
3.2	Unerwünschte Stoffe	• **Wenn möglich vermeiden**	

4 Entsorgung			
	Umweltaspekt	Zielwert	Weitere Informationen siehe
4.1	Batterie	• **Einhaltung Batterierecht sicherstellen (EU und außerhalb)** • **Nickel-Cadmium-Akkus vermeiden**	**KäN 050.037 Umweltgerechte Produkte – Batterien**
4.2	Verpackung	• **Einhaltung Verpackungsrecht sicherstellen (EU und außerhalb)**	**KäN 050.034 Umweltgerechte Produkte – Verpackungen**

Abb. 25. Ausschnitt der Kärcher-Umweltcheckliste [Quelle: Alfred Kärcher GmbH & Co. KG]

2.1.3.2 Der Kärcher-Produktentstehungsprozess

Der Kärcher-Produktentstehungsprozess (Kärcher-PEP) (Abbildung 26) ist im Rahmen einer unternehmensinternen Norm geregelt. Er beginnt mit der Freigabe des Entwicklungsprojekts durch die Abteilung „Strategische Planung", die den Projektstart entsprechend der Marktnachfrage, den Aktivitäten der Wettbewerber und der Unternehmensstrategie festlegt. Nach Anstoß des Entwicklungsprojekts ist das Warenguppen- oder auch „Category Management" aufgefordert, seine Vorstellungen von dem zu entwickelnden Produkt im Hinblick auf die Kundenwünsche und

Marktsituation in einem Produktsteckbrief zusammenzufassen. Die gesammelten Informationen dienen anschließend dem „Produkt-Strategischen-Planungsteam“ als Entscheidungsunterstützung bei der Festlegung der Anforderungen an das Produkt im Lastenheft.

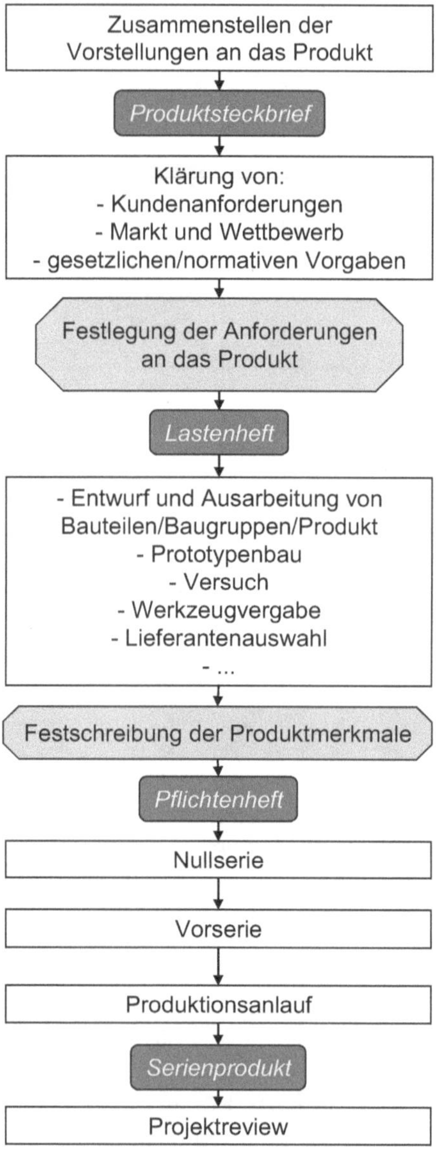

Abb. 26. Ablauf des Kärcher-Produktentstehungsprozesses (vereinfacht dargestellt)

Im Kärcher-PEP beginnen nun die eigentlichen konstruktiven Tätigkeiten, also die Ausgestaltung des Konstruktionsgegenstandes, d. h. die eigentliche Umsetzung in Baugruppen, Bauteile und Features sowie die Auswahl der geeigneten Werkstoffe. Bei Anpassungs- oder Variantenkonstruktionen werden, sofern möglich, Festlegungen vom Vorgängerprodukt direkt übernommen. Für neu zu entwickelnde Baugruppen werden im Rahmen der Ausgestaltung auch neue Wirkprinzipien gesucht und umgesetzt, falls dies erforderlich ist.

Zudem werden zu diesem Zeitpunkt bereits die Vorbereitungen der späteren Produktion getroffen, z. B. Lieferanten gesucht, Werkzeuge vergeben, Fertigungspläne erstellt und Produktionskapazitäten geplant. Abschluss dieser Phase ist die Festschreibung des Pflichtenhefts, in dem die detaillierten Produktmerkmale festgehalten werden, wie sie in der Serienfertigung später umgesetzt werden.

An den Konstruktionsprozess schließt sich im Kärcher-PEP die Nullserienfertigung, die Vorserienfertigung und schließlich die Serienfertigung an. Abschließend ist ein PEP-Review vorgesehen, der zur Kontrolle der Zielereichung dient sowie zur Identifikation von Optimierungspotenzialen im PEP-Ablauf.

2.1.3.3 Produktentwicklungsprozess-Analyse

Das erste Arbeitspaket des Projekts bestand in der detaillierten Analyse des Kärcher-PEP. Ziel dieser Analyse war es, die realen Abläufe in der Entwicklung und deren Rahmenbedingungen zu ermitteln, um die späteren Umsetzungsmaßnahmen für umweltgerechtes Entwickeln an den Erfordernissen der Praxis ausrichten zu können. Damit sollte erreicht werden, dass der spätere EcoDesign-Prozess auch „gelebt“ wird und nicht nur als theoretischer Prozessablauf existiert.

Die Analyse wurde durch eine methodische Befragung eines ausgewählten Entwicklungsteams durchgeführt. Nach der Untergliederung des Produktentwicklungsablaufs in Einzelprozesse wurden dabei folgende Prozessmerkmale gezielt abgefragt (Tabelle 5):

Tabelle 5. Erläuterung der abgefragten Prozessmerkmale

Prozessmerkmal	Erläuterung
Input	In den Prozess einfließende externe Informationen.
Funktion	Die Funktion des Prozesses im gesamten PE-Ablauf.
Beteiligte	Benennung der Akteure des Prozesses.
Methoden/Instrumente	Anwendung von Arbeitsmitteln, Methoden und Instrumenten im Prozess.
Störgrößen	Negative Einflussgrößen auf den Prozess.
Zwischenprodukt Input/Output	Zwischenstufen des Produkts bzw. seiner Vorstufen im Entwicklungsprozess.

Eingeordnet in das standardisierte Prozess-Ablaufdiagramm (Abbildung 27) kann somit ein Überblick über die einzelnen Schritte des Produktentstehungsprozesses in der Realität gewonnen werden.

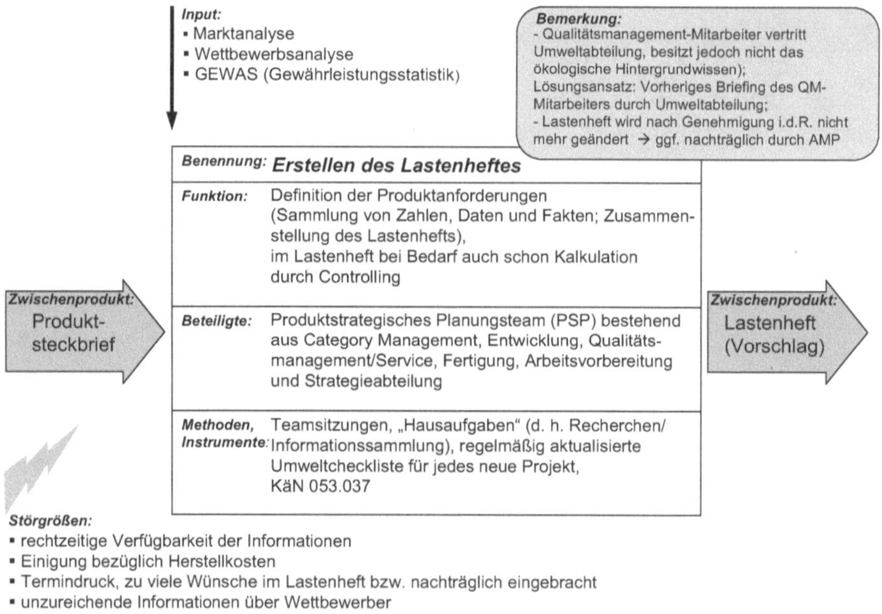

Abb. 27. Beispiel für die Analyse eines realen Prozesses dargestellt im Prozess-Ablaufdiagramm

In der Auswertung der Prozessanalyse wurden die Stellen ermittelt, an denen eine EcoDesign-Integration bei Kärcher ansetzen kann. Dazu wurden die folgenden Fragen beantwortet:

- In welchen Prozessen werden umweltrelevante Entscheidungen getroffen?
- Können Prozesse im Sinne des EcoDesigns zu Entscheidungsbereichen zusammengefasst werden?
- Wer sind die Entscheidungsträger?
- Auf welcher Grundlage bzw. mit welchem Hintergrundwissen treffen diese ihre Entscheidungen?
- Welche EcoDesign-Maßnahmen sind bei Kärcher bereits realisiert?
- Welche Störgrößen treten gehäuft auf, die Einfluss auf die Integration des EcoDesigns haben könnten?

Die Ergebnisse der Befragung wurden den Interviewpartnern in einem Workshop vorgestellt und mit diesen diskutiert und vertieft.

Zentrale Erkenntnisse aus der Analyse des realen Entwicklungsprozesses waren, dass das Warengruppen-, d.h. Category Management, großen Einfluss auf die Produkteigenschaften und damit auf die Umweltwirkungen hat. Die zentralen umweltrelevanten Merkmale des Produkts werden in der Produktplanungsphase, also vor Beginn der eigentlichen Entwicklung, festgelegt. Category Manager waren aber bis dato nicht explizit in die Bemühungen zum produktbezogenen Umweltschutz eingebunden.

Folglich beschränkten sich klare ökologische Vorgaben im Lastenheft auf die Einhaltung der das Produkt betreffenden gesetzlichen Umweltrichtlinien. Darüber hinaus wurden weitere Umweltaspekte aufgeführt, die jedoch meist allgemein gehalten waren, was die Produktentwickler vor Probleme bei der praktischen Umsetzung bezüglich der Bedeutung von Umweltzielen und die Auswahl umweltverträglicher Lösungen stellte. Weitreichende Entscheidungen bezüglich der Umweltgerechtheit können durch die Entwickler nicht eigenständig getroffen werden, vielmehr müssen diese bereits im Lastenheft festgehalten sein.

Außerdem wurde deutlich, dass die Umweltcheckliste zum Zeitpunkt der Konzeptfreigabe zu spät kam. Zudem wurden in ihr Produkteigenschaften abgefragt, für die weder vorher eine Priorisierung vorgenommen wurde noch die notwendigen Informationen vorlagen. Im Rahmen der täglichen Entwicklungsarbeit war somit der Projektleiter gefordert, selbst die notwendigen ökologischen Informationen aus Quellen innerhalb und außerhalb des Unternehmens zu recherchieren, was aufgrund des damit verbundenen Zeitaufwandes in der Regel nicht in dem erforderlichen Maß möglich war. Darüber hinaus war er auch noch gefordert, die Umweltaspekte selbst zu gewichten, untereinander sowie gegenüber technischen und wirtschaftlichen Aspekten. Sehr oft führte dies leider dazu, dass die in der Checkliste vermerkten Anforderungen nicht umgesetzt wurden, da Punkte der Checkliste nicht zwingend abzuarbeiten waren.

Dass vorhandene Informationen über die Umweltwirkungen der Produkte (beispielsweise aus früheren Ökobilanzen) im Unternehmen nicht genutzt wurden, konnte darauf zurückgeführt werden, dass dies erstens nicht explizit als Pflicht im Prozess verankert war und dass die Informationen zweitens nicht für eine Nutzung in der Produktentwicklung aufgearbeitet worden waren.

Aus den Diskussionen mit Entwicklern im Rahmen des Workshops ging des Weiteren hervor, dass eine gezielte Unterstützung mit Instrumenten für Detailfragen, die im Pflichtenheft aufgeführt waren, durchaus gewünscht wurde, wie z. B. bei der Beantwortung von Fragestellungen zur Materialauswahl oder dem Zukauf umweltgerechter Elektrobauteile. Bestätigt wurde im Rahmen der Analyse ebenfalls, dass Instrumente, die nicht auf die Bedürfnisse und Entscheidungsbefugnisse der Anwender abgestimmt sind, keine Akzeptanz in der Entwicklungspraxis finden.

2.1.3.4 Fazit aus der Prozessanalyse

Zusammenfassend konnte festgestellt werden, dass ein Konzept für eine Umsetzung des EcoDesigns bei Kärcher folgende Anforderungen erfüllen sollte:

- In die wegweisenden Entscheidungen in den frühen Entwicklungsphasen müssen Umweltgesichtspunkte auf strukturierte Art und Weise einbezogen werden. Frühe Entwicklungsphasen spielen eine erhebliche Rolle für die Umweltgerechtheit von Produkten. Festlegungen, die in dieser Phase getroffen werden, sind später nicht mehr oder nur noch mit hohem Aufwand änderbar. Aspekte, die bis zur Verabschiedung des Lastenhefts nicht berücksichtigt wurden, werden später kaum im Produkt realisiert.
- Die Entscheidungsträger außerhalb der Entwicklungsabteilung, insbesondere im Category Management, müssen im EcoDesign-Umsetzungskonzept entsprechend berücksichtigt werden. Ihre für die Umweltgerechtheit weit reichenden Entscheidungen müssen zukünftig auch ökologische Aspekte mit einbeziehen.
- Die Informationsbereitstellung muss an die verschiedenen Akteure und Aufgaben angepasst sein. Hierfür sind Informationsflüsse zu

gewährleisten, die eine Vorbereitung von Entscheidungen auch unter ökologischen Aspekten unterstützen.

– Die Produktentwickler benötigen klare Vorgaben für die zu realisierenden ökologische Produktoptimierungen im Lastenheft sowie eine gezielte Unterstützung bei der Gestaltung umweltgerechter Produkte in ihrer täglichen Arbeit in Form von maßgeschneiderten Arbeitsmitteln.

2.2 Ansatz und Umsetzung im Unternehmen

Im Rahmen der nachfolgenden Kapitel wird das für Kärcher entwickelte EcoDesign-Konzept und seine Umsetzung im Unternehmen dargestellt. Darüber hinaus werden die für den Einsatz in der Kärcher-Produktentwicklung konzipierten Arbeitsmittel und Instrumente beschrieben.

2.2.1 Ansatz

Bei der Erstellung des EcoDesign-Konzepts für das Unternehmen wurden die im Rahmen der Analyse ermittelten Anforderungen zugrunde gelegt und ein Top-down-Ansatz gewählt, der folgende drei Bereiche umfasst:

1. Die strategische EcoDesign-Planung des Unternehmens
   Hier werden die langfristigen strategischen Ziele für die Relevanz des EcoDesigns im Unternehmen sowie die produktbezogenen Umweltziele festgelegt, an denen sich alle weiteren Aktivitäten ausrichten.
2. Die produktstrategische Entscheidungsfindung bei der Planung des Produkts
   Bei der Festlegung der Anforderungen im Lastenheft erfolgt die praktische Umsetzung der strategischen produktbezogenen Ziele. Produktbezogene Umweltaspekte, die hier nicht eindeutig formuliert und in das Lastenheft aufgenommen wurden, werden bei der weiteren Produktentwicklung kaum berücksichtigt.
3. Die Unterstützung bei der konstruktiven Ausgestaltung des Produkts
   Für die konstruktive Umsetzung der umweltrelevanten Anforderungen aus dem Lastenheft ist eine gezielte Unterstützung der Akteure mit Arbeitsmitteln und Instrumenten erforderlich.

Grundlage für das Zusammenwirken der drei Bereiche ist eine Neugestaltung der Informationsflüsse im Produktentstehungsprozess und darüber hinaus, da die Entscheidungsträger aller drei Bereiche zukünftig umweltrelevante produktbezogene Informationen, z. B. über die ökologischen Potenziale der Produkte, bei ihrer Entscheidungsfindung benötigen.

Ausgangspunkt bei der Entwicklung des EcoDesign-Konzepts war die Berücksichtigung umweltrelevanter Aspekte bei der Definition der Anforderungen im Lastenheft. Insbesondere in diesem Schritt des Produktentstehungsprozesses werden Entscheidungen getroffen, die relevant für die späteren Umweltwirkungen des Produkts sind und praktisch nicht mehr revidiert werden können. Das Konzept für diesen Bereich beinhaltet daher die Integration von Umweltaspekten bei den produktstrategischen Entscheidungen in der Produktplanung.

Die Möglichkeiten der Einflussnahme auf die zukünftigen Umweltwirkungen eines Produkts sind hier am höchsten [Atik 2001] (Abbildung 28). Doch gerade die zu diesem Zeitpunkt mangelhafte Informationsgrundlage, insbesondere bezüglich der ökologischen Aspekte über das zukünftige Produkt, macht es schwierig, dessen Umweltgerechtheit zu bewerten und ökologisch motivierte Anforderungen festzulegen. Erst mit fortschreitendem Entwicklungsprozess und zunehmender Konkretisierung der Produktdetails steigt die Möglichkeit einer ökologischen Beurteilung.

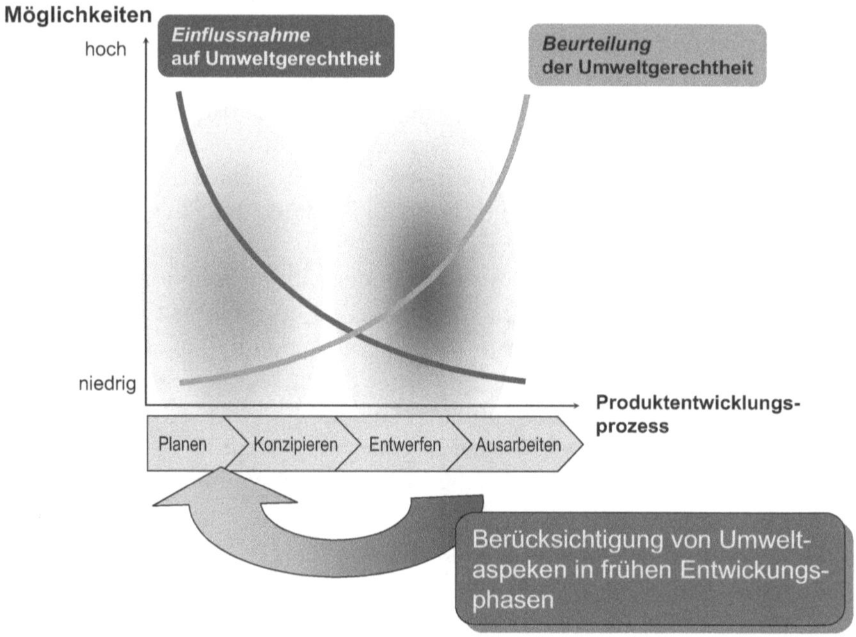

Abb. 28. Zentraler Ansatzpunkt des Projekts [in Anlehnung an: Atik 2001]

Dennoch sollten in frühen Entwicklungsphasen mögliche Umweltpotenziale identifiziert und als Umweltanforderungen an das Produkt festgehalten werden, was zur Forderung nach der Neugestaltung der Informationsflüsse im Unternehmen führte, insbesondere zur Schließung des Informationskreislaufs und damit zur Rückführung der relevanten Produktinformationen aus abgeschlossenen Entwicklungsprojekten in die Produktplanung der Nachfolgeprodukte (Abbildung 29).

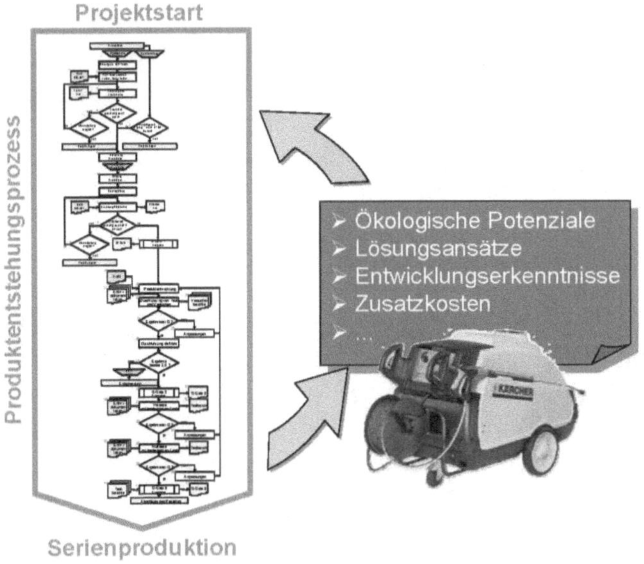

Abb. 29. Schließen des Informationskreislaufs im Produktenstehungsprozess

Bei der Gestaltung der Informationsflüsse im Unternehmen wurde definiert, welche Informationen zu einem Produkt zu welchem Zeitpunkt für welchen Entscheidungsträger zur Verfügung stehen müssen und woher diese Informationen kommen. Generiert werden diese Informationen zukünftig auf Grundlage der Analyse von Vorgängermodellen oder Produkten der gleichen Produktfamilie mit ähnlichen Funktionen und Wirkprinzipien, die als Referenz zur Verfügung stehen. Die dadurch gewonnenen Informationen reichen den allermeisten Fällen (außer bei kompletten Neukonstruktionen) als Entscheidungsgrundlage aus und sind gegen Ende eines Entwicklungsprojekts in der Regel verfügbar. Während über das neue Produkt am Anfang der Entwicklung noch nicht genügend Informationen für eine Ökobilanzierung vorliegen, kann bei Entwicklungsprozessen mit geringerer Innovationstiefe

(Anpassungskonstruktionen oder „Facelifts“) die Annahme getroffen werden, dass relevante Produkteigenschaften denen eines Vorgängermodells oder eines anderen ähnlichen Geräts entsprechen. Von daher wurde bei der Neugestaltung der Informationsflüsse festgelegt, welche Informationen gesammelt, wie diese aufbereitet und wem sie für die Entwicklung des Nachfolgeprodukts zur Verfügung gestellt werden.

Alle Entscheidungen im Rahmen der Lastenhefterstellung basieren jedoch auf der langfristigen Strategie des Unternehmens im Hinblick auf die umweltgerechte Gestaltung der eigenen Produkte. In Konsequenz musste nun im Rahmen des EcoDesign-Konzepts berücksichtigt werden, wie in der Unternehmensstrategie zukünftig EcoDesign verankert werden sollte. In diesen Bereich fallen Entscheidungen auf strategischer Ebene, die letztendlich die Legitimation für Änderungen in den Unternehmensabläufen und für ökologische Optimierungen an den Produkten darstellen und damit die Basis für alle EcoDesign-Aktivitäten sind.

Im Einzelnen beinhaltete dies die Festlegung globaler EcoDesign-Ziele für das Unternehmen, des Images, mit dem sich Kärcher beim produktbezogenen Umweltschutz nach innen und außen darstellen möchte, sowie Entscheidungen über die gezielte Optimierung von Schlüsseltechnologien. Im Hinblick auf das zukünftige Produktportfolio sollte das Unternehmen durch das Konzept bei der Entscheidung unterstützt werden, ob eine schrittweise ökologische Optimierung der gesamten Produktpalette angestrebt oder gezielt „Eco“-Produkte in verschiedenen Sparten auf dem Markt platziert werden sollten.

Realisiert werden sollte dies unter anderem durch die Definition von Leitsätzen zum produktbezogenen Umweltschutz, aus denen sich die Legitimation für weitere Schritte zur Umsetzung des EcoDesigns in den Unternehmensabläufen und am Produkt ableiten ließ.

Als letzter Schritt des Konzepts fehlte noch die Unterstützung der Akteure in der Produktentwicklung, welche die im Lastenheft definierten ökologischen Produktanforderungen nun konstruktiv umsetzen. Hierfür sollten zur Unterstützung der Entwickler Arbeitsmittel und Instrumente bereitgestellt werden, die die Anwender gezielt bei bestimmten Fragestellungen unterstützen. Die Arbeitsmittel und Instrumente sollten sich dabei an den Rahmenbedingungen in der Praxis orientieren, d.h. den Entscheidungsspielräumen der Anwender, deren Hintergrundwissen sowie der zur Verfügung stehenden Personalkapazität.

2.2.2 Umsetzung

Die Durchführung des Projekts bei Kärcher erfolgte, dem dargestellten Ansatz entsprechend, auf mehreren Ebenen. Auf der unternehmensstrategischen Ebene wurden in Abstimmung mit der Geschäftsleitung allgemeingültige EcoDesign-Leitlinien formuliert, die die nachfolgenden Schritte legitimieren und der Motivation der Mitarbeiter dienen. Ebenfalls auf diese Ebene gehört die Anpassung der Entwicklungsprozesse, die einige der im weiteren Projektverlauf definierten Maßnahmen für alle Beteiligten verbindlich in die Unternehmensabläufe integrierten.

Auf der produktstrategischen Ebene wurden Informationen und Entscheidungsprozesse zu Umwelteigenschaften der Produkte in diejenigen Phasen des Entwicklungsprozesses eingebunden, in denen auch die Hauptumweltwirkungen festgelegt werden. Dazu wurde ein Arbeitsmittel entwickelt, mit dem die erforderlichen Informationen gehandhabt werden können.

Auf der operativen Ebene der Produktentwicklung wurden ebenfalls Arbeitsmittel zur Verfügung gestellt, die zielgerichtet und unter Vermeidung größerer Zusatzarbeit für die Entwickler eine ökologische Beurteilung von verschiedenen Varianten erlauben.

Im folgenden Abschnitt sind die einzelnen Aktivitäten, die der EcoDesign-Umsetzung dienen, nach Themenbereichen gegliedert und ausführlich dargestellt. Anschließend werden die Arbeitsmittel im Detail beschrieben.

2.2.2.1 Definition produktbezogener Ziele

Um eine Unterstützung der Geschäftsleitung für die angestrebten Umweltziele in der Produktentwicklung festzuschreiben, wurde eine SWOT- (Strengths-Weaknesses-Opportunities-Threats-) Analyse der Umweltaktivitäten von Kärcher durchgeführt. Dieser Schritt diente zunächst der Einbindung von Akteuren aus der Abteilung „Corporate Development" und der Herbeiführung einer gemeinsamen Einschätzung über die Stärken des Unternehmens im produktbezogenen Umweltschutz, aber auch über die zukünftig notwendigen Anstrengungen zur weiteren Verbesserung.

Aus der Einschätzung dieser Stärken und Schwächen sowie Chancen und Gefahren für das Unternehmen wurden globale Leitlinien formuliert, die den Kärcher-Mitarbeitern kommuniziert werden sollen. Dazu gehört beispielsweise der Anspruch, dass die Umweltwirkungen von Kärcher-Produkten kontinuierlich und nachweisbar verringert werden sollen. Diese allgemeinen Leitlinien stellen unter anderem nun eine Grundlage für eine Priorisierung von Umweltanforderungen im Produktentwicklungsprozess dar.

2.2.2.2 Gestaltung des Informationsflusses

Bei der Behandlung von Umweltinformationen wurde Wert darauf gelegt, zum Einen die bestehenden Ressourcen bestmöglich zu nutzen und zum Anderen den Grad der Detailtiefe an die Aufgabe anzupassen, für die die Informationen herangezogen werden. Das grundlegende Problem des Fehlens von zuverlässigen Informationen über Umweltwirkungen in frühen Phasen wurde bereits in Kapitel 2.2.1 im Zusammenhang mit der Informationsbehandlung im Entwicklungsprozess geschildert: Das Fehlen von zuverlässigen Informationen über Umweltwirkungen in frühen Phasen. Daher werden, entsprechend dem Lösungsansatz, Umweltanforderungen auf Grundlage der Erkenntnisse festgelegt, die an Vorgängerprodukten bzw. ähnlichen Produkten mit gleicher Funktion gewonnen wurden. An mehreren Stellen im Entwicklungsprozess wurde daher eine Vorgehensweise für den Umgang mit umweltrelevanten Produktinformationen verankert:

Vor der Generierung eines neuen Produktsteckbriefs werden den Category-Managern Informationen über ökologische Potenziale oder Ergebnisse vorangegangener Ökobilanzen vergleichbarer Produkte vorgelegt. Sie können dann prüfen, ob vom Markt bestimmte Umwelteigenschaften des Produktes gefordert oder honoriert werden und ob sie entsprechende Umweltanforderungen in ihre „Wunschliste" aufnehmen. Dieser Schritt findet noch vor einer Machbarkeitsprüfung oder Kostenermittlung statt. Daher müssen die Informationen nicht genau quantifiziert sein, sondern zum Nachdenken über mögliche ökologische Verbesserungen anregen.

Ein zweiter Ansatzpunkt für die Behandlung von umweltrelevanten Produktinformationen ist die Vorbereitung von Entscheidungen über die globalen Umweltanforderungen (z. B. niedriger Energieverbrauch), die in den Entwicklungsprozess eingebracht werden sollen. Diese Anforderungen müssen gegen technische, Markt- und Kostenanforderungen gewichtet werden. Um dies zu ermöglichen, wurde das Arbeitsmittel UTeMa-Matrix geschaffen (Kapitel 2.2.3.1), das die Entscheidungsvorbereitung strukturiert. Dabei werden zum einen Hintergrundinformationen genutzt, die bei den beteiligten Akteuren vorliegen (z. B. Informationen über Herstellkosten von Komponenten oder die Konkurrenzsituation am Markt). Dies sind keine direkten Umweltinformationen, aber notwendig für den Prozess der Entscheidungsfindung. Zum anderen werden

Informationen über die objektiv schwerwiegendsten Umweltwirkungen des Produktes zur Verfügung gestellt werden. Dazu werden wiederum Ökobilanzergebnisse von Vorgänger- oder ähnlichen Modellen herangezogen. In dieser Phase werden aber auch viele Informationen generiert, die bei nachfolgenden Entwicklungsprozessen von Interesse sind und deswegen dokumentiert und gespeichert werden. Dazu gehören insbesondere die getroffenen Abwägungen zwischen Umwelt-, Markt-, Kosten- und technischen Anforderungen.

Mit dem Serienanlauf erfolgt noch ein Reviewprozess, der sowohl ein Entwicklungsprozess- als auch ein Produktreview beinhaltet. Das Produktentwicklungsprozess-Review dient der kontinuierlichen Optimierung der Abläufe, Arbeitsmittel und Instrumente, und das Produktreview der Sammlung und Sicherung produktbezogener Entwicklungserkenntnisse. Im Rahmen des Produktreviews kommt wieder die UTeMa-Matrix zum Einsatz. Mit Hilfe der Matrix erfolgt eine strukturierte Sammlung der produktbezogenen Umweltinformationen, die dann als Grundlage für die nächste Produktentwicklung dienen. Für die Umsetzung bei Kärcher wurde festgelegt, dass folgende Informationen bezüglich des Vorgängermodells ausgewertet und zum Projektstart des Nachfolgemodells bereitgestellt werden:

- Ergebnisse einer ökologischen Beurteilung, d.h. die identifizierten Umweltpotenziale des aktuellen Modells.
- Mögliche technische Lösungsansätze für die Umsetzung dieser Potenziale.
- Konstruktionserfahrungen aus ähnlichen Lösungsansätzen, d.h. die zu erwartenden technischen Auswirkungen bei Umsetzung der Lösungsansätze.
- Herstellkosten.

2.2.2.3 Ermittlung der ökologischen Potenziale

Für die ökologische Produktbeurteilung zur Identifikation der Umwelttreiber am Produkt steht eine Vielzahl von Methoden und Instrumenten zur Verfügung, die jedoch aufgrund unterschiedlicher Schwerpunkte und Beurteilungsmethodiken zu verschiedenen Ergebnisse bei der Beurteilung desselben Produkts führen können. Vor diesem Hintergrund stellt die Auswahl der für die jeweilige Fragestellung geeigneten Methode vielfach ein Problem dar. Wissenschaftlich anerkannt ist die Durchführung einer Ökobilanz entsprechend DIN ISO 14040 [ISO 14040 1997], die jedoch für den Einsatz in der Entwicklungspraxis aufgrund des hohen Arbeitsaufwandes und der erforderlichen

Bilanzierungskenntnisse, die in der Regel in den Entwicklungsabteilungen nicht vorhanden sind, nicht geeignet ist.

Praktikabler, jedoch wissenschaftlich umstritten, sind Kurzbilanzierungsmethoden wie z. B. der „Kumulierte Energieaufwand“ (KEA) [VDI 4600 1997], EcoIndicator (EI) [Goedkoop 2000] oder das MEEuP-Tool [Kemna 2000], das speziell zur Durchführung der EuP-Vorstudien entwickelt wurde.

Bei der Auswahl der ökologischen Beurteilungsmethodik sollte daher im Vorfeld geklärt werden, welche ökologischen Ziele am Produkt erreicht und wofür die Ergebnisse der Beurteilung benutzt werden sollen. Wird bei der ökologischen Optimierung in erster Linie eine Schonung der Ressourcen angestrebt, ist eine andere Methode als bei einer Verringerung des lebenswegübergreifenden CO_2-Ausstoßes zu wählen. Sollen die Ergebnisse zudem im Rahmen von Umweltschutz- oder Nachhaltigkeitsberichten der Öffentlichkeit zur Verfügung gestellt werden, ist dies praktisch nur auf Grundlage einer Ökobilanz nach DIN ISO 14040 möglich: Nur sie bietet den allgemein anerkannten Rahmen, der die Gegenüberstellung von Ergebnissen zulässt. Zu beachten ist dabei jedoch, dass eine solche Ökobilanz die Begleitung der Bilanzierung durch einen fachkundigen externen Reviewer erfordert.

Welche ökologischen Ziele am Produkt verfolgt werden sollen, ist eine unternehmenspolitische Entscheidung, die von der Geschäftsleitung getroffen werden muss. Zur Vorbereitung dieser Entscheidung ist es erforderlich, die effektivsten Umweltstellhebel der eigenen Produkte zu kennen und abschätzen zu können, welche Umweltrelevanz diesen in Zukunft zukommen wird. Für die Anwendung bei Kärcher wurde im Vorfeld festgelegt, dass die Ergebnisse nur für den internen Gebrauch im Unternehmen bestimmt sind und sich eine Produktoptimierung an der Umwelt-Wirkungskategorie „Treibhauseffekt“ ausrichten soll, d.h. dass Optimierungsmaßnahmen vor allem auf die Verringerung der CO_2-Emissionen über den gesamten Lebensweg abzielen. Dies schließt u.a. die Auswahl geeigneter Werkstoffe, die Schließung von Stoffkreisläufen und die Steigerung der Energieeffizienz mit ein, wenn dies ökologisch sinnvoll ist. Hierfür wurde ein Ökobilanztool erarbeitet, das eine vereinfachte ökologische Beurteilung in der Entwicklungspraxis ermöglicht, ohne große Abstriche bei der Qualität der Ergebnisse in Kauf nehmen zu müssen. Dieses Instrument ist im Kapitel 2.2.3.2 ausführlich vorgestellt.

Für weitere Anwendungen, z. B. die Vorstellung besonders umweltgerechter Produkte im Umweltbericht, wird Kärcher zukünftig eine externe Vergabe an entsprechende Institutionen vorsehen.

2.2.2.4 Gestaltung der Prozessabläufe

Basierend auf den damit geschaffenen informationstechnischen Rahmenbedingungen konnte nun eine Optimierung des Produktentstehungsprozesses vorgenommen werden. Dabei wurden folgende Ziele verfolgt:

- Berücksichtigung von Umweltaspekten bereits bei den ersten Überlegungen zum neuen Produkt.
- Gemeinsame Berücksichtigung von technischen, wirtschaftlichen und ökologischen Aspekten bei der Festlegung der Produktanforderungen im Lastenheft.
- Kontrolle der Zielerreichung.
- Festhalten und Bereitstellen relevanter Informationen für nachfolgende Entwicklungsprojekte.

Die Änderungen sollen sich möglichst reibungsfrei in den bestehenden Entwicklungsprozess einfügen und unter den Rahmenbedingungen der Entwicklungspraxis gut umsetzbar sein.

Ausgehend vom aktuellen Entwicklungsprozess wurden nun die Ansatzpunkte für die Integration der besagten EcoDesign-Aktivitäten identifiziert. Erster Ansatzpunkt war die Erstellung des Produktsteckbriefs, in dem die Wünsche des Category-Managements bezüglich des neuen Produkts festgehalten werden. Zukünftig wird bei der Formulierung des Produktsteckbriefs bereits eine Checkliste mit Umweltanforderungen zugrunde gelegt, welche relevante Umweltaspekte dieser Produktsparte beinhaltet. Als Hintergrundinformation werden den Verantwortlichen die ökologischen Potenziale sowie deren mögliche technische Realisierungen zur Verfügung gestellt, die in der UTeMa-Matrix des Vorgängermodells dokumentiert sind. Die Entscheidungsträger des Category-Mangements haben somit bereits in diesem sehr frühen Entwicklungsschritt die Möglichkeit, ökologische Optimierungspotenziale in ihre Überlegungen mit einzubeziehen und frühzeitig Synergien zwischen Marktanforderungen und Umweltaspekten zu erkennen bzw. die Marktakzeptanz von Umweltmaßnahmen zu diskutieren.

Der nächste relevante Änderungspunkt war die Anpassung der Entscheidungsvorbereitung der Lastenheftdefinition. In diesen Schritten werden die im Produktsteckbrief definierten Wünsche an das Produkt konkretisiert und im Hinblick auf ihre technische und wirtschaftliche Umsetzbarkeit hin analysiert. Zudem werden die zu erfüllenden gesetzlichen Regelungen geprüft sowie eine Einschätzung bezüglich der zukünftigen Marktchancen getroffen.

Auf Grundlage dieser Informationen werden nun im Rahmen der Sitzungen des Projektteams die Anforderungen des Lastenhefts festgelegt. Dabei bleibt es dem Team überlassen, welche Umweltaspekte im Lastenheft Berücksichtigung finden und wie diese gegen technische und wirtschaftliche Anforderungen gewichtet werden.

Mit diesem Ansatz liegt es in der Verantwortung des Unternehmens, in welchem Rahmen eine ökologische Optimierung des Produkts erfolgen soll. EcoDesign-Maßnahmen am Produkt richten sich somit an den strategischen Zielen des Unternehmens aus und sind damit in der Unternehmenskultur verankert. Die auf diese Wiese angestoßene Diskussion zur Umsetzung am Produkt erhöht die Akzeptanz der Maßnahmen bei den Entscheidungsträgern und Umsetzungsverantwortlichen deutlich.

Unterschieden wurden von den optionalen EcoDesign-Maßnahmen am Produkt die gesetzlichen Umweltschutzanforderungen. Diese müssen unbedingt eingehalten werden und stellen Festforderungen im Lastenheft dar. Der Geltungsbereich von produktbezogenen Umweltgesetzen, wie der Einhaltung von Emissions- oder Lärmgrenzwerten, wird daher im neu gestalteten Entwicklungsprozess gemeinsam mit den weiteren gesetzlichen und normativen Anforderungen, beispielsweise Sicherheitsanforderungen, überprüft.

2.2.2.5 Gezielte Unterstützung bei der Produktentwicklung

Im weiteren PEP-Ablauf kommen nun die dafür entwickelten Instrumente zum Einsatz. Nachdem die grundlegenden Entscheidungen bezüglich der Produktanforderungen getroffen sind, stellen sich bei deren Umsetzung in erster Line noch Detailfragen, bei denen die praxisnah gestalteten zur Entscheidungsunterstützung beitragen.

So ergaben sich beispielsweise den Entwicklern Fragen zur Umweltgerechtheit von Werkstoffen oder dem Einsatz bzw. der ökologischen Amortisation energieeffizienter Motoren im Hinblick auf die Produktlebensdauer. Ebenfalls wurde ein Möglichkeit geschaffen, die ökologische Optimierung von Bauteilen und Baugruppen direkt im Entwicklungsprozess zu überprüfen. Für die vergleichende ökologische Beurteilung von verschiedenen Konstruktionsvarianten wurde ein Ökobilanztool entwickelt (Kapitel 2.2.3.2) und den Produktentwicklern zur Verfügung gestellt, für dessen Anwendung wenige grundlegende Informationen (Materialmengen, Werkstoffe, Energieverbrauch) erforderlich sind.

2.2.3 Unterstützende Arbeitsmittel

Nachdem im vorangegangenen Kapitel die Arbeitsfelder des EcoDesigns aufgezeigt wurden, werden in diesem Abschnitt nun die Arbeitsmittel, die zur Bearbeitung der verschiedenen Aufgaben entwickelt wurden, im Detail vorgestellt. Eine herausgehobene Bedeutung nimmt dabei die „UTeMa-Matrix" ein, da sie als integrierendes Element für verschiedene Tätigkeiten auf der strategischen und der operationalen Ebene fungiert. Daneben wurden die folgenden angepassten Arbeitsmittel für einzelne inhaltliche Aufgaben der Anforderungsermittlung und Produktentwicklung erzeugt:

- Ein Instrument zur ökologischen Kurzbilanzierung,.
- Ein Instrument zur Elektromotorenauswahl, das basierend auf Anschaffungs- und Betriebskosten sowie Material- und Stromverbrauch ein wirtschaftliches und ökologisches Break-even-Diagramm verschiedener Motoren erzeugt.
- Ein Instrument zur Auswahl von Elektronikkomponenten.

2.2.3.1 UTeMa-Matrix

Zur Unterstützung der Entscheidungsfindung in der produktstrategischen Planung und der Wissensweitergabe über einzelne Entwicklungsprojekte hinaus wurde ein Arbeitsmittel entwickelt, dass die oben hergeleiteten Hauptanforderungen erfüllt:

- Umweltziele werden nicht losgelöst, sondern in direktem Zusammenhang mit den „benachbarten" technischen und wirtschaftlichen Zielen betrachtet.
- Produktstrategische Entscheidungen über die umzusetzenden Umweltanforderungen werden unterstützt
- Die Verantwortung für diese Entscheidungen wird in die Hände derjenigen Akteure gelegt, die auch die äquivalenten technischen und wirtschaftlichen Entscheidungen treffen und damit über die Kompetenz zur Abwägung und Gewichtung zwischen den Anforderungen verfügen.
- Relevante Hintergrundinformationen werden gesammelt und strukturiert, beispielsweise über ökologische Potenziale am Produkt, deren Optimierung unter Umweltgesichtspunkten und die dadurch entstehenden Kosten. Die Informationen dienen der Entscheidungsvorbereitung bei der Festlegung der Anforderungen an das Produkt.
- Informationen werden gespeichert und stehen als Wissensspeicher für ein kontinuierliches Wachstum des EcoDesign-Know-how im Unternehmen zur Verfügung.

Die UTeMa- (Umwelt-Technik-Markt) Matrix dient dazu, die objektiv wichtigsten Umweltwirkungen eines Produktes zum frühestmöglichen Zeitpunkt in den Entwicklungsprozess einzuführen und Entscheidungen darüber herbeizuführen, ob die Reduzierung dieser Umweltwirkung im anstehenden Prozess zu einem produktstrategischen Ziel gemacht werden soll. Für das aktuelle Projekt wurde die Matrix mit Hilfe einer Standardsoftware erzeugt. Damit werden keine inhaltsbezogenen Funktionen durchgeführt, sondern lediglich das Speichern und Organisieren der Inhalte erleichtert. Im Prinzip kann die Matrix ebenso mittels Papier und Bleistift angewandt werden.

Aufbau der UTeMa-Matrix

Die Matrix ist in vier Themenbereiche gegliedert (Abbildung 30):

- Ökologische Aspekte – Hier sind in den Zeilen der ersten Spalte die maßgeblichen Umweltwirkungen („Stellhebel" oder auch „Key Environmental Performance Indicators – KEPIs") des Produktes, wie sie beispielsweise einem Life-Cycle-Assessment entnommen werden können, aufgestellt. Dazu gehören auch eine kurze Beschreibung der Funktion der betroffenen Baugruppe(n) und eine Zielrichtung für die Optimierung. Außerdem können hier durch die Umweltabteilung Anforderungen eingebracht werden, die nicht in einer Ökobilanz abgebildet sind, wie z. B. Lärmemissionen.
- Spielraum für Optimierung – In dieser Spalte wird das technische Potenzial für eine Betätigung des Stellhebels in dieser Zeile dargestellt.
- Zielkonflikte – Diese Spalte dient dem Ausformulieren der Zielkonflikte, die bei Betätigung des Stellhebels bestehen. Zielkonflike können sich aus dem Abgleich mit technischen, Markt- und Kostenaspekten ergeben.
- Ergebnisse – In diesem Bereich sind die möglichen Entscheidungen, die auf Basis der gesammelten Informationen getroffen werden können, erfasst.

Diese vier Bereiche ermöglichen nun die Sammlung und Bereitstellung der erforderlichen Informationen bezüglich der ökologischen Produktpotenziale und deren Umsetzung.

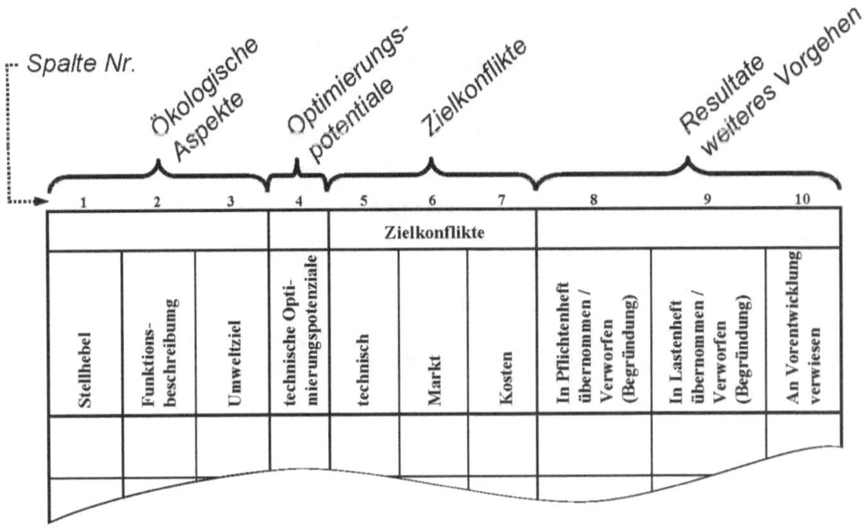

Abb. 30. Aufbau der UTeMa-Matrix

Anwendung der UTeMa-Matrix

Im Entwicklungsprozess wird die UTeMa-Matrix auf verschiedene Weisen und zu verschiedenen Zeitpunkten verwendet, um die Erreichung der unterschiedlichen Ziele zu unterstützen. In der produktstrategischen Planung werden mit ihrer Hilfe die Hauptanforderungen an das Produkt aus Umweltsicht festgelegt und mit Leistungsdaten, Kostenziel, Marktzielen, und anderen, für die Marktpositionierung des Produkts relevanten Größen abgewogen.

Im Einzelnen werden in den Arbeitsschritten folgende Arbeiten durchgeführt (Abbildung 31):

1. Identifizieren der Stellhebel

Stellhebel sind allgemein Umweltwirkungen, die durch konstruktive Maßnahmen zu beeinflussen sind, z. B. bei einem Hochdruckreiniger der Energieverbrauch des Elektromotors oder der Heizölverbrauch des Durchlauferhitzers. Welche Umweltwirkungen dies im Einzelfall sind und ob eine Betätigung sinnvoll ist, ist allerdings oft nicht auf den ersten Blick ersichtlich. Darüber hinaus gibt es oft mehr als eine Möglichkeit, eine Änderung zu bewirken. Um dem Anspruch einer lebenswegübergreifenden Optimierung gerecht zu werden, müssen zunächst die Hauptumwelttreiber im Produktlebenslauf ermittelt werden. Die Verantwortung dafür liegt bei der Umweltabteilung, der dafür mehrere Möglichkeiten offen stehen.

Liegen Erfahrungen und Ökobilanzdaten von Vorgänger- oder verwandten Produkte vor, können diese, nach einer Prüfung beispielsweise durch eine vergleichende Kurzbilanz, übernommen werden. Ist dies nicht der Fall, können Stellhebel mittels einer Ökobilanz ermittelt werden. Umfang und Detailgrad hängen dabei von den Randbedingungen ab: Handelt es sich um ein richtungweisendes Projekt und ist eine intensive weitere Verwendung der Daten abzusehen, kann eine Bilanz nach ISO 14040 durchgeführt werden; andernfalls kann auch eine Kurzbilanz ausreichend sein. Bei einem Hochdruckreiniger könnte ein Stellhebel der Energieverbrauch des Elektromotors sein, dessen Funktion das „Wandeln von elektrischer in mechanische Energie für den Antrieb der Hochdruckpumpe" ist. Ziel sollte sein, den Energieverbrauch weitestgehend zu minimieren.

2. Bestimmen der Optimierungspotenziale
Im nächsten Schritt werden die bekannten Informationen über bestehende Optimierungspotenziale für die identifizierten Stellhebel zusammengetragen. Sie werden durch die Umweltabteilung bei der Produktentwicklung angefragt. Hervorzuheben ist dabei, dass es sich hier überwiegend nicht um „Umweltinformationen" handelt, sondern um Informationen technischer Natur, die durch Entwickler in ihrer täglichen Arbeit gehandhabt werden und in diesem Schritt in den Kontext des EcoDesign gestellt werden. Nur falls die vorhandenen Informationen als nicht ausreichend betrachtet werden, können in diesem Schritt beispielsweise Anfragen bei Zulieferern für Komponenten oder anderweitige Recherchen durchgeführt werden. Im Fall des Elektromotors könnte die Aussage z. B. lauten: „Der Motor hat einen Wirkungsgrad von 75 %; die besten Motoren am Markt in dieser Leistungsklasse haben 88 %. Durch Einsatz eines vierpoligen Motors kann eine Wirkungsgradsteigerung im Vergleich zum zweipoligen Motor erreicht werden." Wichtig bei diesem Schritt ist, dass für die Betätigung eines Stellhebels Optionen generiert werden, die im weiteren Verlauf der Arbeit gegeneinander abgewogen werden können.

Die UTeMa-Matrix wird nun im Vorlauf eines Produktstrategie-Meetings an die Teilnehmer verteilt. Zu den Adressaten gehören die Experten für Markt (Category Management), Kosten (Einkauf, Entwicklung) und Technik (Entwicklung). Die folgenden Schritte laufen parallel ab.

3. Ermitteln von technischen Zielkonflikten und Randbedingungen
Durch die Produktentwicklung wird in diesem Schritt eine Einschätzung formuliert, welche technischen Eigenschaften des Produkts von einer Betätigung jedes Stellhebels betroffen sind. Im Rahmen des oben genannten Beispiels würde hier der größere Bauraum des vierpoligen Motors und dessen höheres Gewicht angeführt. Dazu gehört auch die Frage, wie sich die Stellhebel untereinander beeinflussen. Ein zweiter Stellhebel am Elektromotor könnte z. B. in der Menge von verwendetem Kupfer oder Aluminium liegen. In diesem Fall muss aus Umweltsicht der Mehrverbrauch an Kupfer für einen effizienteren Motor gegen den niedrigeren Stromverbrauch aufgewogen werden. Dazu kann wiederum eine Abschätzung mit Hilfe einer Kurzbilanzierung getroffen werden.

4. Ermitteln von Zielkonflikten mit Kostenaspekten
Kostenaspekte können wiederum durch die Entwicklungsabteilung beurteilt werden, aber auch durch andere Akteure im Produktentstehungsprozess, die über relevante Informationen verfügen. Dazu kann beispielsweise eine Aussage gehören, wie hoch die Mehrkosten für einen Motor mit 85 oder 88 % Wirkungsgrad sind, oder auch welche Ersparnisse ein Betätigen des Stellhebels an anderer Stelle mit sich bringen könnte.

5. Ermitteln von Zielkonflikten mit Marktgesichtspunkten
Aus der Marktperspektive könnte relevant sein, dass ein Wettbewerber ein Gerät mit hohem Wirkungsgrad anbietet, aber auch z. B. dass Wirkungsgrad für die anvisierte Kundengruppe keine Rolle spielt. Für die Entscheidung, ob ein bestimmter Stellhebel im Rahmen des Entwicklungsprojekts bearbeitet werden soll, ist diese Einschätzung außerordentlich wichtig. Falls eine technische Änderung am Produkt mit den in Schritt 3 und 4 prognostizierten Eigenschaften als nicht vermarktbar eingestuft wird, kann eine Umsetzung nicht erfolgreich sein.

6. Entscheidungsfindung
Der letzte Schritt findet im Rahmen des produktstrategischen Planungsmeetings statt. Hier werden die Stellhebel diskutiert, die gesammelten Informationen abgewogen und für jeden Stellhebel entschieden, ob und wie er im aktuellen Entwicklungsprozess zu behandeln ist. Dafür gibt es mehrere mögliche Wege. Diese können sein:

- Übernahme einer konkreten Anforderung ins Pflichtenheft, falls die Anforderung keiner weiteren Interpretation oder Untersuchung bedarf und direkt als Ziel der Produktstrategie übernommen werden soll;

- Übernahme ins Lastenheft, womit eine Zielvorgabe für die Konzeptentwicklung erfolgt, den Stellhebel zu bearbeiten und die sich daraus ergebenden Anforderungen weiter zu konkretisieren und auf ihre Umsetzbarkeit zu überprüfen; oder
- Vergeben eines Auftrags an die Vorentwicklung zur Weiterentwicklung der vorhandenen Technologie, falls das Thema wichtige Kernkompetenzen des Unternehmens betrifft und verfolgt werden soll, aber die bestehenden technologischen Optionen eine unmittelbare Betätigung des Stellhebels nicht sinnvoll erscheinen lassen.

In allen Fällen muss eine Verneinung der Option kurz begründet werden, um in zukünftigen Entwicklungsprozessen die Entscheidungen dafür oder dagegen nachvollziehen zu können. Damit wird bei weiteren Entwicklungsprozessen die Informationsbeschaffung und Entscheidungsfindung erleichtert. Wenn beispielsweise ersichtlich ist, dass sich Optimierungsspielraum, Marktlage und Kostensituation nicht geändert haben, kann eine einmal getroffene und nachvollziehbare Entscheidung auch fortgeschrieben werden.

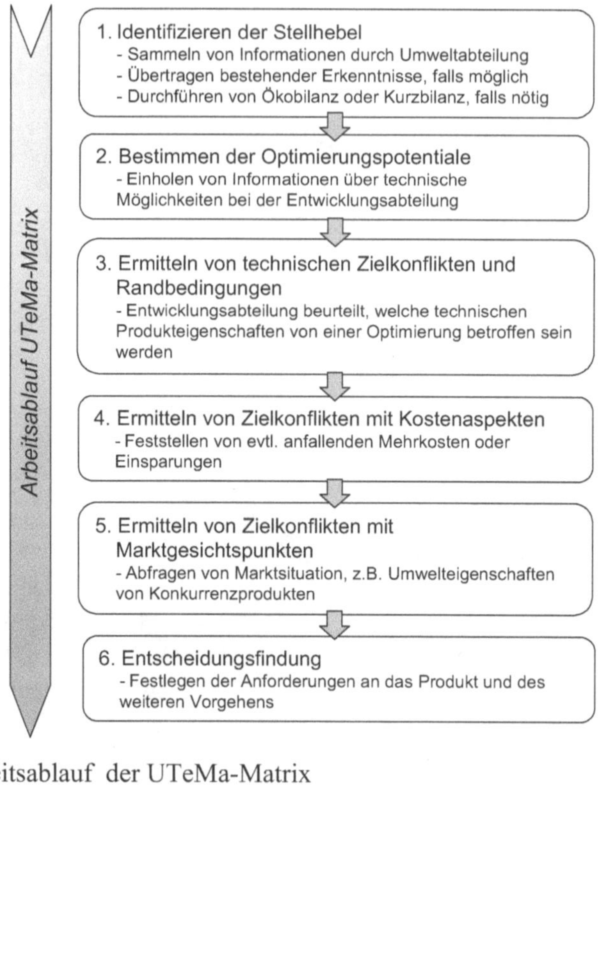

Abb. 31. Arbeitsablauf der UTeMa-Matrix

Neben dieser Anwendung in der produktstrategischen Planung dient die UTeMa-Matrix auch als Medium zur Informationssammlung und -weitergabe von einem Entwicklungsprojekt zum nächsten und damit zum Aufbau von EcoDesign-Know-How im Unternehmen. Dazu wird sie an mehreren Stellen im Entwicklungsprozess erneut zur Hand genommen:

- Während des laufenden PEP steht die ausgefüllte UTeMa-Matrix als Referenz zur Verfügung, um auftretende Fragen zu klären.
- Am Ende des Projekts wird ein Review-Prozess durchlaufen, dessen Ziel es ist, die gewonnenen Erkenntnisse festzuhalten und für die nachfolgenden Entwicklungsaufgaben zu speichern. Dabei wird überprüft, inwieweit die produktstrategischen Festlegungen umgesetzt wurden und welche neuen Erkenntnisse über die Stellhebel gesammelt werden konnten. Falls sich z. B. während der Konstruktion herausgestellt hat, dass Kosten oder technische Möglichkeiten für die Betätigung eines Stellhebels nicht den ursprünglichen Einschätzungen entsprechen, wird dies für die weitere Verwendung im nächsten PEP in der UTeMa dokumentiert.
- Zu Beginn eines neuen PEP wird durch das Category Management ein Produktsteckbrief erstellt, in dem die „Wunsch-features“ des Produkts gesammelt werden, zunächst ohne eine Prüfung von Machbarkeit oder Kosten. Die Umweltabteilung stellt dazu Informationen aus vorangegangenen UTeMa-Anwendungen zu ähnlichen oder Vorgängerprodukten zusammen. Diese dienen als Anregung zu hinterfragen, ob bestimmte Umweltfeatures am Produkt aus Marketingsicht gefordert werden.

Die erste Anwendung der UTeMa bedingt, neben dem Aufwand für eine ökologische Produktbeurteilung, einen erhöhten Recherche-, Diskussions- und Dokumentationsaufwand im Produktentstehungsprozess, der bei der Entwicklung umweltgerechter Produkte jedoch unvermeidbar ist. Einmal eingeführt, überwiegen die Vorteile durch den Rückgriff auf die darin bereitgestellten Informationen und die damit gezielt gesteuerten Diskussionen, die heute im täglichen Entwicklungsprozess unter technischen und wirtschaftlichen Aspekten sowieso ablaufen. Durch den konsequenten Einsatz der Matrix werden diese Diskussionen um den ökologischen Aspekt erweitert und der Mehraufwand durch deren Nutzung als Wissensspeicher niedrig gehalten.

2.2.3.2 Ökobilanztool

Zur Anfertigung von Kurzbilanzen im Rahmen eines laufenden PEP wurde ein Ökobilanztool erstellt. Das Instrument soll in Zukunft beispielsweise dazu genutzt werden, Produktvarianten anhand ihrer Umweltwirkungen zu vergleichen. Im Verlauf des Projektes, aber auch schon im Vorfeld, wurden von verschiedenen Kärcher-Produkten Ökobilanzen durchgeführt. Dabei konnte festgestellt werden, welche Produkteigenschaften typischerweise den größten Einfluss auf die Ökobilanzergebnisse haben. Weiterhin konnten Anforderungen an ein Ökobilanzinstrument für Kärcher ermittelt werden:

- Der Aufwand für die Anwendung ist möglichst gering zu halten.
- Produktionsprozesse werden nicht einzeln abgebildet.
- Bauteile mit einem Gewicht unter 50g können in der Regel vernachlässigt werden.
- Elektronik bleibt unberücksichtigt (für die Auswahl von Elektronikkomponenten wird ein eigenes Tool bereitgestellt).
- Das Instrument muss einen Produktvergleich ermöglichen
- Alle Hilfs- und Betriebsstoffe, die von Kärcher Produkten in der Nutzungsphase verbraucht werden, müssen enthalten sein.
- Das Instrument sollte nur einen Indikatorwert ausweisen.
- Da zunächst die Evaluierung der Praxistauglichkeit des Instruments im Fordergrund steht, sollte mit öffentlich zugänglichen Daten gearbeitet werden.

Als Basis zur Beurteilung der Umweltauswirkungen wurde das Treibhauspotential (Global Warming Potential – GWP) gewählt. Die Lebensphasen der Werkstoffherstellung, -verarbeitung sowie -entsorgung wurden zusammengefasst und mit allgemeingültigen Werten abgebildet, da zum einen der Aufwand für eine detaillierte Abbildung der Kärcher Produktionsprozesse für zu hoch eingestuft wurde und zum anderen die durchgeführten Produktionsprozesse sowie die Verwertbarkeit des Produktes unmittelbar vom eingesetzten Werkstoff abhängen. Die Daten zur Berechnung des Treibhauspotenzials wurden dem MEEuP EcoReport-Tool entnommen, das zurzeit europaweit zur Erarbeitung der Durchführungsmaßnahmen für die in der EuP-Richtlinie genutzt wird.

Die Eingabemaske ist in Abbildung 32 dargestellt. Neben der Werkstoffzusammensetzung müssen die in der Nutzungsphase emittierten CO_2-Emissionen, die verbrauchten Hilfs- und Betriebsstoffe und der Stromverbrauch sowie Transportinformationen in das Instrument eingegeben werden.

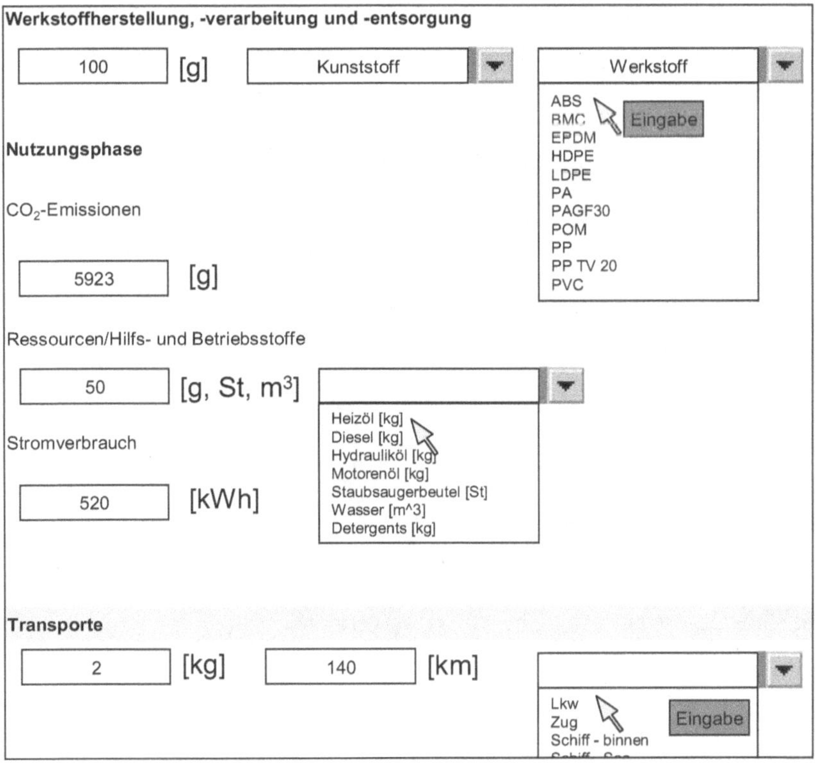

Abb. 32. Eingabemaske des Ökobilanztools

Das Tool erlaubt eine Aussage darüber, ob die Werkstoffzusammensetzung, die Prozesse der Nutzungsphase oder die Transportprozesse den größten Beitrag zum Treibhauseffekt haben. In der Ergebnisansicht werden neben den Beiträgen der einzelnen Lebensphasen auch die Werkstoffzusammensetzung, der Beitrag der im Produkt verwendeten Werkstoffe zum Treibhauspotenzial im Einzelnen sowie die Beiträge der einzelnen Prozesse in der Produktnutzung angezeigt. Dadurch wird es ermöglicht, neben den Werkstoffen mit den höchsten Auswirkungen auch die Prozesse der Nutzungsphase mit den höchsten Auswirkungen auf das Treibhauspotenzial zu identifizieren. Außerdem erlaubt das Instrument den Vergleich von Produkten oder einzelnen Bauteilen oder Baugruppen. Sind die entsprechenden Daten für zwei unterschiedliche Varianten angelegt, können diese detailliert in den einzelnen Lebensphasen, aber auch über den kompletten Lebensweg hinweg, verglichen werden. Abbildung 33 zeigt beispielhaft den Vergleich zweier Produkte über den kompletten Lebensweg.

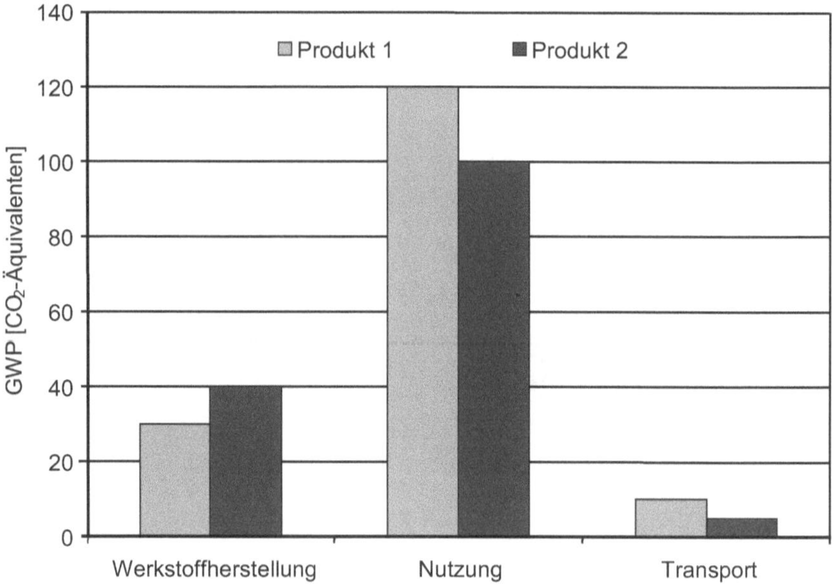

Abb. 33. Ergebnisdarstellung beim Produktvergleich

2.2.3.3 Motorenauswahltool

Da Elektromotoren in fast allen Kärcher-Produkten verwendet werden, wurde für deren Auswahl unter Kosten- und Umweltgesichtspunkten ein eigenes Tool geschaffen. Bei Elektromotoren gehen die Umweltauswirkungen im Wesentlichen von der Materialherstellung und der Nutzungsphase aus. Bei Energiesparmotoren wird eine höhere Effizienz unter anderem über einen verstärkten Einsatz von Kupfer und Eisen erreicht. Ähnlich wie bei den Kosten für Elektromotoren sind die mit der Herstellung energiesparender Motoren verbundenen Umweltwirkungen demnach höher als diejenigen für weniger effiziente Motoren. Erst nach einer bestimmten Nutzungsdauer amortisieren sich, wie bei den Kosten, die im Betrieb geringeren Umweltwirkungen eines effizienteren Motors. Bei dem Vergleich dreier Alternativen für einen Kärcher-Hochdruckreiniger wurde festgestellt, dass teilweise von so geringen Nutzungszeiten ausgegangen werden kann, dass nicht immer der effizienteste Motor die beste Gesamtbilanz aufweist.

Mit dem Motorenauswahltool kann der Produktentwickler die Alternative auswählen, die, bei gegebener Nutzungsdauer, die günstigste ist. Zur ökologischen Bewertung wird dabei das Treibhauspotential (GWP) herangezogen. Dazu werden die Massen der Hauptkomponenten und der Stromverbrauch benötigt. Für drei Motoren sind die Daten in Tabelle 6 gegenübergestellt.

Tabelle 6. Eingabe und Ergebnisdarstellung zur Beurteilung verschiedener Motoralternativen nach dem Treibhauspotenzial

	Motor 1	**Motor 2**	**Motor 3**	
Materialien				
Kupfer	1,40	3,80	3,40	[kg]
Elektroblech	9,40	19,80	16,10	[kg]
Wellenstahl	1,60	2,70	2,50	[kg]
Aluminiumguss	2,39	5,00	4,00	[kg]
Grauguss	0,00	0,00	0,00	[kg]
Nutzung				
Abgabeleistung	3,9	4,0	4,0	[kW]
Wirkungsgrad	75,0	88,0	86,0	[%]
Auslastungsgrad	100,0	100,0	100,0	[%]
Lebensdauer	3,0	3,0	3,0	[Jahre]
Laufzeit pro Jahr	3680,0	3680,0	3680,0	[h]
GWP				
Materialien	72,49	157,80	130,86	[kg CO_2-Äquivalente]
Transport	2,86	6,24	5,07	[kg CO_2-Äquivalente]
Nutzung	26292,86	22983,27	23517,77	[kg CO_2-Äquivalente]
Gesamt	26368,21	23147,31	23653,70	[kg CO_2-Äquivalente]
Schnittpunkte	**1-2**	**1-3**	**2-3**	
	296	241	581	[h]
	777	660	1368	[kg CO_2-Äquivalente]

Mit einem Wirkungsgrad von 75 % ist Motor 1 der schlechteste, dafür mit einem Materialgewicht von 1,4 kg Kupfer und 9,4 kg Elektroblech auch der leichteste der drei. Bei Motor 2 handelt es sich um einen Motor der Effizienzklasse 1 mit 88 % Wirkungsgrad, Motor 3 ist mit einem Wirkungsgrad von 85 % der Effizienzklasse 2 zuzuordnen. Wenn die Laufzeit sehr gering angenommen wird (im vorliegenden Beispiel mit 50 h/Jahr über vier Jahre) zeigt die Auswertung des Gesamt-GWP, dass Motor 1 mit 551,67 kg CO_2-Äquivalent das geringste Gesamt-Treibhauspotential aufweist. Im Abschnitt „Schnittpunkte" lässt sich ablesen, dass Motor 1 und 2 bei einer Laufzeit von 296 h den Break-even-Punkt erreichen. Sobald die Betriebszeit diesen Punkt überschreitet, wird Motor 2 in der Gesamtbilanz günstiger als Motor 1.

Zusätzlich zur Tabellenansicht kann sich der Entwickler die Ergebnisse auch graphisch darstellen lassen, wie in Abbildung 34 gezeigt. Da bei

Gesprächen mit der Marketingabteilung bei Kärcher ebenfalls deutlich wurde, dass immer mehr Kunden Wert auf niedrige Betriebskosten der Kärcher Produkte legen, wurde das Tool um die Berechnung der Lebenszykluskosten erweitert. Unter Eingabe der Anschaffungskosten und des jeweiligen Strompreises lassen sich wiederum die Schnittpunkte sowie die Gesamtlebenszykluskosten berechnen.

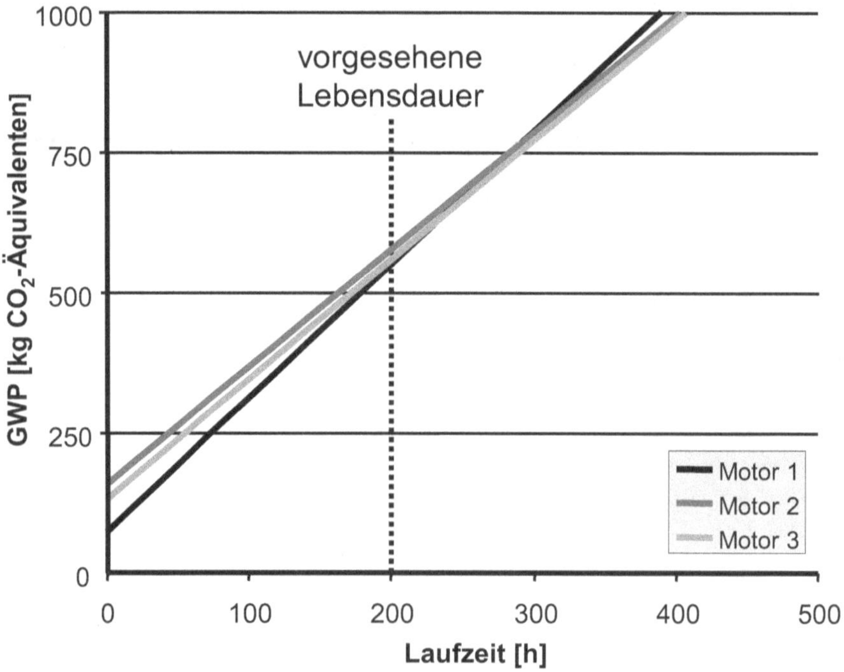

Abb. 34. Graphische Darstellung der Ergebnisse des Motorenauswahltools

2.2.3.4 Elektronikauswahltool

Bei der Ökobilanzierung von Kärcher-Produkten hat sich gezeigt, dass die Berücksichtigung elektronischer Komponenten wie bestückten Leiterplatten sich aufgrund der schlechten Datenlage schwierig und daher sehr aufwendig gestaltet. Im Unternehmen bestand der Wunsch, diese einer besonderen Analyse zu unterziehen, da in den Elektronikbauteilen relevante Umwelttreiber vermutet wurden und davon ausgehende mögliche Umweltwirkungen bereits im Vorfeld erkannt und vermieden werden sollten. Aus diesem Grund wurde mit dem Elektronikauswahltool ein spezielles Instrument zur Vereinfachung einer entsprechenden prospektiven Beurteilung geschaffen.

Hierfür wurden für Leiterplattengrundmaterialien, Kondensatoren, Widerstände sowie Integrated Circuits (IC) vereinfachte Lebenszyklusanalysen durchgeführt, um umweltrelevante Schwachstellen der Bauteile aufzudecken. Darauf aufbauend wurde das Bewertungstool für die Elektronikentwicklung und den Elektronikeinkauf entwickelt.

In Anlehnung an die Studie von Stutz [Stutz 2000] wurden für exemplarische Bauteile der Ressourcenverbrauch und die Toxizität bewertet. Der ebenfalls in der Studie als wichtig erachtete Energieverbrauch bei der Herstellung konnte wegen fehlender Daten nicht abgebildet werden. Zur Bestimmung der Toxizität der eingesetzten Stoffe wurde der so genannte Toxicity Potential Index (TPI) gewählt. Beim TPI dienen als Entscheidungsgrundlage zur Bemessung des Schadstoffpotentials gesetzlich verankerte Listen und Bewertungen (z. B. die Grenzwerten der MAK-Werte-Liste / MAK = maximale Arbeitsplatzkonzentration). Zusätzlich zu den so bewerteten Inhaltstoffen fließen Stoffe mit in die Checkliste ein, die nach Kärcher-Norm und Joint Industry Guide als deklarationspflichtig und bedenklich eingestuft werden.

In das Tool werden die Komponenten mit ihren Inhaltsstoffen eingegeben. Der Anwender kann sich direkt anzeigen lassen, ob gesetzlich verbotene oder deklarationspflichtige Substanzen enthalten sind und welche Werte für die Toxizität und den Ressourcenverbrauch die Komponenten erreichen. Außerdem wird ihm eine Vorgehensweise vorgegeben, nach der Komponenten aus verschiedenen Alternativen ausgewählt werden: Alternativen, die gesetzlich verbotene Stoffe enthalten, werden von vorneherein ausgeschlossen. Danach werden die Bauteile mit dem höchsten Gehalt deklarationspflichtiger Stoffe verworfen. Konnte so noch keine Entscheidung getroffen werden, wird die Wahl erst nach dem TPI, dann nach dem Ressourcenverbrauch getroffen. Das Instrument ermöglicht neben dem Vergleich einzelner Komponenten auch eine Systemanalyse, d.h. den Vergleich verschiedener Bauteilkombinationen.

2.3 Erkenntnisse

Zusammenfassend sollen die wichtigsten Aspekte der Umsetzung des EcoDesigns in der Kärcher-Produktenstehung noch einmal hervorgehoben werden.

Die aktive und engagierte Unterstützung der Geschäftsleitung, im Rahmen des Projekts vertreten durch die Abteilung „Corporate Development", war ausschlaggebend für die erfolgreiche Umsetzung.

Denn die Entscheidung, ökologische Gesichtspunkte in die Produktentstehung einfließen zu lassen, berührt wichtige Unternehmensfunktionen, z. B. die Marktpositionierung, das Firmenimage oder die Gestaltung der Arbeitsabläufe. Dazu sind strategische Festlegungen notwendig, die (zumindest in einem Unternehmen von der Größe der Alfred Kärcher GmbH & Co. KG) nur durch die Geschäftsleitung getroffen werden können. Damit erhalten alle weiteren Aktivitäten einen deutlichen „Top-Down"-Charakter, der nach Einschätzung der Projektbeteiligten auch notwendig und wünschenswert ist.

Dazu gehört auch eine klare Definition realistischer produktbezogener Umweltziele als Basis für eine spätere ökologische Optimierung der Produkte. Sind diese Ziele einmal als Leitsätze in der Unternehmensstrategie verankert, können sie für die Entscheidungsträger im Entwicklungsprozess eine Orientierung bieten und gewährleisten damit auch eine kontinuierliche ökologische Weiterentwicklung der Produkte.

Ein weiterer relevanter Aspekt war die Berücksichtigung ökologischer Aspekte bereits bei der Erstellung des Lastenhefts. Denn an dieser Stelle werden die für die Umweltgerechtheit ausschlaggebenden Produkteigenschaften definiert, entweder direkt durch die Festlegung ökologischer Anforderungen oder indirekt durch die Festlegung technischer Features, die Umweltwirkungen nach sich ziehen. Daher ist es dringend erforderlich, bereits bei der Erstellung des Lastenhefts technische, wirtschaftliche und ökologische Aspekte gleichberechtigt auf einer fundierten Informationsgrundlage zu diskutieren.

Die Identifikation der Entscheidungsträger, die entscheidenden Einfluss auf die Festlegung der Produkteigenschaften haben, war für die Umsetzung des EcoDesigns im Unternehmen ebenfalls relevant. Bei Kärcher konnte z. B. ein großer Einfluss des Category Managements auf die Umweltwirkungen der Produkte festgestellt werden, der den beteiligten Mitarbeitern selbst nicht bewusst war. Diese Entscheidungsträger unter Berücksichtigung ihrer Entscheidungskompetenz in den gesamten EcoDesign-Prozess einzubinden trug ebenfalls entscheidend zum Erfolg der Umsetzung bei.

Wie bereits deutlich wurde, erfordert die Gestaltung umweltgerechter Produkte eine umfassende Informationsgrundlage. Unumgänglich ist es, auf Ergebnisse einer fundierten ökologische Beurteilung zurückgreifen zu können, wie sie beispielsweise im Rahmen einer Öko- oder Kurzbilanzierung erstellt werden. Diese Informationen müssen aufbereitet den Entscheidungsträgern zum richtigen Zeitpunkt wieder zur Verfügung gestellt werden. Bei Kärcher konnte dies realisiert werden, indem Informationen über Umweltwirkungen des Vorgängerprodukts oder eines ähnlichen Produkts bereitgestellt werden, einschließlich relevanter Hintergrundinformationen wie z. B. mögliche Lösungsansätze, Kostenabschätzungen oder eine Einschätzung der Marktgerechtheit einer ökologisch optimierten Variante. Als praktisches Arbeitsmittel hat sich hierfür die UTeMa-Matrix erwiesen.

2.4 Literatur

[Atik 2001] Atik, A.: Entscheidungsunterstützende Methoden für die Entwicklung umweltgerechter Produkte, Dissertation, Aachen: Shaker, 2001 (Darmstädter Forschungsberichte für Konstruktion und Fertigung)

[Goedkoop 2000] Goedkoop, M. et al.: The Eco-indicator 99, A damage oriented method for Life Cycle Impact Assessment, Manual for Designers, Pré Consultants B.V., Amersfoort 2000

[ISO 14040 1997] DIN ISO 14040: Umweltmanagement - Ökobilanz – Prinzipien und allgemeine Anforderungen, Beuth: Berlin 1997

[Kemna 2000] Kemna, R.: MEEUP Methodology Report: Methodology Study Eco-design of Energy-using Products; Final Report, Delft, VHK 2005

[Stutz 2000] Stutz, M. T.; Tobler, H. J.: Simplified LCA für Elektronikbauteile mit neun Bauteilfamilien; Projekt der exact Arbeitsgruppe Umweltfragen (exact AGU); www.igexact.org/agu/Simplifed-LCA.pdf; Stand 06.08.2007

[VDI 4600 1997] VDI 4600: Kumulierter Energieaufwand - Begriffe, Definitionen, Berechnungsmethoden, Beuth: Berlin 1997

3 Umweltgerechte Energieversorgung für mobile Kommunikationsgeräte

Teilprojekt C3
Christof Fritz, Katrin Müller

3.1 Projektrahmen

Das Teilprojekt C3 des Transferbereichs 55 wurde in Zusammenarbeit mit dem Umweltbereich der Motorola GmbH durchgeführt. Von Seiten der Technischen Universität Darmstadt war ein wissenschaftlicher Mitarbeiter des Fachgebiets pmd – Produktentwicklung und Maschinenelemente – beteiligt. Die Projektdauer betrug zwei Jahre, von Januar 2005 bis Dezember 2006.

3.1.1 Industriepartner

Der Motorola-Konzern ist ein international führendes Technologieunternehmen, das mit Seamless Mobility-Produkten und -Lösungen nahtlose Mobilität über die Bereiche Breitband, eingebettete Systeme und drahtlose Netzwerke hinweg ermöglicht. Menschen und Informationen sind dadurch jederzeit und überall erreichbar – zu Hause, im Auto, im Büro und überall dazwischen. Durch die Verschmelzung verschiedener Technologien macht Seamless Mobility Kommunikation intelligenter, schneller, kosteneffizienter und flexibler für drahtlose und Breitbandkommunikation. Der Konzern erzielte im Jahr 2006 weltweit einen Umsatz von 42,9 Mrd. US-Dollar in den drei Geschäftsbereichen: Enterprise Mobility Solutions, Home & Networks Mobility und Mobile Devices. In Deutschland ist das Unternehmen durch die Motorola GmbH präsent.
Deutschland ist für Motorola auch ein wichtiger Standort für Fertigung sowie für Forschung und Entwicklung. In den verschiedensten Geschäftsbereichen engagieren sich heute rund 2.500 Mitarbeiter in Produktentwicklung, Produktion, Marketing, Vertrieb und Verwaltung. Der Jahresumsatz in Deutschland betrug im Jahr 2005 ca. 5,5 Mrd. Euro. Im Hauptsitz in Taunusstein ist das Umweltlabor Rapid Environmental Assessment Lab (REAL) als Teil des weltweit agierenden Motorola Labs

angesiedelt. Hier werden Möglichkeiten zum Einsatz umweltschonender Materialien, zum Reduzieren von Energieverbräuchen und zum Vermeiden von Abfällen untersucht.

3.1.2 Problemstellung

Die stark zunehmende Verbreitung von mobilen Kleingeräten wie beispielsweise Mobiltelefone und MP3-Player wirft die Frage nach einer innovativen, mobilen und zugleich umweltgerechten Energieversorgung auf. Durch die Weiterentwicklung moderner Mobiltelefone hin zu persönlichen digitalen Assistenten (PDAs) werden sie zu unentbehrlichen Hilfsmitteln im Privat- und Arbeitslebens und müssen ununterbrochen betriebsbereit und verfügbar sein.

Die stationäre Aufladung von Akkus oder der Gebrauch von Einwegbatterien sind bislang mit hohen Energieverlusten, langen Standzeiten beim Aufladen in Ladegeräten und mit hohen Umweltbelastungen verbunden. Abbildung 35 zeigt beispielhaft den Energieverbrauch eines Mobiltelefons, das 24 Stunden am Tag eingeschaltet und über Nacht mit dem Ladegerät verbunden ist, um einem Stromausfall während des Tags vorzubeugen. In diesem Szenario werden von der benötigten Gesamtenergie nur etwa 9 % für den eigentlichen Betrieb des Telefons benötigt. Der überwiegende Teil sind Verluste der Batterie und des Ladegerätes und sowie Verluste beim Laden der Akkus.

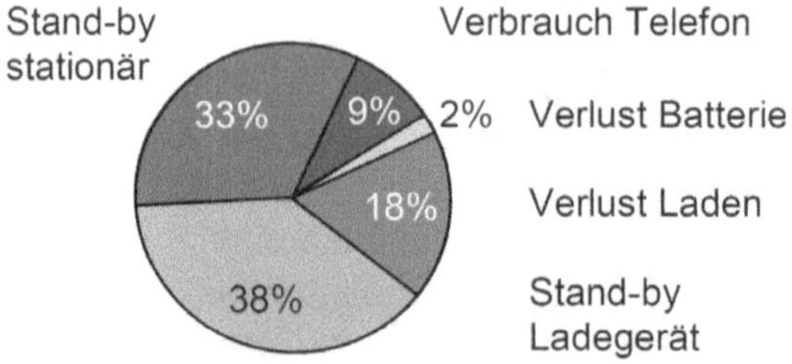

Abb. 35. Energieverbrauch eines Mobiltelefons (Motorola interne Erhebung 2003)

Solarmodule und Kurbelgeneratoren zur Aufladung von Mobiltelefonen sind bereits im Handel erhältlich. Allerdings handelt es sich bei diesen Produkten zum einen nur um unterstützende Energielieferanten, die nicht die gesamte benötigte Energie bereitstellen können. Zum anderen sind diese Energieversorgungssysteme nicht in das Produkt integriert, sondern als Zubehör erhältlich. Ihr Volumen entspricht oder überschreitet das Volumen eines handelsüblichen Mobiltelefons.

Darüber hinaus existieren Prototypen, die auf der Verbrennung chemischer Energieträger, wie fossilen Energien, beruhen. An der Universität Leuven, ebenso wie am MIT wird an mobilen Kleinstturbinen mit einem Bauraum von wenigen Kubikzentimetern geforscht. Der Einsatz in kompakten Kleingeräten ist aufgrund der hohen Arbeitstemperaturen von etwa 300 °C noch zu prüfen. Die Umweltgerechtheit derartiger Systeme ist jedoch vorbehaltlich einer genauen Prüfung nach ersten Erkenntnissen als durchaus kritisch einzuschätzen.

Die Entwicklung miniaturisierter Brennstoffzellen wird ebenfalls von mehreren Forschergruppen vorangetrieben. Aufgrund des hohen Wirkungsgrads von Brennstoffzellen, der bei etwa 50 % liegt, ist im Vergleich zu anderen Verbrennungsverfahren von einem vergleichsweise umweltfreundlichen Betrieb auszugehen [Hebling; Groos 2001]. Bostaph entwickelte einen Prototyp einer Brennstoffzelle, der im Gehäuse eines handelsüblichen Ladegeräts Platz findet [Bostaph et al. 2002]. Allerdings ist selbst dieser Bauraum für ein Mobiltelefon noch deutlich zu groß.

Eine innovative, mobile Aufladung, wie sie aktuell beispielsweise bei so genannten Automatik-Armbanduhren oder Taschenlampen erfolgt, könnte auch für mobile Kleingeräte eine brauchbare Lösung sein. Optimal wäre in diesem Zusammenhang die Ausnutzung von Energieströmen, die im direkten Umfeld des Nutzers anzutreffen sind. Solche Strategien werden mit dem Ausdruck "Human Energy Harvesting" beschrieben, der das „Abernten der Energien" zum Ausdruck bringt, die durch den Menschen aktiv oder passiv erzeugt werden.

3.1.3 Ziel

Mit dem Transferprojekt sollte ein innovatives System zur umweltgerechten und netzunabhängigen Energieversorgung mobiler Kommunikationsgeräte mit hoher Nutzerakzeptanz entwickelt werden. Ausgangspunkt der Entwicklungsarbeit sollten die Möglichkeiten zur Energiegewinnung durch Human Energy Harvesting sein. Das System sollte bis zur prototypischen Realisierung entwickelt und die Umsetzung in markt- und umweltgerechte Produkte im Anschluss an das Projekt diskutiert und unterstützt werden. Aufgrund der weiten Verbreitung von Mobiltelefonen wurde die Prototypenentwicklung stellvertretend an dieser Produktart durchgeführt. In den Untersuchungen sollte jedoch die Übertragbarkeit der Erkenntnisse auf andere Produktgruppen sichergestellt werden.

Neben der Anwendung für die netzunabhängige Energieversorgung von mobilen Kommunikationsgeräten haben die Ergebnisse dieses

Transferprojekts eine außerordentliche Breitenwirkung, da sie die Gesamtheit aller mobilen und netzunabhängigen Geräte mit vergleichsweise niedrigem elektrischem Energiebedarf (bis etwa 0,1 Watt im Stand-By und 1 Watt im Betrieb) betreffen (Abbildung 36).

Abb. 36. Mobile Konsumprodukte

Mit der beispielhaften Bearbeitung der Entwicklungsziele ging es in diesem Transferprojekt darum, die Mitarbeiter der Motorola GmbH mit den im Rahmen der Arbeiten des SFB 392 entwickelten Vorgehensweisen zur Entwicklung umweltgerechter Produkte vertraut zu machen. Die Mitarbeiter wurden quasis „on-the-job“ geschult. Gleichzeitig wurde mit der Entwicklung einer umweltgerechten Energieversorgung für mobile Kommunikationsgeräte ein Thema gewählt, das nicht direkt zum Tagesgeschäft gehört, um auch das Innovationspotential einer umweltgerechten Produktentwicklung deutlich zu machen. Das Implementieren einer umfassenden Vorgehensweise zur Entwicklung umweltgerechter Produkte bei der Motorola GmbH war hingegen kein Schwerpunkt dieses Transferprojekts. Im Einzelnen wurden die folgenden Teilziele verfolgt:

- Reduzieren von Umweltbeeinträchtigungen, die bei der Energieversorgung mobiler Produkte entstehen, durch innovative Energieversorgungskonzepte, die methodisch erarbeitet und bis zur prototypischen Realisierung umgesetzt werden.

- Berücksichtigen der Energiegewinnung durch Human Energy Harvesting.
- Ermitteln von Potenzialen und Grenzen netzunabhängiger Energieversorgungssysteme hinsichtlich technischer, ökologischer und wirtschaftlicher Restriktionen durch systematische Lösungsbeurteilung und Simulation des Lösungsverhaltens im Hinblick auf das Erfüllen von Energieverbrauchsszenarien.
- Bestimmen der Nutzerakzeptanz der Lösungen durch Akzeptanzuntersuchungen im Labor und im Feld.
- Erreichen eines Mehrwerts durch Verallgemeinern und Übertragen gewonnener Erkenntnisse auf die Energieversorgung vergleichbarer mobiler Geräte.
- Unterstützen der Motorola GmbH bei der methodischen Entwicklung einer umwelt- und marktgerechten Energieversorgung für mobile Kommunikationsgeräte.

3.1.4 Vorgehensweise

Der klassische Produktentwicklungsprozess nach VDI 2221 ist strukturiert in die Phasen Aufgabe Klären, Konzipieren, Entwerfen und Ausarbeiten [VDI 2221 1993]. Die VDI 2221 ist allerdings als Leitlinie zu verstehen, deren Vorgehensplan den spezifischen Gegebenheiten in einem Unternehmen oder in einem konkreten Entwicklungsprojekt angepasst werden muss [Pahl et al. 2003]. In diesem Projekt wurde eine Produktinnovation durchgeführt. Abbildung 37 zeigt den Unterschied im Vorgehen bei der Produktoptimierung im Vergleich zur Produktinnovation.

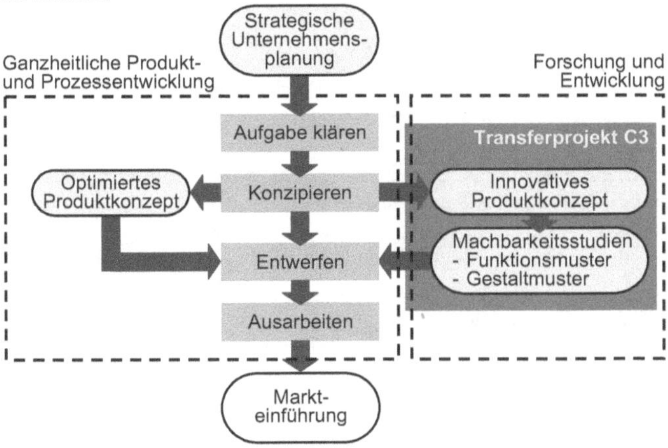

Abb. 37. Ablauf der Produktentwicklung bei Produktoptimierung und -innovation

Bei der Produktoptimierung erfolgt ein direkter Übergang von der Konzeptphase in die Entwurfsphase. Dagegen ist im Falle einer Produktinnovation dringend anzuraten, Funktionsmuster und Prototypen von Konzepten zu realisieren, mit dem Ziel, umfangreiche Untersuchungen aussichtsreicher konzeptbestimmender Merkmale bereits in einem frühen Stadium der Produktentwicklung durchführen zu können, um die spätere Machbarkeit sicherzustellen [Ernzer; Bey 2003, Ernzer; Birkhofer 2003]. Eigene Forschungsarbeiten [Frankenberger 1997, Lüdcke 2003] belegen, dass bei industriellen Innovationsvorhaben nahezu durchweg Terminverzögerungen, Kapazitätsüberschreitungen und Einschränkungen gegenüber den prognostizierten Leistungsdaten auftreten, wenn keine gezielte Früherkennung und Absicherung der Eigenschaften von funktionskritischen Komponenten durch gezielte Vorversuche erfolgen.

Der im Transferprojekt bearbeitete Arbeitsplan für die Entwicklung einer innovativen und umweltgerechten Energieversorgung gliedert sich in drei Arbeitsschwerpunkte und setzt sich aus den nachfolgenden Arbeitspaketen und Zwischenergebnissen zusammen (Abbildung 38).

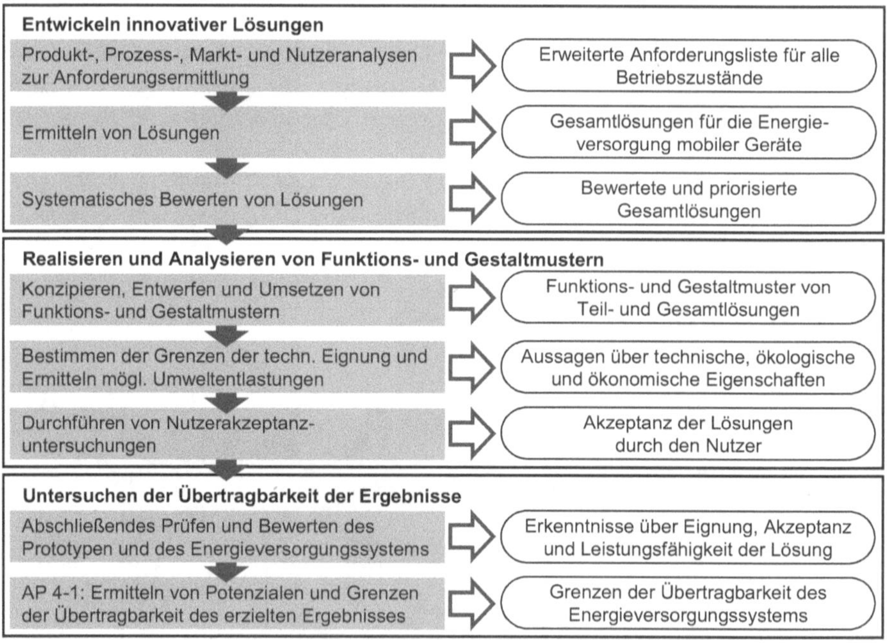

Abb. 38. Ablauf des Transferprojektes mit Ergebnissen

Im ersten Arbeitsschwerpunkt "Entwickeln innovativer Lösungen" wurden zunächst die Anforderungen an die Energieversorgung ermittelt. Auf Basis der Anforderungsliste erfolgte das Ermitteln von Lösungen durch das Anwenden von Kreativitätstechniken in mehreren Workshops und durch systematische Variation der Teillösungen. Abschließend wurde das Lösungsfeld durch systematisches Bewerten in einem Workshop bei Motorola auf eine priorisierte Gesamtlösung reduziert.

Zum Beurteilen der technischen und ökologischen Eignung des Energieversorgungssystems wurden im zweiten Arbeitsschwerpunkt Funktions- und Designmuster gebaut. Durch eine Nutzerakzeptanzuntersuchung mit den Designmustern als anschauliche Beispiele wurde die Marktfähigkeit des Lösungskonzeptes analysiert. Darüber hinaus erfolgte eine Marktrecherche, um die ökonomischen Eigenschaften der konzeptbestimmenden Bauteile zu ermitteln.

Abschließend werden die Erkenntnisse über Eignung, Akzeptanz und Leistungsfähigkeit der Lösung bewertet und die Potentiale und Grenzen der Übertragbarkeit des erzielten Ergebnisses auf andere mobile Produktarten ermittelt.

3.2 Durchführung

In diesem Kapitel werden Ergebnisse und Erkenntnisse der wichtigsten Arbeitsschritte des Entwicklungsprojektes dargestellt.

3.2.1 Analyse bestehender Systeme und Forschungsaktivitäten

Systeme zur Energieversorgung mobiler elektrischer Produkte können in aktive und passive Systeme eingeteilt werden.

3.2.1.1 Aktive Systeme

Bei aktiven Systemen wird die erforderliche Energie zum Betrieb des Produkts durch mechanische Tätigkeit des Nutzers und deren Wandlung in elektrische Energie bereitgestellt. Dabei wird die Tätigkeit bewusst mit dem Ziel der Energieversorgung ausgeführt. Der Antrieb aktiver Systeme kann z. B. durch manuelle Betätigung wie Kurbeln, Ziehen, Drücken, Schütteln oder Kneten erfolgen.

Auf dem Markt gibt es eine Vielzahl an einfachen mobilen Produkten, die aktiv durch Human-Power betrieben werden: Taschenlampen werden durch Drücken, Kurbeln oder Schütteln angetrieben. Radios sind meist mit Kurbelgeneratoren ausgerüstet und in vielfältigen Ausführungen verfügbar. Weiterhin existieren Ladegeräte für Mobiltelefone, die als

Kurbelgeneratoren ausgeführt sind. Beispielhaft werden im Folgenden einige Produkte und ihr Energiebedarf vorgestellt, um das Potential der Energy-Harvesting-Technologien zu ermitteln.

Die Energieversorgung der "Everlight"-Taschenlampe (Abbildung 39) besteht aus einem translatorisch bewegten Generator. Ein Permanentmagnet wird mittels Schütteln der Taschenlampe durch eine Spule bewegt wodurch ein elektrischer Strom induziert wird. Die erzeugte Energie wird in einem Hochleistungskondensator zwischengespeichert. Laut Herstellerangaben ermöglicht das Schütteln der Taschenlampe für eine Dauer von 45 Sekunden eine Einsatzdauer von sechs bis acht Minuten [Bayerl 2007]. Die Standard-Leuchtdiode verbraucht circa 70 mW und gehört damit zu den genügsameren der hier aufgeführten Verbraucher. Die "Everlight"-Taschenlampe ist ein Nischenprodukt, das sich nicht großflächig im Markt durchsetzen konnte, da die Taschenlampe in einem Notfall nicht sofort einsatzbereit ist und das Schütteln zur Energiegenerierung vielfach als lästig empfunden wird.

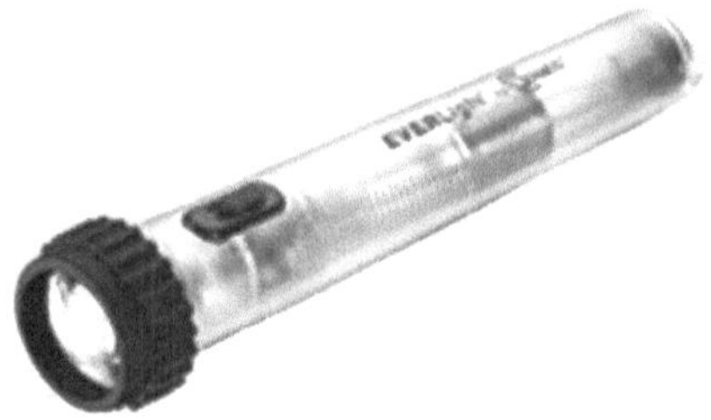

Abb. 39. Die "Everlight"-Schütteltaschenlampe [Bayerl 2007]

Produkte mit Kurbelgeneratoren sind zum einen das vor allem im afrikanischen Raum stark verbreiteten Kurbelradio "Devo" von Freeplay und der "Motorola FreeCharge".

Das "Devo"-Radio kann sowohl im Netzbetrieb als auch ausschließlich mittels eines auf der Rückseite eingebauten Kurbelgenerators betrieben werden (Abbildung 40), [Freeplay 2007]. Ein einminütiges Kurbeln lädt laut Herstellerangaben die internen 2000 mAh-Nickel-Metallhydrid-Akkus für eine Stunde Radioempfang der Langwelle (AM) bei Zimmerlautstärke. Da der Energieverbrauch aber stark mit der eingestellten Lautstärke variiert, ist der angegebene Energiekonsum von 75 mW nur als Richtwert zu verstehen.

Mit Hilfe des „FreeCharge" von Motorola ist es möglich, den Akkumulator eines gängigen Mobiltelefons mittels eines Kurbelgenerators zu laden. Ein 45 Sekunden dauerndes Kurbeln ermöglicht das Telefonieren für 4 bis 6 Minuten oder mehrere Stunden Stand-By. Nach 35 Minuten ununterbrochenem Kurbeln ist ein gängiges Mobiltelefon mit 1000mAh-Akku voll aufgeladen. Dieser Generator ist ein externes Sekundärgerät, also nicht direkt in das Handy integriert (Abbildung 40).

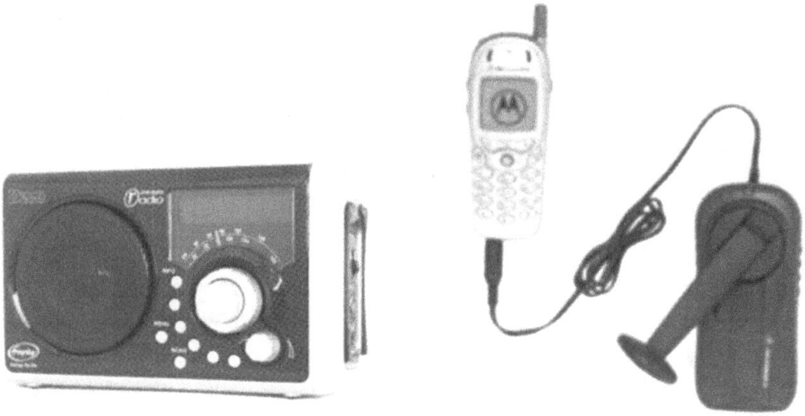

Abb. 40. Das Kurbelradio "Devo" von Freeplay [Freeplay 2007] und der Kurbellader "FreeCharge" von Motorola

Bedingt durch den hohen zeitlichen Aufwand und die nicht zu vernachlässigende körperliche Belastung sind derartige Systeme eher für spezielle Zielgruppen und Anwendungsbereiche, wie Expeditionen, geeignet. Bei einer breiten Käuferschaft haben sich diese Produkte bisher jedoch nicht durchsetzen können.

An der TU Delft wird die Energieversorgung kleiner mobiler Produkte, wie MP3-Player oder tragbare Radios, intensiv von Jansen erforscht [Jansen; Slob 2003], mit dem Ziel, Umweltbeeinträchtigungen aus Batterien und Akkumulatoren sowie der zum Betrieb erforderlichen elektrischen Energie zu reduzieren. Es wurden Untersuchungen zu der als gerade noch komfortabel empfundenen mechanischen Energieabgabe durch einhändiges Kurbeln durchgeführt [Jansen 2004]. Darüber hinaus wurden Baugrößen und Energiedichten unterschiedlicher Typen von Akkumulatoren sowie von Systemen zur Energieversorgung durch Human-Power am Beispiel von tragbaren Radios verglichen [Jansen; Slob 2003].

3.2.1.2 Passive Systeme

Passive Systeme beziehen ihre Energie aus dem Normalbetrieb des Produktes, d. h. dass zum einen durch die Nutzung des Produktes, z. B. das Tippen auf einer Tastatur, die benötigte Energie zum Betrieb des Produktes erzeugt wird. Zum anderen kann die Energie aus der Produktumgebung (z. B. Strahlungsenergie in Form von Wärme oder Licht, Bewegungsenergie) genutzt werden. Die Photovoltaik wurde in diesem Projekt nicht berücksichtigt, da die Energieformen im Umfeld des Menschen (Human Energy Harvesting) genutzt werden sollten. Die Energiewandlung kann durch mechanische Miniatorgeneratoren, Kleinst-Stirlingmotoren oder Seebeck-Elemente (auch Thermoelemente) erfolgen.

Quartz-Uhren mit einem Miniaturgenerator, der mittels einer Schwungmasse die ohnehin vorhandene mechanische Bewegungsenergie des Menschen nutzt, sind mittlerweile weit verbreitet. Der Uhrenhersteller Seiko bietet mit den "Kinetic Watches" seit Ende der 80er Jahre diese Art der Energieversorgung an [Seiko 2007], (Abbildung 41). Da die "Kinetic"-Technologie von Seiko sogar ohne eine Batterie als Zwischenspeicher auskommt, wurde ihr 1989 das Umweltsiegel der Blaue Engel verliehen. Außerdem stellte Seiko in einer Sonderserie die „Thermic Watch" her, die mittels eines Seebeck-Elements die Betriebsenergie aus der Temperaturdifferenz zwischen Handgelenk und Umgebung generierte [Paradiso; Starner 2005]. Mit einem Leistungsbedarf von 1µW stellen Armbanduhren äußerst geringe Anforderungen an die benötigte Energiemenge, wohl aber an den Grad der Miniaturisierung des Energieversorgungssystems; zum Vergleich verbraucht ein Mobiltelefon im Stand-By-Betrieb etwa 25.000 µW.

Abb. 41. Die "Seiko ThermicWatch" [Paradiso; Starner 2005] und eine „Seiko Kinetic Watch" [Seiko 2007]

Da passive Systeme dem Nutzer keinen zusätzlichen körperlichen Aufwand und lediglich ein geringes Maß an Aufmerksamkeit abverlangen, ist bei ihnen im Vergleich zu aktiven Systemen von einer deutlich größeren Nutzerakzeptanz auszugehen.

Die Forschung zur technischen Nutzung des Carnot-Effekts durch Stirlingmotoren konzentriert sich auf die Nutzung von Sonnenenergie und Rest- oder Abwärme industrieller Kraftwerke und Anlagen. Die Leistungsabgaben liegen daher im Kilowatt-Bereich.

Gegenstand von Forschungsprojekten der Technischen Universität Delft ist die Entwicklung einer Funkfernbedienung für Kraftfahrzeuge, deren Energieversorgung über Human-Power erfolgt [Jansen et al. 2000]. Für die Energiewandlung werden Piezo-Kristalle eingesetzt, die bei Tastendruck die notwendige Energie erzeugen.

Weitere Forschungsarbeiten beschäftigen sich mit der Integration von Energiewandlern in Schuhe, um beim Laufen anfallende Bewegungs- und Verformungsenergie zu nutzen. Es existieren elektromechanische und piezoelektrische Energiewandler [Paradiso; Starner 2005]. Weiterhin finden elektroaktive Polymere Einsatz [Pelrine et al. 2001], welche bei Verformung Ladungen abgeben. Alle drei Prinzipien stellen bereits jetzt nahezu ausreichend Energie für den Betrieb mobiler Kommunikationsgeräte bereit, ihre Realisierung geht jedoch nicht über das Prototypenstadium hinaus. Bisher existieren zudem noch keine akzeptablen Lösungen, um die in den Schuhen anfallende Energie an das Kommunikationsgerät zu leiten.

Im Projekt VIBration Energy Scavenging (VIBES) an der University of Southampton werden Systeme zur Energieversorgung von Miniatursensoren entwickelt, mit dem Ziel, eine dauerhafte Energieversorgung sicherzustellen. Der Schwerpunkt der 2004 begonnenen Arbeiten liegt bei mechanischen Lösungen, basierend auf Elektromagnetismus und dem Piezo-Effekt.

3.2.2 Ermitteln von Energieverbrauch und Nutzerprofilen

Umfassende und detaillierte Analysen der Nutzungsprozesse und Messungen des Energieverbrauchs von Mobiltelefonen gaben Aufschluss über den zeitlich variierenden Energiebedarf in relevanten Betriebszuständen. Um ein strukturiertes Vorgehen bei der Nutzungsanalyse zu gewährleisten, wurde die Use-Phase-Analysis-Checkliste (UPA-Checkliste) eingesetzt [Oberender 2006]. Die UPA-Checkliste ist ein strukturierter Fragenkatalog, der alle Nutzungsprozesse in Bezug auf ihre Umweltrelevanz kritisch hinterfragt. Zusätzlich wurde neben einer Literaturrecherche zur Bestimmung von Nutzerprofilen eine nicht repräsentative Marktbefragung innerhalb Darmstadts mit 63 Befragungen durchgeführt.

3.2.2.1 Energieverbrauch von Mobiltelefonen

Der Energieverbrauch des Mobiltelefons definiert, wie lange ein Gerät mit einer gegebenen Energiemenge funktionsfähig bleiben kann, ohne erneut geladen werden zu müssen. Aus einer Sekundärrecherche konnten nur die Energieverbräuche für die Grundfunktionen Telefonieren, Stand-by und SMS ermittelt werden. Um den Energieverbrauch von Standardhandys in Abhängigkeit von den einzelnen Betriebszuständen zu bestimmen, wurde daher ein einfacher Versuchsaufbau erstellt (Abbildung 42). Da der Innenwiderstand des Multimeters zu hoch war, um direkte Strommessungen durchzuführen, wurde das Messgerät parallel zu einem Hilfswiderstand geschaltet. Mittels Messungen mit drei verschiedenen Hilfswiderständen (0,5 Ω; 1 Ω; 2,2 Ω) wurde der Messfehler minimiert. Tabelle 7 stellt die durchschnittlichen Verbrauchswerte von drei Standardhandys (Motorola C350, Nokia 3310 und Sony Ericsson T610) dar. Hier fällt vor allem das farbige Display auf, das mit etwa 300mW neben dem Funkmodul der größte Verbraucher ist.

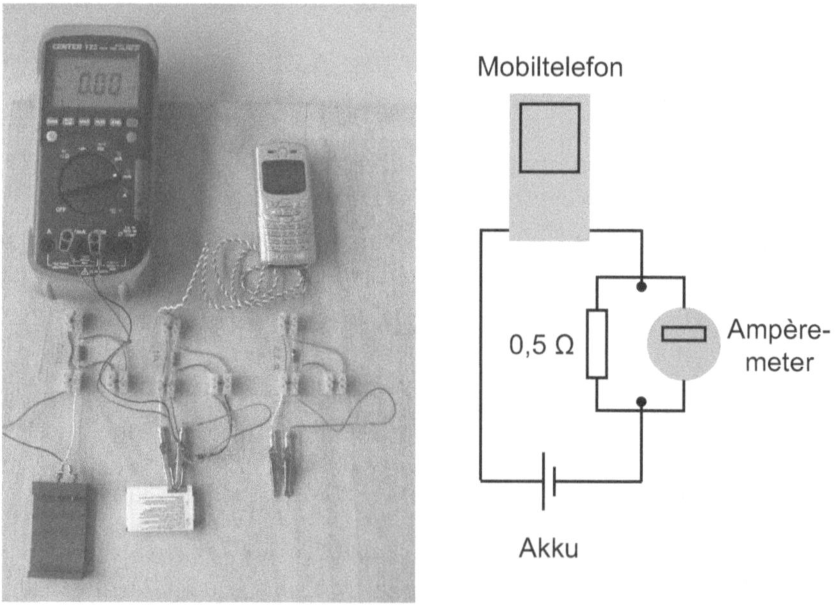

Abb. 42. Versuchsaufbau zum Messen des Energieverbrauchs und dessen Schaltbild

Tabelle 7. Energieverbrauch in Abhängigkeit von der Nutzungsart

	Anwendung	Durchschnittlicher Energieverbrauch
Stand-by	Stand-by, Display aus	25 mW
	Stand-by, Bildschirmschoner	320 mW
	Stand-by, Display an	330 mW
Telefonieren	Allgemeines Navigieren	310 mW
	Anwählen	310 mW
	Verbindungsaufbau	650 mW
	Telefonieren	670 mW
SMS	SMS schreiben	320 mW
	SMS senden	380 mW
	SMS lesen	310 mW
Sonderfunktionen	Spielen	360 mW
	Kamera aktivieren	440 mW
	Fotos aufnehmen	510 mW
	Fotos speichern	445 mW
	Musik hören	600 mW
	Animation abspielen (tonlos)	300 mW
	WAP-Funktion	435 mW
	Bilder ansehen	310 mW

3.2.2.2 Nutzerprofile

In diesem Kapitel werden drei Nutzerprofile dargestellt, die unter folgenden Einschränkungen ermittelt wurden: Zum einen kann eine mobile, netzunabhängige Stromversorgung den Energiebedarf eines Powerusers nicht decken. Zum anderen haben die eigenen Nutzerbefragungen gezeigt, dass ein Großteil der Nutzer von Mobiltelefonen nur die Grundfunktionen und diese auch nur in relativ geringem Maße nutzen. Die folgenden Nutzerprofile berücksichtigen diese Erkenntnisse.

Das erste Nutzerprofil (Tabelle 8) geht von einem Wenigtelefonierer aus, der das Handy ausschließlich zum Telefonieren nutzt und das Gerät über Nacht ausschaltet. Der Hauptteil der Energie wird in diesem Fall im Stand-By-Modus verbraucht, da dieser den Großteil der Nutzungsdauer ausmacht. Der Gesamtverbrauch von etwa 2000 Ws ist als relativ gering einzuschätzen.

Tabelle 8. Nutzerprofil Wenigtelefonierer

Funktion	Bedarf [MW]	Nutzung [h]	[min]	Tagesverbrauch [Ws]
Handy aus	0	8,00	480	0,0
Stand-by, Display aus	25	15,75	945	1417,5
Telefonieren	700	0,25	15	630,0
	Summen	24	1440	2047,5

Im zweiten Nutzerprofil (Tabelle 9) wird davon ausgegangen, dass das Handy über Nacht ausgeschaltet wird, um Energie zu sparen. Der Nutzer nimmt jedoch auch verstärkt andere Funktionen (Spielen, SMS) des Gerätes in Anspruch, was insgesamt zu einem Tagesenergieverbrauch von rund 3000 Ws führt.

Tabelle 9. Nutzerprofil Mäßigtelefonierer

Funktion	Bedarf [mW]	Nutzung [h]	[min]	Tagesverbrauch [Ws]
Handy aus	0	8,00	480	0
Stand-by, Display aus	25	15,00	900	1350
SMS	350	0,50	30	630
Spielen	360	0,25	15	324
Telefonieren	700	0,25	15	630
	Summen	24	1440	2934

Das letzte Nutzerprofil (Tabelle 10) mit einem Tagesverbrauch von etwa 3600 Ws Energietagesverbrauch bezieht auch die Navigationszeiten am Handy ein. Hierbei ist es unverzichtbar, das Display anzuschalten, was zu höheren Werten führt. Außerdem wird in diesem Modell davon ausgegangen, dass das Gerät auch nachts empfangsbereit bleibt und somit auch in dieser Zeit Energie verbraucht, was zu dem höchsten der hier zugrunde gelegten Verbräuche führt.

Tabelle 10. Nutzerprofil Vieltelefonierer

Funktion	Bedarf [mW]	Nutzung [h]	Nutzung [min]	Tagesverbrauch [Ws]
Handy aus	0	0	0	0
Stand-by, Display aus	25	23,00	1380	2070
SMS	350	0,50	30	630
Stand-by, Display an	330	0,25	15	297
Telefonieren	700	0,25	15	630
	Summen	24,00	1440	3627

Zusammenfassend kann man sagen, dass ein durchschnittliches Handy zwischen 2000 und 4000 Ws täglich verbraucht, die im Rahmen der autarken Energieversorgung auch täglich bereit gestellt werden müssen.

3.2.3 Die wichtigsten Anforderungen an die mobile, netzunabhängige Stromversorgung

Die Tabellen 11 und 12 geben die wichtigsten Anforderungen an die Stromversorgung und das Gesamtsystem wieder. Die Anforderungslisten dienen der Bewertung von Lösungsvarianten. Die Anforderungen wurden während der Produkt-, Markt- und Nutzungsanalysen gesammelt. Tabelle 11 stellt die Anforderungen an das zu entwickelnde System zur Energieversorgung dar. Die wichtigsten Anforderungen an das Gesamtsystem bestehend aus Energieversorgung und Mobiltelefon sind in Tabelle 12 aufgelistet.

Die erste Spalte beschreibt die Anforderung, in der zweiten Spalte sind Werte, Daten oder Erläuterungen eingetragen. Die dritte Spalte ordnet die Anforderungen den vier Anforderungsarten zu:

- FF: Festforderung: Sie muss eingehalten werden und schließt bei Nichterfüllung Lösungsvarianten aus.
- BF: Bereichsforderung: Sie definiert einen zulässigen Wertebereich, der eingehalten werden muss.
- ZF: Zielforderung: Sie kennzeichnet einen optimalen Wert; Abweichungen sind aber erlaubt.
- W: Wunsch: Wünsche sind nicht zwingend erforderlich, aber erstrebenswert.

Tabelle 11. Anforderungen an die Stromversorgung

Bezeichnung	Werte, Daten, Erläuterung	Art
Leistung des Energiewandlers	Es sollen pro Tag 4000 Ws bereitgestellt werden.	BF
Verfügbarkeit Bauteile	Die Generatorelemente sollten als Zukaufteile verfügbar oder leicht selbst anzufertigen sein	ZF
Energieverlauf – Aufwand der durch den Generator bedingten Wandlerelektronik	Möglichst kontinuierlicher Energieverlauf	ZF
Art des Generators	Passive Generatoren sind aktiven vorzuziehen	ZF
Abmessungen des Energiegenerators	Maximal bis 10 x 30 x 70 mm, abhängig von der Anwendung	BF
Energieeffizienz des Wandlungsprozesses	$\mu > 0,1$	BF
Miniaturisierungspotential	Aussicht auf prozentuale Beschränkung des Bauraumes	W

Tabelle 12. Anforderungen an das Gesamtsystem

Bezeichnung	Werte, Daten, Erläuterung	Art
Integrationsgrad	Möglichst geringe Anzahl der Elemente	ZF
Aufwand des Nutzers zur Energieerzeugung	So gering wie möglich; optimalerweise passive Energieerzeugung	ZF
Handhabbarkeit des Aufladungsprozesses	Möglichst passiv oder wenn aktiv, dann sinnfällig	ZF
Innovationsgrad	Hoch	ZF
Herstellkosten	Vergleichsmaßstab ist herkömmliches Handy	BF
Auffälligkeit der Gesamtlösung	Möglichst hohe Begeisterungswirkung auf andere Personen	ZF
Absatzmöglichkeit	Möglichst zielgruppenunspezifisch, oder für große Zielgruppen	ZF
Wartungsbedarf Gesamtsystem	Möglichst wartungsfrei	ZF
Ingebrauchnahme	Das Gerät sollte nach vollständiger Entladung der Batterie innerhalb kurzer Zeit (< 2 min) einsatzbereit sein	BF
Umweltverträglichkeit	Vergleichsmaßstab sind Lebensdauerbetrachtungen gegenüber einem herkömmlichen Handy	FF
Betriebssicherheit	Vergleichsmaßstab ist herkömmliches Handy	FF

3.2.4 Lösungsfindung und -auswahl

Unter Berücksichtigung der Energieformen, die beim Human Energy Harvesting zur Verfügung stehen, gliedert sich eine Energieversorgung für ein Mobiltelefon im einfachsten Fall in die zwei Teilfunktionen "Energie wandeln" und "Energie umformen". Bei diskontinuierlicher Energieversorgung oder wenn kurzzeitig hohe Energiemengen bereitstehen müssen, folgt noch die Teilfunktion "Energie speichern". Außerdem kann die Art der Eingangsenergie ein Umformen der Energie vor der Wandlung erforderlich machen.

Die Funktion "Energie wandeln" beschreibt die Wandlung der Eingangsenergie, z. B. Bewegungsenergie oder Wärmeenergie, in elektrische Energie. Beim Umformen der Energie bleibt die Energieart erhalten, aber die Form ändert sich, beispielsweise durch ein Getriebe oder einen Spannungswandler. Produktbeispiele für die Funktion "Energie speichern" sind Batterien und Kondensatoren. Da die Teilfunktion "Energie wandeln" die elektrische Energie für das nachfolgende System bereitstellt, wurde sie als wichtigste Funktion identifiziert und bildet daher den Ausgangspunkt für den Prozess der Lösungsfindung.

3.2.4.1 Physikalische Effekte zum Wandeln elektrischer Energie

Ausgehend von der Liste der physikalischen Effekte von Koller [Koller; Kastrup 1998] existieren 23 physikalische Effekte, die eine beliebige Eingangsenergie in elektrische Energie wandeln. Unter Berücksichtigung der Volumeneinschränkungen für die Energieversorgung führte der Vergleich der wandelbaren Energiemengen mit dem ermittelten Energiebedarf zum Ausschluss der meisten physikalischen Effekte. In einem Bewertungsworkshop bei Motorola konnten schließlich die folgenden drei aussichtsreichsten Effekte identifiziert werden:

- Ampère'sches Gesetz (Induktion),
- Piezoelektrischer Effekt,
- Seebeck-Effekt (Thermogeneratoren).

3.2.4.2 Sammeln von Lösungsvarianten

Mit der Auswahl zielführender Funktionsstrukturen ist bereits ein wichtiger Schritt zu einer innovativen Gesamtlösung getan. Der für den Nutzer eines netzunabhängigen Mobiltelefons noch wichtigere Schritt besteht in der Einbindung der gefundenen Funktionen in sein persönliches Umfeld. Erst wenn ein grundsätzlich funktionsfähiges Prinzip sinnvoll in den Alltag integriert wird, kann ein marktgerechtes Produkt entstehen.

Um Möglichkeiten zu sammeln, wie die Erfolg versprechenden physikalischen Effekte anzuwenden sind, wurden mehrere Kreativitätsworkshops mit Studenten und Mitarbeitern des Fachgebiets pmd sowie mit Mitarbeitern von Motorola veranstaltet. Die Lösungsfindung während des Workshops erfolgte kritiklos und ohne wertende Aussagen, um die Kreativität nicht durch „Das geht doch nicht!“-Aussagen zu bremsen. Ergebnis waren zum einen 82 mögliche Integrationsvarianten und eine Konzeptsammlung mit 20 Konzepten für eine im Mobiltelefon integrierte Energieversorgung (Abbildung 43).

Abb. 43. Konzeptsammlung eines Kreativworkshops

In Tabelle 13 sind beispielhaft die Integrationsvarianten für ein System zur Energieversorgung mit Thermogeneratoren dargestellt.

Tabelle 13. Integrationsmöglichkeiten für Thermogeneratoren

Kategorie	Nr.	Ort des Einbaus	Anmerkungen
Integration in Textilien	1	Mütze oder Stirnband	Hohes Temperaturgefälle
	2	Schuhsohle	Lange Wege bei Energieübertragung
	3	Gürtel	Liegt nicht direkt am Körper an
	4	Armband	Fläche ausreichend?
	5	Seitentaschen einer Hose	Kurze Wege für Energieübertragung
	6	Strandtuch	Nur im Sommer?
Integration in Haushaltsgeräte	7	Backofen	Abwärme wird genutzt
	8	Fenster	Abwärme wird genutzt
	9	Heizung	Abwärme wird genutzt
	10	Fernseher / Pc	Abwärme wird genutzt
	11	Sessel	Körperwärme wird genutzt
	12	Kühlschrank	Abwärme wird genutzt
	13	Küchengeräte	Abwärme wird genutzt
Kombinationen	14	Thermotuch	Beliebig am Körper oder an warmen bzw. kalten Flächen anzubringen, per Kabel mit Handy verbunden
	15	Thermotragetasche	Enthält Handy

3.2.4.3 Systematische Auswahl und Bewertung der Lösungsvarianten

Um aus der Menge aller Lösungsvarianten die geeigneten Lösungen herauszufiltern, wurden die einzelnen Lösungen mit den Kriterien der Anforderungsliste verglichen. Wurde ein Kriterium von einer Lösung nicht erfüllt, schied diese Lösung aus. Dieses Vorgehen wurde mit Hilfe der Methode Auswahlliste durchgeführt. Abbildung 44 zeigt die ausgefüllte Auswahlliste für die Thermogeneratorlösungen. Die vier markierten Lösungen durchliefen die Auswahl erfolgreich.

Durch die Auswahl wurde der Lösungsraum auf zehn aussichtsreiche Lösungen eingegrenzt. In einem weiteren Workshop wurden diese Lösungen systematisch bewertet. Die Bewertungskriterien wurden ebenfalls in einem Workshop aus der Anforderungsliste abgeleitet und gegeneinander gewichtet. Aus dem Bewertungsworkshop ging die Lösungsvariante Thermogenerator am Gürtel als aussichtsreichste Variante hervor.

Lösungen	Auswahlkriterien Thermogenerator							
	Lösung ist sicher (aus der Sicht des Nutzers)							
		Kriterien des Energy Harvesting erfüllt						
			Aufwand zur Energieerzeugung zulässig (passiv oder aktiv innerhalb 30 sec)					
				Aufwand zur Realisierung zulässig (etwa 20 € in Serienfertigung)				
					Energie kann ins Handy übertragen werden			
						Zielgruppe voraussichtlich hinreichend (> 1 Mio.)		
							Begeisterungswirkung gegeben	
Varianten mit Thermogeneratoren	A	B	C	D	E	F	G	**Anmerkungen (Hinweise, Begründungen)**
1	+	+	+	+	--			Evtl. Integration ins Headset oder Zweitakkusystem
2	+	+	+	+	--			Evtl. Zweitakkusystem
3	+	+	+	+	+	+	+	Handy am Gürtel getragen
4	+	+	+	+	+	+	+	Handy am Arm getragen
5	+	+	+	+	+	+	--	
6	+	--						Ist nicht ganzjährig verfügbar; wird durch Lösung 14 dominiert
7	+	--						Ist nicht regelmäßig genug verfügbar
8	+	+	+	--				Transparente Folie voraussichtlich zu teuer
9	+	--						Ist nicht ganzjährig verfügbar
10	+							Spezielle Ladestation am Fernseher/PC nötig
11	+	+	+	?				Wärmeabführung sehr aufwändig
12	+	+	+	+	+	+	?	Ladung des Handys über Nacht; spezielle Ladestation
13	+	--						
14	+	+	+	+	+	+	+	Zweitakku o. Ladestation: nicht zwingend in Textilien integriert
15	+	--						Wärmeabführung sehr aufwändig

Abb. 44. Auswahlliste der Thermogeneratorlösungen

3.3 Ergebnisse

Die Energieversorgung mittels Thermogenerator am Gürtel wurde nun weiter ausgearbeitet. Eine Produkt- und Herstellerrecherche über geeignete Thermogeneratoren wurde im Projektverlauf bereits vor der Auswahl und Bewertungsphase durchgeführt, da Daten über die Verfügbarkeit und die Spezifikationen der Bauteile in diese Projektphase eingingen. Im Folgenden werden kurz die Eigenschaften der Thermogeneratoren erläutert und die Produkte verschiedener Hersteller vorgestellt.

Anschließend wird das gesamte Lösungskonzept erläutert, der Aufbau und Test des Funktionsmusters beschrieben und die Designmuster und ihre Bewertung dargestellt.

3.3.1 Auswahl geeigneter Thermogeneratoren

Thermoelemente sind thermoelektrische Bauteile, die sowohl als Wärmepumpen als auch als Thermogeneratoren eingesetzt werden können. Sie werden je nach Bauweise und Nutzung der physikalischen Effekte zur Stromerzeugung (Thermogeneratoren), zur Kühlung (Peltier-Elemente) oder auch zu Temperaturmessungen eingesetzt.

Thermoelemente bestehen aus Halbleiterschenkeln, von denen der eine n- und der andere p-leitend ist und welche an ihren Enden verbunden sind und damit ein Paar bilden. Die Paare werden elektrisch in Reihe geschaltet, da sich so die Leistung addiert. Thermisch sind die Schenkelpaare dagegen parallel geschaltet, das bedeutet, dass theoretisch jedes Schenkelpaar die gleiche Temperaturdifferenz zur Verfügung gestellt bekommt. Die Anzahl der Schenkelpaare in einem Thermoelement ist nur durch seine Größe, die Werkstoffart und durch die mechanischen Produktionsmöglichkeiten begrenzt.

Bei allen Thermogeneratoren ist wichtig, dass die Temperaturdifferenz aufrechterhalten wird. Dies ist nur möglich, wenn eine konstante Wärmezu- und abfuhr gewährleistet wird, da sich ansonsten bereits nach kurzer Zeit das Element durchwärmt und somit im ganzen Element die gleiche Temperatur vorherrscht. Ein besonderer Vorteil von Generatoren mit Thermoelementen ist der geringe Wartungsaufwand, da kaum Verschleißteile vorhanden und auch keine Hilfsstoffe zur Schmierung von bewegten Teilen notwendig sind.

Prinzipiell kann jedes Peltier-Element auch als Thermoelement zur Nutzung des Seebeck-Effekts eingesetzt werden, doch sind hier zum einen die Materialien meistens weniger leistungsfähig, geringere Wirkungsgrade werden somit in Kauf genommen. Zum anderen geht in die Wärme- oder Kälteleistung die Thermokraft α nicht quadratisch ein. Dieses bedeutet, dass Peltier-Elemente größtenteils weniger Schenkelpaare besitzen. Demnach müssen spezielle Thermoelemente verwendet werden, die bezüglich der Leistungsfähigkeit nach dem Seebeck-Effekt optimiert worden sind.

Während Peltier-Elemente, die zur Kühlung eingesetzt werden, relativ leicht zu finden sind und in sehr großen Stückzahlen und Variationen vorkommen, sind Thermogeneratoren nur sehr wenig verbreitet. Bei der Zuliefererrecherche konnten drei aussichtsreiche Zulieferer identifiziert werden.

Die Micropelt GmbH ist eine in Freiburg ansässige Ausgliederung von Infineon. Die Thermoelemente, die sowohl Peltier-Elemente als auch Thermogeneratoren sein können, werden mit Hilfe der 3D-Lithographie ähnlich wie Mikroprozessoren hergestellt. Durch dieses

Herstellungsverfahren ist es möglich, auf einer Baugröße von 5x5 mm^2 und einer Bauhöhe von 0,5 mm, 480 Thermoschenkelpaaren zu fertigen.

Thermo Life Energy Corporation ist ein in Riverside, Kalifornien (USA) ansässiges Unternehmen und ist Teil des Konzerns Applied Digital. Die von ihnen angewendete Thin-Film Technologie wurde mithilfe des mittlerweile aufgekauften Unternehmens D.T.S. GmbH aus Halle, Deutschland entwickelt. Dieses Verfahren ist dem von Micropelt entwickelten Verfahren sehr ähnlich und greift auch auf die Mikrosystemtechnik zurück.

Die Thermoelemente von Micropelt und Thermo Life Energy sind aufgrund ihrer Mikroprozessorbauweise sehr leistungsfähig, aber auch sehr empfindlich gegen Zug- und Scherspannungen. Beide Firmen befinden sich auch noch in der Vorserienproduktion, so dass ihre Elemente mehrere hundert Euro pro Stück kosten. Wenn diese Thermoelemente aber in Serie gefertigt werden, würden aufgrund der Massenfertigung die Preise deutlich sinken.

Der dritte Zulieferer ist Thermalforce, ein in Berlin ansässiger Händler von Thermogeneratoren, die er aus Asien, vorzugsweise China, den USA und Russland bezieht. Neben Thermoelementen von bekannten Herstellern, beispielsweise Micropelt, bietet Thermalforce auch Elemente von einem Dritthersteller an. Diese Thermoelemente sind nach der herkömmlichen Bauweise hergestellt und in verschiedenen Größen lieferbar. Sie sind gegen Korrosion geschützt und ertragen relativ hohe Scher- (125 N/mm^2) und Zugkräfte (195 N/mm^2). Ihre Baugröße ist aber um den Faktor fünf bis acht größer als die Elemente von Micropelt und Thermo Life Energy.

Für das Funktionsmuster wurden die letztgenannten Thermoelemente von Thermalforce gewählt, weil sie aufgrund ihrer Größe und Kapselung robust und leicht zu verarbeiten sind. Ihre Leistungsfähigkeit entspricht zwar nicht der der anderen vorgestellten Thermoelemente, andererseits waren sie sofort bestell- und lieferbar und mit einem Stückpreis von 70 € relativ preiswert.

3.3.2 Beschreibung der ausgewählten Lösungsvariante

Ein wichtiger Grund für die Wahl des „Thermogürtels“ war der hohe Tragekomfort, da Handys häufig am Gürtel bzw. in der Hosentasche mitgeführt werden und ein potentieller Nutzer sein Verhalten somit nicht umstellen muss. Ein weiteres Argument für diese Lösung ist die Einfachheit der Funktionsstruktur. Da im Hüftbereich kontinuierlich vergleichsweise hohe Körpertemperaturen von etwa 33°C vorherrschen, ist

der Aufwand der generatorbedingten Wandlerelektronik gering. Um die gewandelte elektrische Energie zu speichern, wurde ein Doppelschichtkondensator gewählt, der durch seine hohe Lebensdauer und seine große Robustheit besticht.
Aus diesen Randbedingungen ergab sich die Funktionsstruktur der ausgewählten Lösungsvariante entsprechend der Abbildung 45.

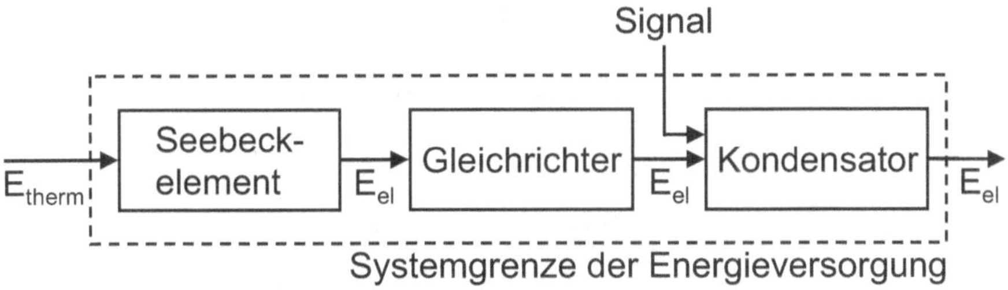

Abb. 45. Funktionsstruktur des "Thermogürtels"

Noch bevor die ersten Tests mit Generatoren durchgeführt wurden, sollten neuerliche Temperaturmessungen feststellen, in welchem Bereich der Gürtelzone die besten Outputergebnisse zu erwarten wären. Dazu wurde der vom Gürtel bedeckte Bereich in vier etwa gleichgroße Sektoren eingeteilt. Neben der Vorder- und Rückseite wurden auch an den Seitenflächen des Körpers berührungslose Temperaturmessungen durchgeführt.

Das eindeutige Ergebnis dieser Messungen war, dass die vom Gürtel bedeckte Rückseite des Torsos eine mit durchschnittlich 34°C um rund 2°C höhere Hauttemperatur aufwies als der gesamte andere, vom Gürtel bedeckte Bereich. Ebenso erwies sich dieser Sektor des Körpers als besonders vorteilhaft bei der Anbringung der Generatorgrundplatte, da die Hautoberfläche im Bereich zwischen den Nieren nur wenig gekrümmt ist und die Generatoren somit ganzflächig anliegen.

So wurden bei allen durchgeführten Tests die Generatoren an dieser Körperpartie angebracht.

3.3.3 Aufbau und Test des Funktionsmusters

Ein erstes Funktionsmuster bestand nur aus einer 0,5 mm starken Kupferplatte im Gürtel und dem darauf aufgeklebten Thermogenerator. Die ersten Messungen ließen aber vermuten, dass der Thermogenerator sofort durchwärmte, weil nach anfänglichen Maximalwerten von ca.

200 mV und 20 mA die Spannung und der Strom sehr schnell auf enttäuschende 31 mV bzw. 3 mV.

Es wurde ein zweites, anspruchsvolleres Funktionsmuster entwickelt und gebaut (Abbildung 46). Der Thermogenerator wurde zwischen zwei drei Millimeter starken Aluminiumplatten platziert. Die körperabgewandte Seite wurde darüber hinaus mit Kühlrippen versehen, um den Temperaturabtransport im Vergleich zur vorigen Anordnung noch weiter zu erhöhen. Die beiden Aluminiumplatten wurden mit vier Plastikschrauben verbunden und der Generator dadurch reibkraftschlüssig zwischen die beiden Aluminiumplatten fixiert. Diese Schrauben dienten in dieser Anordnung ebenso als Verbindung zum Gürtel.

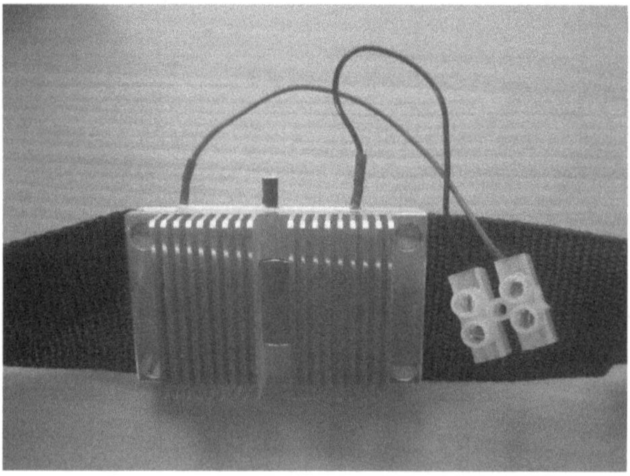

Abb. 46. Funktionsprototyp

Die anschließenden Versuchsläufe wurden an der gleichen Stelle, in Gürtelhöhe, im Lendenbereich auf unbekleideter Haut durchgeführt, um eine bessere Vergleichbarkeit mit den ersten Prototypen zu gewährleisten. Die Hautoberflächentemperatur betrug 33°C, die Umgebungslufttemperatur 22°C.

Schon die Ergebnisse der ersten Messungen mit der neuen Anordnung zeigten deutlich höhere Werte. Die im ersten Test erreichte Spannung konnte um rund die Hälfte auf 323 mV (bei 30,75 mA) erhöht werden. Noch deutlicher und von größerer Bedeutung für die Funktionsfähigkeit der Lösung war die Tatsache, dass der stationäre Spannungswert nun einen Endwert von etwa 112 mV (bei 15 mA) nicht mehr unterschritt, was einer Steigerung von rund 260 % entsprach. Abbildung 47 zeigt den Spannungsverlauf.

In dem zweiten Funktionsmuster lieferte ein einzelnes Thermoelement 8,4 % des zuvor berechneten Energiebedarfs. Dennoch haben die Verbesserungen vom ersten zum zweiten Funktionsmuster gezeigt, dass sich die Energieausbeute mit geeigneten konstruktiven Maßnahmen deutlich steigern lässt. Zudem wurden die leistungsschwächeren Thermoelemente von Thermalforce verwendet.

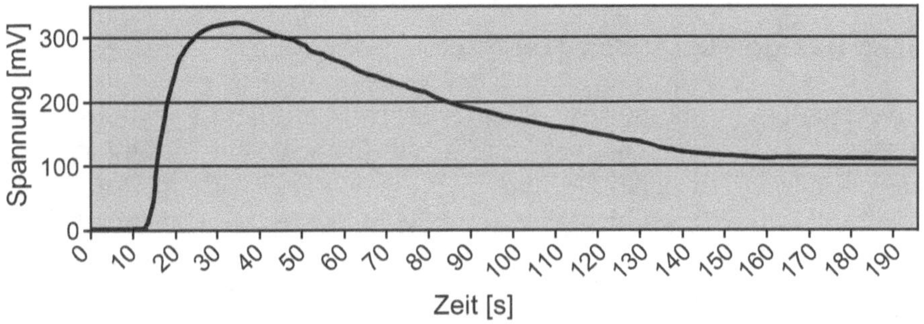

Abb. 47. Spannungsverlauf des Versuchs 101

Die Tests mit dem Funktionsmuster bestätigten, dass das ausgewählte Lösungskonzept unter Berücksichtigung der Einschränkungen in der Energieausbeute durchaus das Potential für eine mobile, netzunabhängige Energieversorgung für ein energieeffizientes Mobiltelefon bietet.

Um den Energiebedarf des Mobiltelefons zu senken, bietet sich zum einen die Beschränkung auf die Hauptfunktionen an und zum anderen die Optimierung der eingesetzten Bauteile. Beispielsweise ließe sich das herkömmliche Display durch ein E-Ink-Display ersetzen. E-Ink-Displays benötigen einen Bruchteil der Energie, weil sie nur dann elektrische Energie verbrauchen, wenn sich die Farbe eines Pixels ändert. Herkömmliche Displays benötigen ununterbrochen Energie für die Anzeige von Inhalten.

3.3.4 Umweltverträglichkeit der Lösung

Um in einer ersten Betrachtung die Umweltverträglichkeit der ausgewählten Lösungsvariante zu beurteilen, wurde ein Vergleich mit konventionellem Mobiltelefon durchgeführt.

Die Umweltbelastungen durch die zusätzlichen Bauteile des Thermo-Gürtel-Handys können in erster Näherung gegen die Belastungen durch das Ladegerät konventioneller Mobiltelefone aufgewogen werden, da das neue Konzept kein Ladegerät mehr benötigt. Weiterhin besitzt das Thermo-Gürtel-Handy einen Kondensator im Gegensatz zu einem Akku, der aufgrund seiner chemischen Bestandteile eine schlechtere Umweltbilanz als der Kondensator vorweist [Schiffleitner 2006].

Schließlich ist das neue Konzept unabhängig vom Netzstrom, wodurch die anteiligen Umweltbelastungen durch die Energiegewinnung aus fossilen oder atomaren Brennstoffen nur dem konventionellen Mobiltelefon negativ angerechnet werden müssen.

3.3.5 Designmuster des FreePhone

Im Anschluss an die positiv verlaufenen Tests mit dem Funktionsmuster wurden in Zusammenarbeit mit dem Fachbereich Gestaltung der Hochschule Darmstadt Designmuster entworfen und realisiert. Die digitalen Entwürfe wurden mittels Stereolithografie (Rapid-Prototyping) und anschließendem Finishing der Oberflächen in die Designmuster umgesetzt. Abbildung 48 zeigt den Gürtel mit eingelassenen Thermoelementen (drei von 13 Elementen sind sichtbar) und der Gürtelschnalle, die gleichzeitig auch als Halterung und Energieanschluss für das Mobiltelefon dient.

Abb. 48. Gürtel mit den eingelassenen Seebeck-Elementen

In Abbildung 49 sind der Gürtel mit angeschlossenem Mobiltelefon sowie die Explosionsdarstellung des Designmusters abgebildet. Die Explosionsdarstellung lässt erkennen, dass die Elektronik zur Aufbereitung der elektrischen Energie (in Abbildung 49 als Ladecomputer bezeichnet) in der Gürtelschnalle sitzt. Da außerdem der Energiespeicher des Mobiltelefons aufgrund des täglichen Nachladens deutlich kleiner sein kann als bei heutigen Mobiltelefonen, konnten die Abmessungen des Mobiltelefons verkleinert werden. Allerdings wurden nach ersten Betrachtungen zur Bedienbarkeit der Rapid-Prototyping-Modelle die Abmessungen wieder leicht erhöht, auf 88 mm x 50 mm x 11 mm (l x b x h) (Abbildung 50).

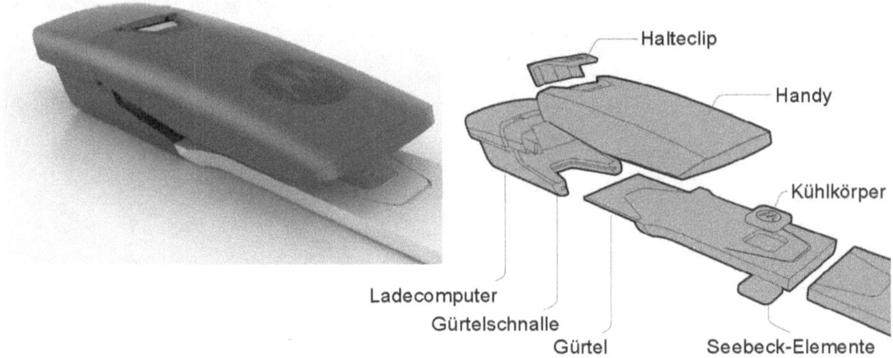

Abb. 49. Mobiltelefon und Gürtel (Einheit und als Explosionsdarstellung)

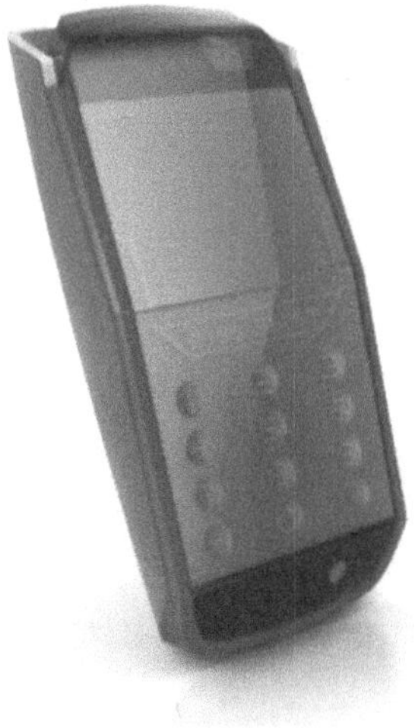

Abb. 50. Mobiltelefon „FreePhone“

Neben dem oben vorgestellten Designmuster arbeitete das beteiligte Team der Produktdesignstudenten eine Variante des Gürtel-Thermogenerators aus. Diese Variante nutzt das gleiche Mobiltelefon, aber eine abgewandelte

Version der Ladeeinheit (Abbildung 51), die über den Tragegurt einer Umhängetasche oder eines Rucksacks geschoben werden kann. In dieser Version sind acht Thermoelemente in zwei Schienen der Ladeeinheit integriert (Abbildung 52). Die Thermoelemente liegen nah beieinander und nutzen einen gemeinsamen Kühlkörper.

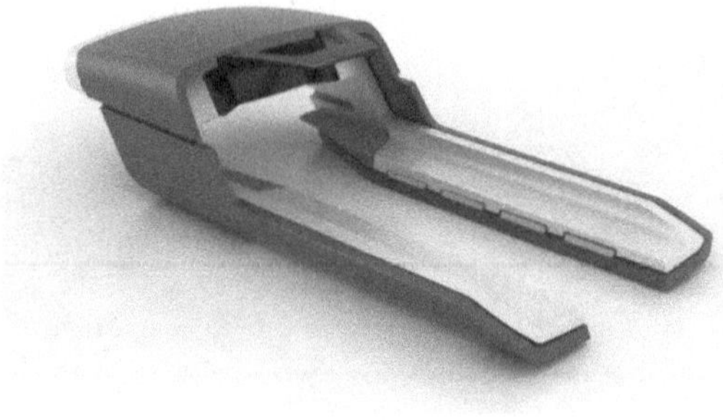

Abb. 51. Riemenklipp

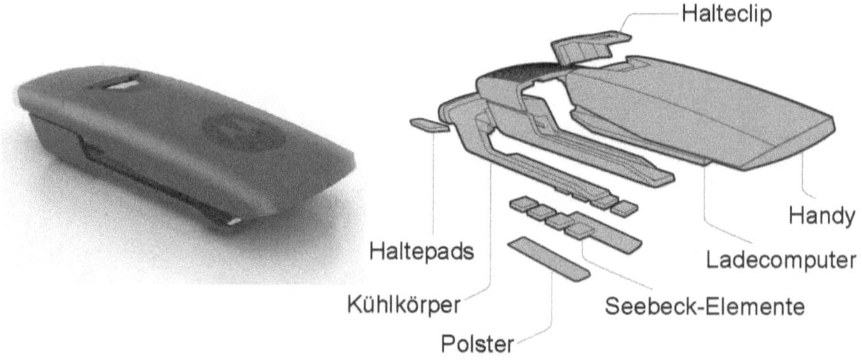

Abb. 52. Mobiltelefon und Gurtklipp zusammengebaut und als Explosionsdarstellung

3.3.6 Ergebnisse der Nutzerakzeptanzuntersuchung

In einer abschließenden Befragung wurde 161 Nutzern von Mobiltelefonen anhand der Designmuster die Funktionsweise des Lösungskonzepts und die daraus resultierenden Einschränkungen in der Nutzung erklärt. Neben Fragen zur Kaufbereitschaft für ein Mobiltelefon mit der vorgestellten Energieversorgung wurden auch Fragen zu den Nutzungsgewohnheiten und den persönlichen Kriterien beim Erwerb eines Mobiltelefons gestellt.

Die Veranschaulichung des Lösungskonzepts durch die Designmuster wurde sehr positiv aufgenommen, da sie das Verständnis der Technik deutlich verbesserten. 71 % der Befragten gaben an, dass sie bereit wären, ein Mobiltelefon zu kaufen, das nur die Grundfunktionen Telefonieren, SMS und Kalender unterstützt und cinen Monochrom-Bildschirm hat, dafür aber unabhängig vom Stromnetz ist. Davon würden sich 31 % ein solches Telefon als Zweithandy zulegen.

Die am häufigsten genutzten Funktionen des Handys sind mit deutlichem Abstand Telefonieren (64 %), SMS (54 %) und Uhrzeit/Wecker (49 %). Dass das Telefonieren relativ niedrig abschneidet, liegt an der geringen täglichen Gesprächsdauer: 44 % gaben an, sie würden weniger als fünf Minuten pro Tag mit dem Handy telefonieren. Das zeigt, dass für viele Handybesitzer die Erreichbarkeit die wichtigste Funktion eines Mobiltelefons ist.

Nach ihren Kaufkriterien gefragt, waren Preis (81 %), Ausstattung (64 %) und Design (63 %) die wichtigsten Eigenschaften. Dagegen waren die Umweltfreundlichkeit und die Marke nur für 29 % der Probanden ein wichtiges oder eher wichtiges Kriterium. Die Ergebnisse der Befragung belegen deutlich das Spannungsfeld zwischen Umweltgerechtheit und Ökonomie oder umgangssprachlich zwischen Gewissen und „Geiz-ist-geil-Verhalten“.

3.3.7 Übertragbarkeit der Ergebnisse

Der Test des Funktionsmusters hat gezeigt, dass durchaus nennenswerte Energiemengen aufgrund der Temperaturdifferenz zwischen menschlichem Körper und Umgebung generiert werden können. Weniger energiehungrige mobile Verbraucher wie MP3-Player oder Sensoren zur Gesundheitsfürsorge könnten demnach mit aktuellen Thermoelementen angetrieben werden.

Allerdings ist die notwendige Kühlung der Thermoelemente von entscheidender Bedeutung. Zum einen beschränkt die Kühlung die mögliche Lage der Energieversorgung am Körper, da Abdeckungen wie Kleidungsstücke eine Kühlung unterbinden. Zum anderen ist die Kühlung moderner, leistungsfähiger Thermoelemente in Mikroprozessorbauweise eine Ernst zu nehmende Herausforderung, weil hohe Wärmeströme durch eine kleine Fläche geleitet werden müssen.

Thermoelemente werden außer in der Raumfahrt bislang nicht zur Energieversorgung von Produkten eingesetzt und werden bisher nur in Kleinserien hergestellt. Daher sind die Marktpreise für leistungsfähige Elemente momentan sehr hoch. Die Mikroprozessorbauweise von

Thermoelementen eignet sich allerdings ideal zur Massenfertigung, wodurch – bei entsprechender Nachfrage – die Preise deutlich sinken können.

3.4 Empfehlungen

Aus der heutigen, netzabhängigen Energieversorgung von Mobiltelefonen resultiert ein beträchtlicher Energieverbrauch. Zudem kann eine unsachgemäße Entsorgung von Akkus und Ladegeräten zu erheblichen Umweltbeeinträchtigungen führen.

Als potentielle Zielgruppen für ein Mobiltelefon mit netzunabhängiger Energieversorgung, wie es in diesem Entwicklungsprojekt erarbeitet wurde, wären Outdoorbegeisterte und Auslandsreisende ebenso denkbar wie Handynutzer, die vor allem erreichbar sein wollen, ohne aber täglich viele Minuten zu telefonieren. Gerade Nutzer, die ihr Mobiltelefon nicht regelmäßig gebrauchen, werden oft von einem leeren Akku überrascht. Zudem wäre der Einsatz in Entwicklungs- und Schwellenländern ohne feste Stromversorgung möglich. Dass die dortige Bevölkerung den Umgang mit autonomen Geräten (FreePlay-Radios) kennt, könnte sich vorteilhaft auf eine Markteinführung auswirken.

3.5 Literatur

[Hebling; Groos 2001] Hebling, Ch.; Groos, U.: Brennstoffzellen im kleinen Leistungsbereich. f-cell, Stuttgart, September 2001

[Bostaph et al. 2002] Bostaph J.; Xie, C.; Pavio, J.; Fisher, A. M.; Mylan, B.; Hallmark J.: 1 W Direct Methanol Fuel Cell System as a Desktop Charger. In: Fuel Cell Seminar, November 2002

[VDI 2221 1993] VDI 2221: Methodik zum Entwickeln und Konstruieren technischer Systeme und Produkte. VDI-Richtlinie, VDI Verlag: Düsseldorf 1993

[Pahl et al. 2003] Pahl, G.; Beitz, W.; Feldhusen, J.; Grote, K.H.: Konstruktionslehre – Grundlagen erfolgreicher Produktentwicklung. 5. Auflage, Springer: Berlin, Heidelberg, New York 2003

[Ernzer; Bey 2003] Ernzer, M.; Bey, N.: The Linkage between Life Cycle Design and Innovation. In: Proceedings of the 3rd International Symposium on Environmental Conscious Design and Inverse Manufactoring, Ecodesign 2003, 8-11- Dezember 2003, Tokyo: 2003

[Ernzer; Birkhofer 2003] Ernzer, M.; Birkhofer, H.: ENSPIRE or how Life Cycle Design supports Innovation. In: Proceedings of CIRP seminar on Life Cycle Engineering, May 21-23, 2003; Copenhagen: 2003

[Frankenberger 1997] Frankenberger, E.: Arbeitsteilige Produktentwicklung – Empirische Untersuchung und Empfehlungen zur Gruppenarbeit in der Konstruktion. Dissertation am Fachgebiet pmd, In: Fortschritt-Berichte, VDI Reihe 1, Nr. 291, VDI Verlag: Düsseldorf 1997

[Lüdcke 2003] Lüdcke, R.: Effizienzverbesserung durch gezielte Führung in der Produktentwicklungspraxis: Von der Beobachtung zum Reflexionskonzept. Dissertation am Fachgebiet pmd. In: Fortschritt-Berichte, VDI Reihe 1, Nr. 367, VDI-Verlag: Düsseldorf 2003

[Bayerl 2007] TCS Claudia Bayerl, verfügbar im Internet unter: http://www.schuettellampe.de, Stand 18.07.2007

[Freeplay 2007] Verfügbar im Internet unter: http://www.freeplayenergy.com, Stand 18.07.2007

[Jansen; Slob 2003] Jansen, A.; Slob, P.: Human Power – Comfortable One-Hand Cranking. In: Proceedings of the ICED 2003, August 19-22, 2003; Stockholm: 2003

[Jansen 2004] Jansen, A.: Advances in Human-Powered Energy Systems in Consumer Products. In: Marjanović, D.; Birkhofer, H.; Andreasen, M. (Hrsg.): Proceedings of the 8th International Design Conference – Design 2004, May 17-20, 2004; Dubrovnik, Croatia: 2004

[Seiko 2007] Verfügbar im Internet unter: http://www.seiko.de/index.php?mapid=31, Stand 18.07.2007

[Paradiso; Starner 2005] Paradiso, J.; Starner, T.: Energy Scacvenging for Mobile and Wireless Electronics. In: Pervasive Computing Magazine, January-March 2005, Institute of Electrical and Electronics Engineers, Inc. (IEEE): 2005

[Jansen et al. 2000] Jansen, A.; Stevels, A.; Fridstedt, S.; Weernink, S.: Design of a Human Powered, Batteryless Remote Control For Volvo. Reichl, H., Griese, H. (Hrsg.): Proceedings of the IEE Joint International Congress and Exhibition Electronic goes Green 2000+, September 11-13, 2000, VDE Verlag: Berlin 2000

[Pelrine et al. 2001] Pelrine, R.; Kornbluh R.; Eckerle, J.; Jeuck, P.; Oh, S.; Pei, Q.; Stanford S.:Dielectric Elastomers: Generator Mode Fundamentals and Applications. In: Proceedings of SPIE, Smart Structures and Materials 2001, Vol. 4329, pp. 148-156: 2001

[Oberender 2006] Oberender, C.: Die Nutzungsphase und ihre Bedeutung für die Entwicklung umweltgerechter Produkte. Dissertation am Fachgebiet pmd. In: Fortschritt-Berichte, VDI Reihe 1, Nr. 385, VDI-Verlag: Düsseldorf 2006

[Koller; Kastrup 1998] Koller, R.; Kastrup, N.: Prinziplösungen zur Konstruktion technischer Produkte. 2. Auflage, Springer-Verlag: Berlin, Heidelberg 1998

[Schiffleitner 2006] Schiffleitner, A.: Eigenschaften von Doppelschicht-kondensatoren in Lowpower-Anwendungen. Ersatz von Akkus – Technisch machbar, ökologisch sinnvoll? In: Herrmann, C.; Leitner, T.; Paulesich, R. (Hrsg.): Nachhaltigkeit in der Elektro(nik)industrie – KERP Kompetenzzentrum. Fortschritt-Berichte, VDI Reihe 16, Nr. 179, VDI-Verlag: Düsseldorf 2006

4 Integrierte Arbeitsmittel für die Entwickler umweltgerechter Investitionsgüter

Teilprojekt C4
Dirk Hanusch, Ingrid Amon-Tran, Markus Voß

4.1 Projektrahmenbedingungen

Das Projekt "Integrierte Arbeitsmittel für die Entwickler umweltgerechter Investitionsgüter" wurde in Zusammenarbeit mit der Heidelberger Druckmaschinen AG bearbeitet. Es ist innerhalb des Transferforschungsbereichs 55 den zwei Projekten bei Hilti (Kapitel 1) und Kärcher (Kapitel 2) vergleichbar, da in diesen Projekten nicht ausschließlich produktbezogene Konzepte zur ökologischen Optimierung im Fokus standen, sondern auch die Prozesse innerhalb des jeweiligen Unternehmens berücksichtigt wurden. Das Projekt lief über einen Zeitraum von zweieinhalb Jahren von Januar 2005 bis Juni 2007. Als Einführung in die Aufgabenstellung beschreiben die folgenden Abschnitte die wesentlichen Projektrahmenbedingungen.

4.1.1 Das Unternehmen

Die Heidelberger Druckmaschinen AG (Heidelberg) ist mit über 40 Prozent Marktanteil im Bogenoffsetdruck der international führende Lösungsanbieter für gewerbliche und industrielle Anwender in der Printmedien-Industrie. Mit Hauptsitz in Heidelberg, Deutschland, konzentriert sich der Konzern auf die gesamte Wertschöpfungskette der gängigen Formatklassen im Bereich Bogenoffsetdruck (Sheetfed) und Flexodruck. Neben Bogenoffset-Druckmaschinen umfasst dies die Druckvorstufe, Druckweiterverarbeitung sowie die dazugehörenden Workflowkomponenten, das Schulungsangebot der Print Media Academy sowie Serviceleistungen, Ersatzteilversorgung, Verbrauchsmaterialien und den Vertrieb von Gebrauchtmaschinen. Zusätzlich unterstützt das Unternehmen die Investitionsvorhaben seiner Kunden mit Finanzierungskonzepten. Zur Vervollständigung des Portefeuilles zertifiziert Heidelberg zusätzliche Produkte verbundener Kooperationspartner, die nicht im eigenen Produktprogramm von

Heidelberg vorhanden, aber für den Betrieb von Druckmaschinen notwendig sind. Hierdurch kann gewährleistet werden, dass der Kunde nur einen Ansprechpartner bei Neuinvestitionen mit voller Verantwortung hat. Dies ist vor allem vor dem Hintergrund wichtig, dass der Kundenstamm von Heidelberg stark mittelständisch geprägt ist: Etwa 75 Prozent der Kunden haben weniger als 20 Mitarbeiter.

An der Umsetzung des beschriebenen Konzeptes arbeiten über 19.000 Mitarbeiter verteilt auf 15 Produktions- und Entwicklungsstandorte weltweit. Im Geschäftsjahr 2006/2007 wurde bei einem Umsatz von ca. 3,8 Mrd. € ein Ergebnis von rund 300 Mio. € vor Steuern erwirtschaftet. Rund 6 Prozent des Umsatzes, also ca. 237 Mio. €, wurden für Aktivitäten der Forschung und Entwicklung ausgegeben. Rund 1500 Entwickler arbeiten an der stetigen Verbesserung bestehender und der Erstellung innovativer Produkte.

Das hier vorgestellte Projekt „Integrierte Arbeitsmittel für die Entwickler umweltgerechter Investitionsgüter“ wurde in Zusammenarbeit des Fachgebiets Produktentwicklung und Maschinenelemente (pmd) der Technischen Universität Darmstadt mit der Abteilung Umwelt & Chemie von Heidelberg, die im Unternehmen für den produktbezogenen Umweltschutz im Bereich Press verantwortlich ist, durchgeführt. Sie ist als Querschnittsabteilung in die Matrix-Organisation der Entwicklung von Heidelberg eingebunden. Die Linienabteilungen sind für die Entwicklung der einzelnen Produktreihen, differenziert nach den Formatklassen der Druckmaschinen, zuständig und greifen hierfür auf das Expertenwissen der verschiedenen Querschnittsabteilungen zurück.

Die Unterstützung seitens der Abteilung Umwelt & Chemie umfasst u. a. die aktive Beteiligung an Entwicklungsprojekten mit besonderer Umweltrelevanz, die Beratung von Entwicklern und Projektleitern bezüglich umweltrelevanter Aspekte, die Freigabe von Gefahrenstoffen, die Messung von Maschinenemissionen sowie die Durchführung ökologischer Produktreviews für die Marktfreigabe von Neuentwicklungen.

Heidelberg hat ein besonderes Interesse, die Umweltwirkung sowohl ihrer Geschäftstätigkeit an den einzelnen Standorten als auch ihrer Produkte kontinuierlich zu verbessern. Hierzu wurden in den vergangenen Jahren immer wieder erfolgreiche Projekte durchgeführt. Beispiele hierfür sind die Zertifizierung der Standorte nach ISO 14001 und gemäß dem EG-Öko-Audit-System, die Eröffnung eines Environmental Information Center (EIC) im Foyer der Hauptverwaltung in Heidelberg sowie die Durchführung des Projektes "ESPRESSO - Ökologisches Produktdesign im Bereich Druckvorstufe" in den Jahren 1998 bis 2000.

4.1.2 Projektziele

Unter dem Oberziel, die ökologischen Auswirkungen der Produkte der Heidelberger Druckmaschinen AG zu verbessern, wurde das hier vorgestellte Projekt insbesondere auch mit der Zielsetzung eines optimalen Einsatzes der Personalressourcen in der Abteilung Umwelt & Chemie gestartet und durchgeführt: In der bisherigen Praxis war es durchaus anzutreffen, dass die Berücksichtigung von Umweltthemen in Entwicklungsprojekten nicht durchgängig in angemessener Weise erfolgte. Ursache dafür war, dass das im konkreten Entwicklungsalltag benötigte Umwelt-Know-how bei den Entwicklern nicht ausreichend vorlag und die auf der obersten Führungsebene beschlossenen Umweltziele eher abstrakt erschienen und keinen direkten Bezug zur täglichen Arbeit erkennen ließen. Hinzu kam, dass mit den knappen Ressourcen der Umweltabteilung nicht immer alle Projekte so eingehend wie nötig begleitet oder gar konkrete Projekte zur gezielten ökologischen Optimierung in Angriff genommen werden konnten.

Vor diesem Hintergrund sind die Projektziele zur Steigerung der ökologischen Verträglichkeit der Produkte der Heidelberger Druckmaschinen AG zu sehen:

- nachhaltige Verankerung von Umweltwissen in den Entwicklungsabteilungen im Sinne einer Sensibilisierung für das Thema,
- Befähigung der Mitarbeiter der Heidelberger Druckmaschinen AG zur umweltorientierten Entwicklung durch die Bereitstellung von Arbeitsmitteln, die keinen signifikanten Mehraufwand erfordern,
- Berücksichtigung der rechtlichen Rahmenbedingungen bereits in den frühen Entwicklungsphasen der Produkte sowie
- das Schaffen von Grundlagen für die kontinuierliche Aktualisierung und Weiterentwicklung der Arbeitsmittel bei Heidelberg auch nach Abschluss des Projektes.

Innerhalb des Transferprojektes werden als Arbeitsmittel alle Hilfsmittel, die das Denken und Handeln von Produktentwicklern zielgerichtet beeinflussen, effizient unterstützen und zu effektiven Ergebnissen in Produkt- und Prozessinnovationen führen, bezeichnet. Arbeitsmittel sind speziell für ein Anwendungsgebiet entwickelt, beeinflussen das Vorgehen des Anwenders selbsterklärend und zielgerichtet, konfrontieren ihn hierbei aber nur mit den nötigsten Informationen.

Entsprechend der von der Deutschen Forschungsgemeinschaft (DFG) formulierten Leitidee eines Transferprojekts war das wissenschaftliche Ziel des Forschungsvorhabens die Umsetzung von Erkenntnissen aus der Grundlagenforschung in die vorwettbewerbliche Praxis.

Einen ähnlichen Ansatz verfolgte bereits das am Standort Kiel für den Geschäftsbereich Prepress durchgeführte Projekt "ESPRESSO - Ökologisches Produktdesign im Bereich Druckvorstufe". Die dort erzielten Ergebnisse konnten jedoch auf Grund des sehr unterschiedlichen Charakters der Produkte und der unterschiedlichen Standortgröße nicht auf den Press-Bereich übertragen werden: Während für die Druckvorstufe i. d. R. Produkte mit vergleichsweise kurzen Lebenszyklen, aber hohem Standardisierungsgrad entwickelt werden und somit ein eher statisches Vorgehen zur Berücksichtigung der Umweltthematik geeignet erschien, unterscheidet sich im Bogenoffsetdruck das Vorgehen bei der Produktentwicklung gemeinsam mit den betrachteten Problemen oftmals beträchtlich, so dass hier ein variabler einsetzbares Instrumentarium zur Anwendung kommen muss.

Darüber hinaus musste berücksichtigt werden, dass bei Druckmaschinen mit einer Nutzungsdauer von teilweise mehreren Jahrzehnten, dem bedeutenden Verbrauch an Hilfs- und Betriebsstoffen sowie ständigen Emissionen während dieser Zeit die Nutzungsphase eine noch gewichtigere Rolle spielt, als dies bei den Produkten der Druckvorstufe ohnehin schon der Fall ist.

4.1.3 Vorgehensweise

Das Vorgehen innerhalb des Transferprojektes kann in die drei Phasen „Analyse der Ausgangslage", „Erstellung und Umsetzung des Unterstützungskonzeptes" sowie „Bereitstellung und Implementierung" unterteilt werden. Die abschließende Einführung des Konzeptes und die Verbreitung des Umweltwissens wurden getrennt hiervon vorangetrieben.

In der Analysephase wurden der bestehende Entwicklungsprozess und die bereits vorhandenen Arbeitsmittel betrachtet. Zusätzlich wurde nach Hemmnissen gesucht, welche die Einbindung von Umweltaspekten in die Produktentwicklung und die Nutzung der bislang angebotenen Arbeitsmittel behindern. Auf Basis dieser Ergebnisse wurde in der Umsetzungsphase mit Hilfe eines Modularisierungsansatzes ein grundlegendes Konzept zur Umsetzung des EcoDesign-Gedankens in der Produktentwicklung erstellt. Zur Weiterführung dieses Ansatzes wurden vorhandene Arbeitsmittel optimiert und ergänzende Arbeitsmittel entwickelt. In der dritten Phase wurde das Gesamtkonzept zwecks elektronischer Umsetzung optimiert und als umfassendes Intranetportal programmiert. Abschließend wurde die Funktionalität dieses Portals evaluiert und daraufhin den Entwicklern von Heidelberg zur Verfügung gestellt.

4.1.4 Analyse der Ausgangslage

Zur Ableitung des konkreten Handlungsbedarfs musste zunächst eine umfassende Analyse der Ausgangslage durchgeführt werden. Gegenstand der Analyse innerhalb des Projektes bei Heidelberg war das unternehmerische Umfeld der Produktentwicklung unter Umweltgesichtspunkten und der Produktentwicklungsprozess an sich. Zusätzlich wurden die Produkte analysiert, wobei hierfür auf mehrere bereits durchgeführte Produkt-Umweltstudien zurückgegriffen werden konnte. Abschließend wurden Anforderungen seitens der Produktentwicklung an Arbeitsmittel in Workshops zusammengestellt.

4.1.4.1 Unternehmensumfeld

Die Rahmenbindungen zur Entwicklung umweltgerechter Produkte sind bei Heidelberg durch Unternehmensgrundsätze zu Umweltschutz, Arbeitsschutz und Produktsicherheit nebst Umweltzielen vorgegeben und werden durch ein Umweltmanagementsystem ausgefüllt.

In diesen Grundsätzen werden das Leitbild der nachhaltigen Entwicklung und das Prinzip der kontinuierlichen Verbesserung als Maxime des betrieblichen Handels festgelegt. Es wird ausdrücklich darauf hingewiesen, dass der gesamte Lebenslauf eines Produktes von der Herstellung bis hin zur Entsorgung von Relevanz ist. Wesentlichen Raum nimmt die Zuweisung von Verantwortlichkeiten ein: Demnach sind für den Umweltschutz alle Ebenen einzubinden. Dies soll u. a. durch Aus- bzw. Weiterbildung sowie durch die Vereinbarung von Umweltzielen zwischen Führungskräften und Mitarbeitern gewährleistet werden [Schreier 2004].

Eine spezifischere Zuweisung der Verantwortlichkeiten erfolgt durch die Rahmenrichtlinie für Sicherheit und Umwelt innerhalb des Organisationshandbuchs von Heidelberg: Der Vorstand überträgt die notwendigen Aufgaben an Standortverantwortliche, Führungskräfte sowie Entwicklungs- und Projektleiter.

Zur ergänzenden Umsetzung der angestrebten Umweltpolitik wurde an den Standorten von Heidelberg ein auf der Norm DIN EN ISO 14001 basierendes Umweltmanagementsystem installiert. Wesentliche Elemente dieses Systems werden durch die Norm vorgegeben und beziehen sich auf die Aspekte Umweltpolitik, Planung, Verwirklichung und Betrieb, Überprüfung sowie Managementbewertung [DIN EN ISO 14001].

Einen weiteren Gesichtspunkt zur Analyse und Beschreibung des bei Heidelberg vorherrschenden Umfeldes stellt der (umwelt-)rechtliche Rahmen dar, innerhalb dessen sich die Produktentwickler bewegen müssen: Angesichts der Tatsache, dass Heidelberg ca. 80 Prozent seines

Umsatzes durch Verkäufe und sonstige Geschäfte über die Grenzen Deutschlands hinweg erwirtschaftet, ist für die Entwicklung der angebotenen Produkte nicht nur das deutsche, sondern auch das europäische und internationale Recht zu beachten. Um sicherzustellen, dass die entwickelten Produkte dem Stand der Technik entsprechen, sind neben verbindlichen Rechtsvorschriften (Gesetze, Rechtsverordnungen) auch Vorgaben, wie z. B. Normen, Technische Regeln oder Bedingungen für Zertifizierungen, da auch solchen Dokumenten möglicherweise Anforderungen entnommen werden können, zu beachten. Beispielsweise werden zur Erlangung der BG-Zertifikate "Emission geprüft" oder "Optimierter UV-Druck" verbindliche Anforderungen an Druckmaschinen gestellt. Einen Überblick über das zugrunde liegende System, das bei der Analyse des umweltrechtlichen Rahmens berücksichtigt wurde, bietet Abbildung 53.

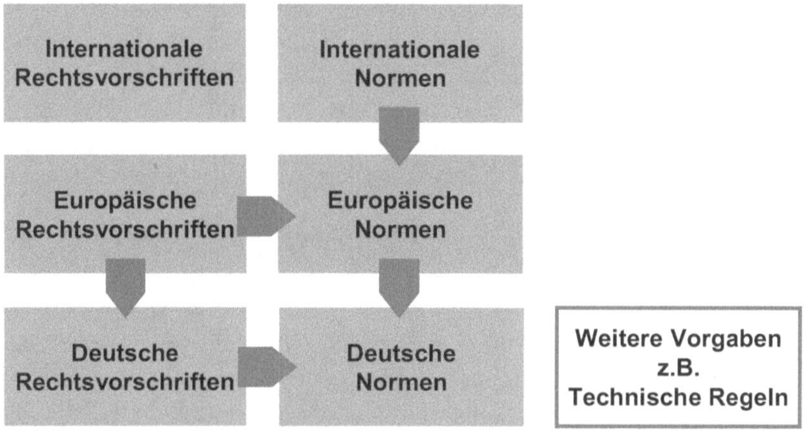

Abb. 53. Relevante Rechtsquellen

4.1.4.2 Produktentwicklungsprozess

Den übergeordneten Rahmen für den Produktentwicklungsprozess bildet bei Heidelberg das Product Lifecycle Management. Unternehmensspezifisch wird dieser Produktlebenszyklus, wie in Abbildung 54 dargestellt, durch so genannte Quality Gates (QG) in sieben Phasen unterteilt. Der Produktentwicklungsprozess erstreckt sich hierbei auf die Phasen zwischen Quality Gate 2 und Quality Gate 5.

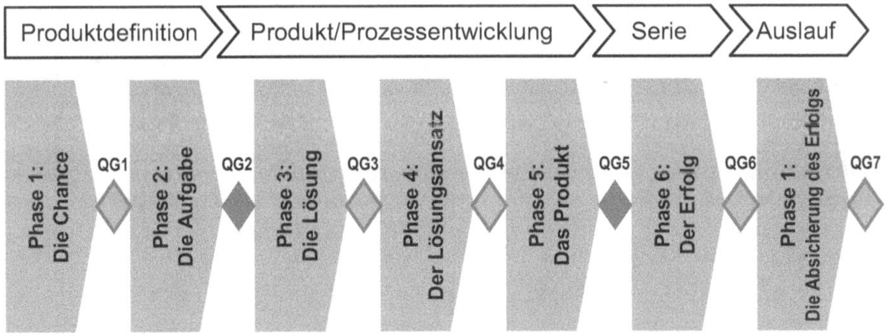

Abb. 54. Produktlebenszyklus bei Heidelberg [Quelle: Rautert o. J.]

Wesentliche Eigenschaft des Product Lifecycle Management ist, dass es unabhängig von dem zu entwickelnden Objekt für alle bedeutenden Entwicklungsprojekte von Heidelberg anzuwenden ist. Egal, ob es sich um die Neuentwicklung einer Druckmaschinenreihe mit einem sehr langen Lebenszyklus oder nur um eine Detailverbesserung eines bestehenden Bauteils oder die Weiterentwicklung eines Softwarebausteins mit vergleichsweise kurzem Lebenszyklus handelt, kommt als Leitlinie immer das gleiche Modell zur Anwendung.

In einer weiterführenden Unterteilung des Produktentstehungsprozesses lassen sich bei Heidelberg detaillierte Projektphasen und Meilensteine identifizieren, wobei die Phasen projektspezifisch variiert werden können. Eine lose Übersicht über die Projektphasen und mögliche Meilensteine gibt Tabelle 14. Hierzu ist anzumerken, dass die Projektphasen nicht exakt einzelnen Meilensteinen zugeordnet werden können.

Auf der untersten Gliederungsebene werden die einzelnen Projektphasen mit spezifischen Prozessschritten belegt. Die Phase Aufgabenklärung umfasst beispielsweise die Prozessschritte “Durchführen einer Marktstudie“, “Produktstrategien für Industrial Design, Produktsicherheit und Umweltschutz erstellen“ sowie “Lastenhefterstellung“.

Die Analyse des Produktentwicklungsprozesses ergab, dass für die Entwicklung umweltgerechter Produkte nach bisherigem Prozessablauf vor allem die Quality Gates 2 und 5 von Bedeutung waren. Gemäß den Prozessanweisungen sollten zum Quality Gate 2 bei entsprechender Relevanz auch umweltbezogene Anforderungen in das Lasten- bzw. Pflichtenheft aufgenommen werden. Der Nachweis der Konformität zu diesen Anforderungen im Speziellen und zu den übergeordneten Umweltzielen des Unternehmens im Allgemeinen musste zum Quality

Gate 5 im Rahmen eines ökologischen Produktreviews vorgenommen werden.

Tabelle 14. Projektphasen und Meilensteine im Produktentstehungsprozess

Projektphasen	Meilensteine
Aufgabenklärung	Projektstart (QG 1)
Konzept erstellen	Lastenheftverabschiedung (QG 2)
Vorversuche	Pflichtenheftverabschiedung (QG 3)
Konstruktion	
Versuchsteile (VT-) Beschaffung	Start Versuchsteilebeauftragung
Inbetriebnahme	
Planungsfreigabe	Ende Planungsfreigabe
Funktionstest	
Drucktest/Systemtest	Start Systemtests (1. Abdruck)
Praxistest/Feldtest	Start Feldtest
Serienvorbereitung	Funktionsfreigabe (QG 4)
Serienfertigung	Ende der Konstruktionsfreigabe
Erprobungsmuster (EM-) Montage	Erste öffentliche Präsentation
Serienmontage	Markfreigabe (QG 5)

Die Verantwortung für die Durchführung liegt beim Projektleiter. Wie eine Untersuchung im Jahr 2006 zeigte, wurde die Umweltabteilung anlässlich des Quality Gate 2 nur in drei von 21 Fällen, anlässlich des Quality Gate 5 immerhin in acht von 15 Fällen eingebunden. Zwar haben beispielsweise Softwareprojekte häufig keine Umweltauswirkungen, so dass die fehlende Einbeziehung der Umweltabteilung keine schädlichen Folgen hatte, bei anderen Projekten hätte die Expertise der Umweltabteilung aber möglicherweise dem Projektleiter unerkannte Umweltauswirkungen aufgezeigt.

4.1.4.3 Methodische Unterstützung

Neben dem Produktentwicklungsprozess auf der übergeordneten Ebene musste zur Optimierung und Ergänzung der bei Heidelberg vorhandenen Arbeitsmittel ebenfalls analysiert werden, wie die Aufgaben auf der Ebene der Prozessschritte methodisch unterstützt werden. Für diese Analyse wurde auf das Prozessorientierte Methodenmodell (PoMM) zurückgegriffen, das am Fachgebiet Produktentwicklung und Maschinenelemente entwickelt worden war, um Entwicklungsmethoden auf wissenschaftlicher Basis in einem einheitlichen Schema prozessbezogen darstellen und vermitteln zu können. [Berger 2004] Der Aufbau des PoMM ist in Abbildung 55 dargestellt.

Innerhalb des Modells sind so genannte Prozess- und Zugriffsmodule zu unterscheiden. Die Prozessmodule Input, Output, Prozessablauf, Anwender, Hilfsmittel, Rahmenbedingungen und Hinweise enthalten Informationen, die für die praktische Anwendung der beschriebenen Methode notwendig sind. Der Input steht beispielsweise für die benötigten Eingangsinformationen für die Methodenanwendung, während der Output die zu erwartenden Ergebnisse der Methodenverwendung beschreibt. Der Prozessablauf skizziert die einzelnen Arbeitsschritte, aus denen sich eine Methode zusammensetzt. Sowohl die grafisch strukturierte als auch eine verbale Darstellung sind hierfür möglich. Die Zugriffsmodule Auswahl, Beschreibung und Links dienen der Identifikation einer für einen bestimmten Zweck geeigneten Methode. So beschreibt das Modul Auswahl beispielsweise die Einordnung der Methode in den Entwicklungsprozess und gegebenenfalls die Beziehung oder Verknüpfung zu anderen Methoden.

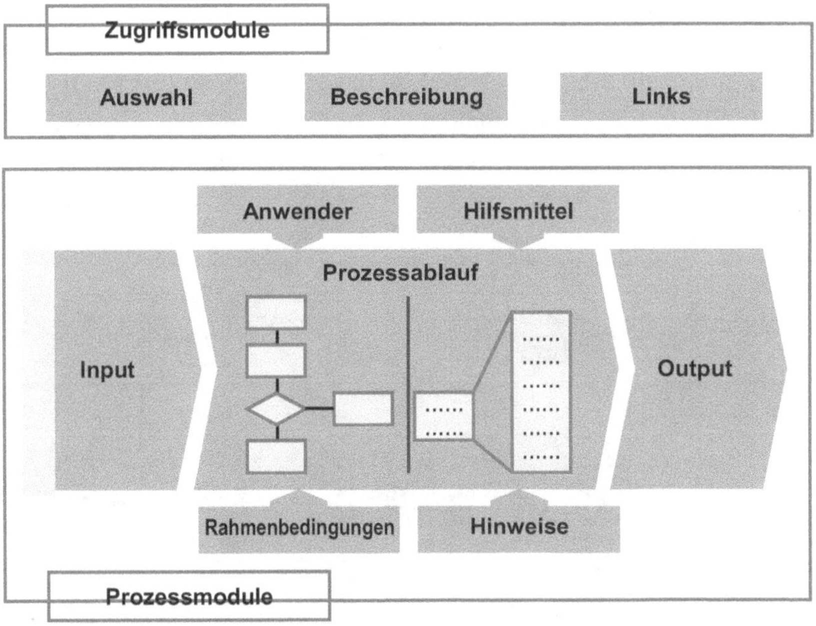

Abb. 55. Das Prozessorientierte Methodenmodell [Quelle: Berger 2004]

Da das PoMM unter wissenschaftlichen Zielsetzungen zur generellen Beschreibung von Methoden entwickelt worden war, im Rahmen des Transferprojektes jedoch mehr die Beschreibung von unternehmensspezifischen Arbeitsmitteln für deren Einsatz im Fokus stand, wurde das PoMM für Heidelberg vereinfachend angepasst.

Wesentlicher Gesichtspunkt bei dieser Anpassung war, den Produktentwicklern nur die für die Anwendung eines Arbeitsmittels notwendigen Informationen zu liefern und darüber hinausgehende Inhalte bewusst auszusortieren.

Unter Beibehaltung der Module Input, Prozess und Output wurden daher die übrigen Prozessmodule ausgesondert bzw. in dem Modul Hinweise zusammengefasst, um die Übersichtlichkeit gewährleisten zu können. Hierin werden u. a. Informationen zum zeitlichen Aufwand, zu notwendigen oder sinnvollen Hilfsmitteln sowie zu möglicherweise auftretenden Komplikationen gesammelt.

Innerhalb der Zugriffsmodule ist in dem angepassten Modell neben der Beschreibung nur noch das Modul Links vorhanden, in dem Verweise auf Fundorte des Arbeitsmittels und zugehöriger Unterlagen wie z. B. einer gesonderten Dokumentation abgelegt werden können. Das Modul Auswahl, welches innerhalb des PoMM der Wahl der passenden Methode dient, wird vernachlässigt, da die Zuordnung der Arbeitsmittel zu spezifischen Aufgaben und Tätigkeiten durch das Unterstützungskonzept selbst erfolgen soll (vgl. Kapitel 4.2.3).

Das auf die beschriebene Weise vereinfachte PoMM wurde bei Heidelberg unter der Bezeichnung Basisstruktur zur Analyse der vorhandenen Arbeitsmittel eingesetzt und ist in Abbildung 56 dargestellt.

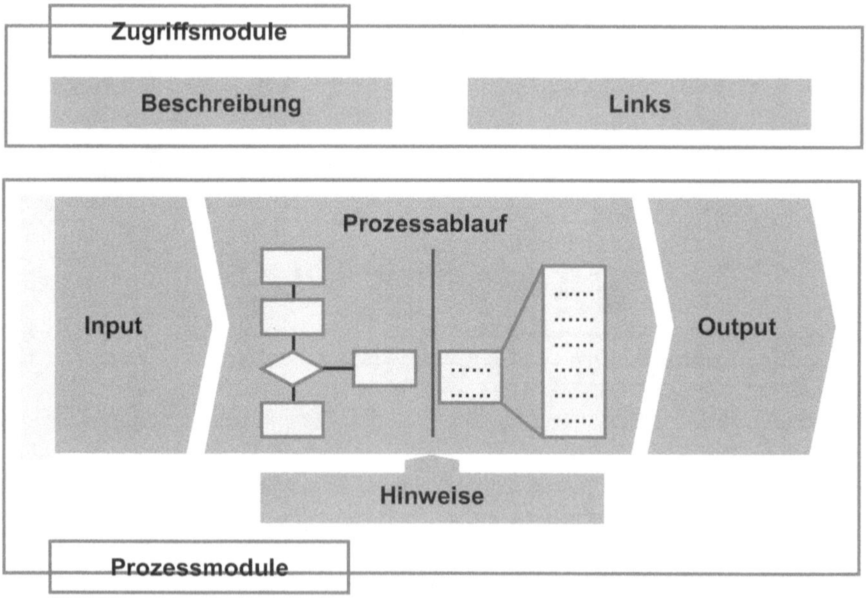

Abb. 56. Basisstruktur zur Beschreibung und Analyse von Arbeitsmitteln

Eine Liste der bei Heidelberg zu Projektbeginn vorhandenen Arbeitsmittel ist auszugsweise mit Tabelle 15 gegeben.

Tabelle 15. Analyse der vorhandenen Arbeitsmittel

Arbeitsmittel	Anwendung
ELIS (Gesetzesdatenbank)	Alle Heidelberg-Mitarbeiter
Entwicklungsleitlinien Umwelt	Standort Kiel
Liste verbotener Stoffe	Heidelberg-Gruppe
Deklarationsliste	Heidelberg-Gruppe
Materialauswahlliste	Standort Kiel
Checkliste ökol. Produktreview	Entwicklungsabteilung Heidelberg
Freigabeformular Gefahrstoffe	Standort Heidelberg
ILI-Norm (Datenbank)	Alle Heidelberg-Mitarbeiter

Zusätzlich zur Analyse bzw. Beschreibung einzelner Arbeitsmittel kann die Basisstruktur ebenso wie das zugrunde liegende PoMM zur Untersuchung von Prozessketten eingesetzt werden: Im Idealfall können durch die Anwendung mehrerer Arbeitsmittel hintereinander ganze Abschnitte des Produktentwicklungsprozesses durch die Produktentwickler in einer standardisierten Form durchlaufen werden. Voraussetzung hierfür ist, dass der Output eines Arbeitsmittels genau dem notwendigen Input für das darauf folgende Arbeitsmittel entspricht. Bei der Analyse können durch einen Abgleich des theoretischen Entwicklungsprozesses mit den bestehenden Arbeitsmitteln mögliche Lücken in der methodischen Unterstützung der Produktentwickler identifiziert werden.

Im Rahmen des hier beschriebenen Projektes war es jedoch nicht das Ziel, den gesamten Produktentwicklungsprozess durch eine durchgehende Kette von Arbeitsmitteln zu unterstützen. Stattdessen sollten im Wesentlichen für die Prozessschritte Arbeitsmittel geschaffen werden, bei denen ein standardisiertes Vorgehen bei angemessenem Zeitaufwand bessere Ergebnisse liefern würde als ein individuelles Vorgehen seitens der Produktentwickler. Bei der Analyse wurde unter diesem Gesichtspunkt besonderer Handlungsbedarf für die überschlägige Beurteilung der Umweltwirkung eines Produktes, für das Ermitteln und Aufstellen umweltbezogener Anforderungen an Produkte sowie für die ökologische Risikoanalyse ermittelt.

4.1.4.4 Anforderungen an Arbeitsmittel

Ergänzend zu der Fragestellung, an welchen Stellen die methodische Unterstützung der Produktentwickler zu optimieren oder zu vervollständigen war, musste untersucht werden, welche Anforderungen die Produktentwickler von Heidelberg zusätzlich zur inhaltlichen Ausgestaltung an Arbeitsmittel haben. Hierfür wurden zwei Workshops mit Produktentwicklern durchgeführt, in welchen Hemmnisse bei der Entwicklung umweltgerechter Produkte und Anforderungen an Arbeitsmittel abgefragt wurden. Die so erhaltenen Anforderungen wurden nach einer Auswertung und Zusammenfassung unmittelbar für die Optimierung und Neuerstellung von Arbeitsmitteln übernommen, während aus den durch die Entwickler angeführten Hemmnissen indirekt weitere Anforderungen abgeleitet wurden. Abschließend wurden alle Anforderungen in einer Liste zusammengefasst (Abbildung 57).

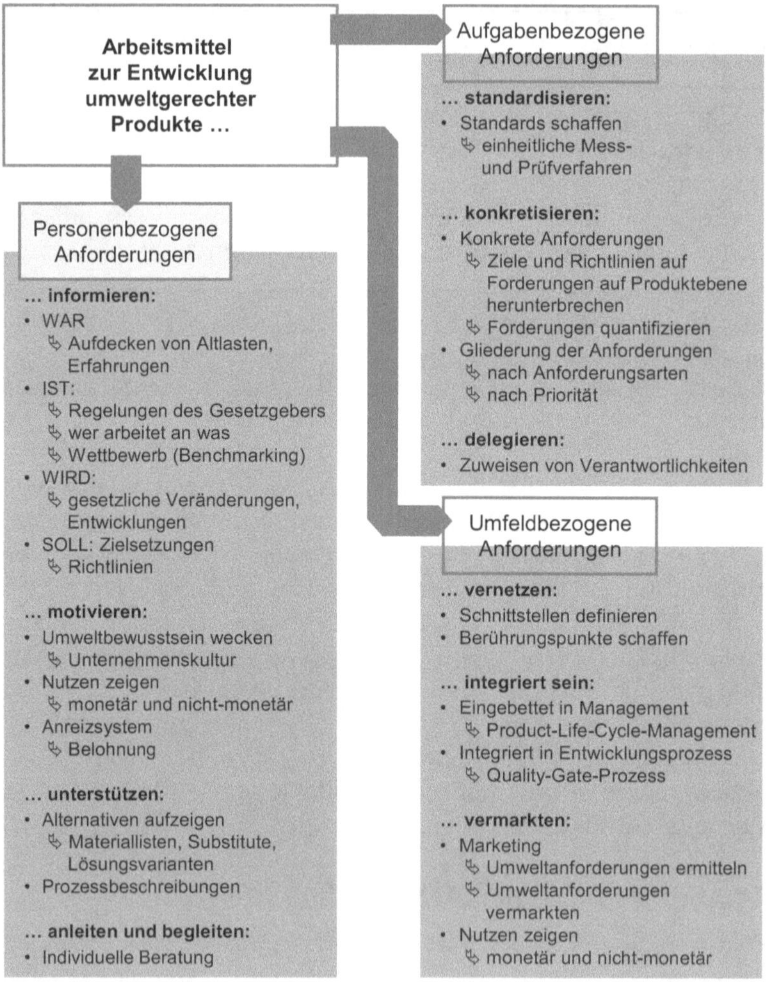

Abb. 57. Anforderungen der Produktentwickler an die Arbeitsmittel

4.1.4.5 Produkt

Wie bereits erwähnt, konzentrierte sich das hier vorgestellt Projekt auf den Geschäftsbereich Press, also die Entwicklung von Druckmaschinen und der unmittelbar zuzuordnenden Peripheriegeräte. Bei den von Heidelberg angebotenen Modellen handelt es sich ausschließlich um Druckmaschinen, die auf dem Offsetdruck basieren.
Der Offsetdruck ist eine Ausprägung des Flachdrucks. Dies bedeutet, dass sich die druckenden und nicht druckenden Partien der Druckform im Gegensatz zu Hochdruck oder Tiefdruck auf einer Ebene befinden. Druckende Flächen sind oleophil und nehmen somit die Druckfarben an. Die nicht druckenden Flächen hingegen sind hydrophil und nehmen keine Druckfarbe an. Die oleophile bzw. hydrophile Eigenschaft der einzelnen Bereiche wird durch entsprechende Behandlung der Druckform in einem Arbeitsschritt der Druckvorstufe erreicht.

Grundsätzlich lassen sich zwei Prinzipien unterscheiden: Der konventionelle Offsetdruck (Nass-Offset) basiert auf dem Zusammenwirken von Feuchtmittel (einem Wassergemisch mit Zusätzen) Druckfarbe und Druckform (Druckplatte). Das Prinzip ist in Abbildung 58 dargestellt. Die Druckplatte wird über Walzen des Feuchtwerkes mit Feuchtmittel benetzt, wobei nur die hydrophilen Bereiche das Feuchtmittel annehmen. Die oleophilen Bereiche hingegen weisen das Feuchtmittel ab und werden nicht benetzt. Über das Farbwerk wird die Druckfarbe zugeführt, kann aber nur auf den druckenden, oleophilen Flächen aufgetragen werden, da der Auftrag auf die nicht druckenden Flächen durch das Feuchtmittel verhindert wird.

Beim wasserlosen Offsetdruck (Trocken-Offset) kann hingegen auf das Feuchtmittel und somit auf das Feuchtwerk vollständig verzichtet werden. Die Druckplatten weisen grundsätzlich eine farbabweisende Oberfläche auf. Nur an den druckenden Stellen wird die Oberfläche der Druckform derart verändert, dass sie ihre farbabweisende Eigenschaft verliert und folglich Farbe annehmen und übertragen kann.

Unabhängig vom verwendeten Prinzip überträgt die eingefärbte Druckform das Bild auf das Gummituch am Gummituchzylinder. Von dort aus wird die Druckfarbe im Zusammenspiel mit dem Druckzylinder auf den Bedruckstoff aufgetragen. Bei diesen Vorgängen ist jedoch nicht gewährleistet, dass jeweils die gesamte aufgetragene Farbe übernommen wird, so dass "rückgespaltene Farbe" als Farbrest auf den Zylindern zurückbleibt.

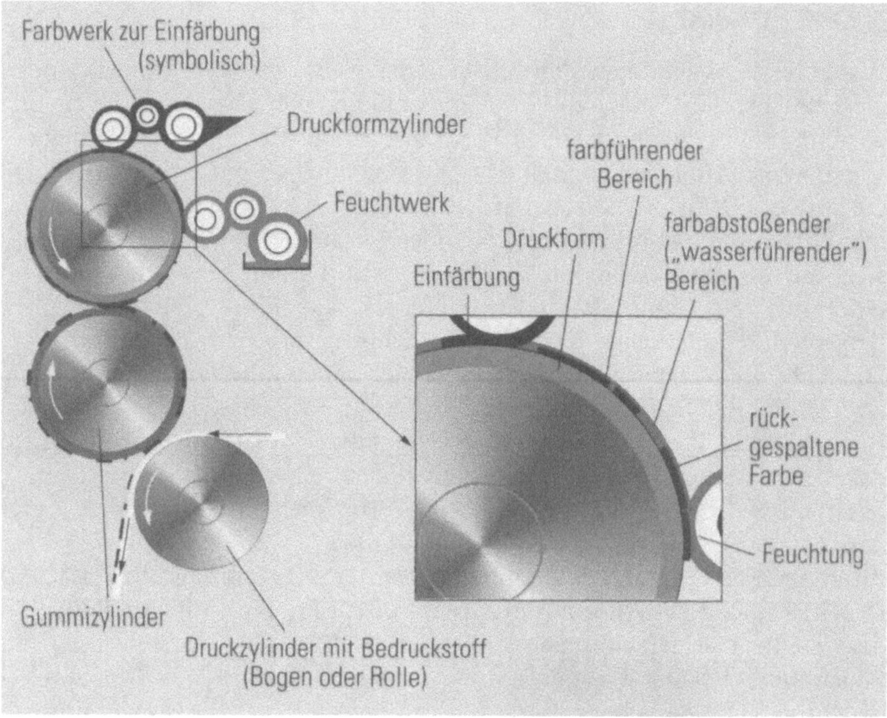

Abb. 58. Offsetdruck, konventionelles Verfahren [Kipphan 2000]

Prinzipiell lässt sich in einem Druckwerk jeweils nur eine Farbe auf den Bedruckstoff übertragen. Folglich sind für farbige Ausdrucke mehrere, hintereinander geschaltete Druckwerke notwendig. Standardmäßig basieren Ausdrucke auf der Verwendung der Farben Zyan, Magenta, Gelb und Schwarz, die gemeinsam das CMYK-Farbmodell bilden. Durch entsprechendes Über- und Nebeneinanderdrucken dieser Farben lassen sich die Druckvorlagen abbilden. Abbildung 59 zeigt Ausschnitte eines Drucks in unterschiedlicher Vergrößerung. Für den Farbdruck sind folglich mit wenigen Ausnahmen mindestens 4 Druckwerke notwendig. Durch den Einsatz von zusätzlichen Druck- bzw. Lackwerken mit Spezialfarben und Lacken können besondere Effekte und Spezialfarben in den Druckmotiven realisiert werden. Natürlich werden auch Druckmaschinen für Druckerzeugnisse angeboten, die auf weniger Farben basieren. Aus den bisherigen Ausführungen wird deutlich, dass innerhalb einer Druckmaschine mit höchster Präzision gearbeitet werden muss, da die kleinsten Abweichungen das Druckergebnis gravierend beeinflussen können. Insbesondere die Abstimmung unter den einzelnen Druckwerken ist von wesentlicher Bedeutung.

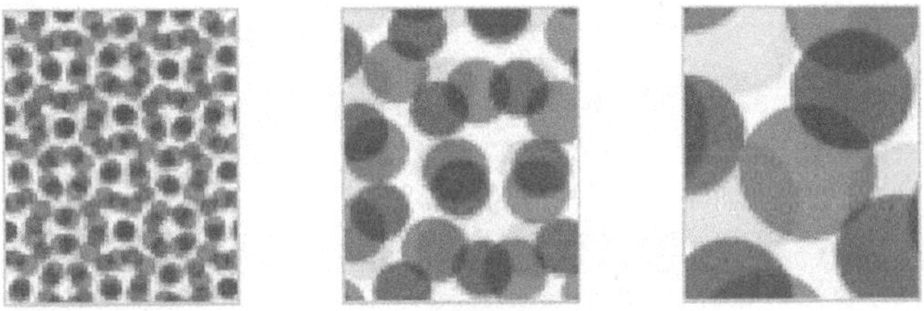

Abb. 59. Über- und Nebeneinanderdruck der Druckfarben [Heidelberg 2006]

Neben den beschriebenen Druck- und Lackierwerken setzt sich eine Bogenoffsetdruckmaschine aus weiteren Bauteilen zusammen. Eine beispielhafte Konfiguration kann Abbildung 60 entnommen werden. Der Anleger stellt im Anlegerstapel die zu bedruckenden Bogen bereit, die in den Druck- und Lackierwerken bedruckt werden. Zwischen den einzelnen Werken und im Ausleger können Trockner, die das Aushärten von Farbe bzw. Lacke sicherstellen, eingesetzt werden. Mittels der Pudereinrichtung werden die Bogen bestäubt, bevor sie im Ausleger gestapelt werden. Damit wird das Verkleben im Auslegerstapel verhindert.

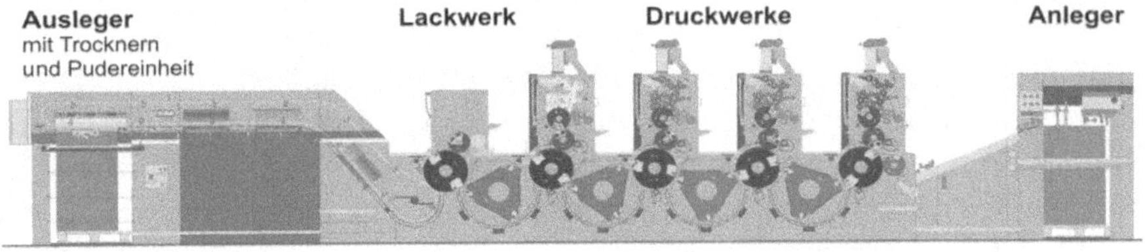

Abb. 60. Beispielhafter Aufbau einer Druckmaschine

Auf Grund der großen Variantenvielfalt und der Tatsache, dass das durchgeführte Projekt nicht die Optimierung eines spezifischen Druckmaschinenmodells zum Ziel hatte, wurde auf die Durchführung einer detaillierten ökologischen Bilanzierung einer Druckmaschine verzichtet. Stattdessen wurde auf vorhandene Daten, die Informationen über den Verbrauch an Hilfs- und Betriebsstoffen sowie über resultierende Abfälle während der Nutzung einer Druckmaschine enthielten (Abbildung 61), zurückgegriffen und Expertenwissen innerhalb des Unternehmens gesammelt. Anlässlich dieser übergeordneten Produktanalyse wurden drei Ansatzpunkte für Verbesserungen ersichtlich.

An erster Stelle musste festgestellt werden, dass die Betrachtungsweisen der Umweltwirkungen einer Druckmaschine zwischen der Abteilung Umwelt & Chemie und den übrigen Entwicklungsabteilungen bisher deutlich voneinander abwichen.

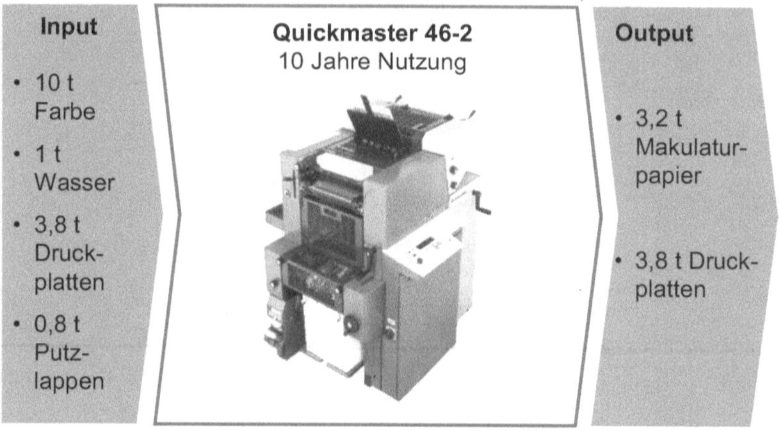

Abb. 61. Nutzungsphase als Schwerpunkt bei langlebigen Investitionsgütern

Die Abteilung Umwelt & Chemie betrachtete die Druckmaschine als ein geschlossenes System im Sinne einer Blackbox. Auf diese Weise konnten absolute Werte für Emissionen, Abfälle und Verbräuche als Input- und Outputströme gewertet und beurteilt werden. Diese Betrachtungsweise eignet sich beispielsweise für den Abgleich zwischen gemessenen Werten und gesetzlich vorgegebenen Grenzen für Emissionen.

Die Produktentwickler hingegen befassen sich in ihren Projekten oftmals mit einzelnen Maschinenkomponenten und Bauteilen. Eine vollständige Neuentwicklung einer Druckmaschine kommt nur selten vor. Folglich ist es für die Produktentwicklung weniger von Bedeutung, die Gesamtsummen von Emissionen und Verbräuchen zu betrachten, wie es die Abteilung Umwelt & Chemie tut, sondern jeweils den Anteil, den das von ihnen zu entwickelnde Bauteil an der Umweltwirkung eines Umweltaspektes hat. Könnten die Umweltaspekte bauteilbezogen betrachtet werden, könnte so auch unmittelbar die Verantwortung für die Umweltwirkung wie in der Rahmenrichtlinie gefordert dem beauftragten Entwicklungsteam zugewiesen werden.

Als zweiter Problembereich ist anzuführen, dass zu Beginn des Projektes nicht eindeutig war, welche Umweltaspekte in die Arbeit mit einbezogen werden und für die Erstellung eines Unterstützungskonzeptes für die Produktentwickler Berücksichtigung finden sollten. Ursache hierfür war, dass die Verantwortlichkeiten der Abteilungen Umwelt und Chemie bzw. Arbeitssicherheit teilweise Überschneidungen aufweisen. Diese Überschneidungen sind insbesondere für Emissionen wie z. B. Lärm, Staub und Gefahrstoffe gegeben, die auf die Arbeitsumwelt einer Druckmaschine einwirken.

Als Drittes fiel bei der Analyse auf, dass Kenntnisse über Zusammenhänge und Abhängigkeiten zwischen einzelnen Umweltaspekten nicht umfassend im Unternehmen verbreitet waren. Diese Kenntnisse sind von Interesse, wenn innerhalb eines Projektes versucht wird, die Umweltwirkung hinsichtlich eines Aspektes zu reduzieren, da eine umweltbezogene Verbesserung in einem Bereich durchaus mit der Verschlechterung in einem anderen Bereich einhergehen kann.

Neben den aufgeführten drei Problembereichen ist festzustellen, dass zusätzlicher Handlungsbedarf darin bestand, den Produktentwicklern die ihnen zukommende Verantwortung für die Umweltwirkung der Maschinen zuzuweisen und die wesentlichen Wirkzusammenhänge zu verdeutlichen.

4.2 Erstellung und Umsetzung des Unterstützungskonzeptes

Auf Basis des abgeleiteten Handlungsbedarfes wurde in der Umsetzungsphase unter Berücksichtigung der ermittelten Anforderungen ein grundlegendes Unterstützungskonzept für die Produktentwickler abgeleitet und daraus durchzuführende Aufgaben definiert.

Das Unterstützungskonzept umfasste die drei Elemente Anpassung der methodischen Unterstützung, Vermittlung von Methodenkompetenz sowie Bereitstellung von Hintergrundwissen. In dieser Dreiteilung spiegelt die Weiter- und Neuentwicklung von Arbeitsmitteln das durch das Projekt verfolgte Hauptziel wider, während die beiden übrigen Punkte die Produktentwickler befähigen und motivieren sollen, die Arbeitsmittel auch anzuwenden.

Die folgenden Abschnitte beschreiben die einzelnen zugehörigen Bausteine des Unterstützungskonzeptes. Die Implementierung und Bereitstellung des Konzeptes für die betriebliche Anwendung wird hingegen in einem eigenen Kapitel (4.3) dargestellt.

4.2.1 Modularisierungsansatz

Wie bei der Beschreibung der produktbezogenen Analyse angeführt, war hinsichtlich der Betrachtung von Umweltaspekten und dem Verständnis von Wirkungszusammenhängen Verbesserungsbedarf gegeben. Zur Behebung der ausgemachten Mängel wurde ein Schema erarbeitet, das in Zukunft als Grundlage für eine einheitliche Betrachtung der Umweltwirkungen einer Druckmaschine bei Heidelberg und für die ökologische Optimierung dienen soll. Der so genannte

Modularisierungsansatz dient der Verdeutlichung der Umweltwirkungen und der Zuweisung von Verantwortung.
Die Druckmaschine wurde in einzelne funktionale Elemente zerlegt, welchen wiederum Umweltaspekte zugeordnet wurden. Auf diese Weise werden die Zusammenhänge zwischen den Bauteilen und den Umweltaspekten verdeutlicht und den Produktentwicklern die Verantwortung zugewiesen, bei der (Weiter-) Entwicklung von Bauteilen die entsprechenden Umweltanforderungen zu berücksichtigen. Für die Abteilung Umwelt & Chemie bedeutet dieser Schritt ein Abwenden von einer Makrobetrachtung, bei der die Druckmaschine als Ganzes in Form einer Blackbox mit allen umweltrelevanten Themen verknüpft war, hin zu einer Mikrobetrachtung, bei der die Inhalte der Blackbox differenziert wurden.
Bei der Ausarbeitung des Modularisierungsansatzes musste im ersten Schritt das System Druckmaschine abgebildet werden. Bei der Aufteilung des Gesamtsystems Druckmaschine in eine funktonale Struktur wurden zwei Regeln angewandt:

- Regel 1:

Die Druckmaschine wird so weit zerlegt, bis durch einen weiteren Differenzierungsschritt keine Zuordnung einzelner Umweltaspekte mehr möglich ist. Beispielsweise spielt beim konventionellen Bogenoffsetdruck der Feuchtmittelzusatz Isopropanol im Druckwerk eine wesentliche Rolle. Eine Zerlegung der Druckmaschine nur auf die Ebene des Druckwerkes erscheint jedoch nicht zweckmäßig, da der Betriebsstoff Isopropanol gezielt der Komponente Feuchtwerk zugeteilt werden kann. Folglich ist das Feuchtwerk als untergeordnete Baugruppe in die Struktur aufzunehmen.

- Regel 2:

Peripheriegeräte, die Druckmaschinen in ihrer Funktion unterstützen, werden der Baugruppe zugeordnet, über die sie mit der Druckmaschine verbunden sind. Die drei Gliederungsebenen sind mit den Überschriften „Maschine“, “Baugruppe“ und “Komponente“ bezeichnet, wobei innerhalb des Projektes ausschließlich das System Druckmaschine betrachtet wurde.

Durch Anwendung der beiden Regeln kam eine Struktur zustande, die auf der mittleren Ebene mit Anleger, Druckwerk, Lackwerk und Ausleger vier Baugruppen aufweist. Zusätzlich ergibt sich ein Bereich, in dem übergeordnete Bauteile gesammelt werden, welche nicht eindeutig einer der vier Baugruppen zugeordnet werden konnten oder in ähnlicher Form an so vielen Stellen zum Einsatz kommen, dass eine separierte Betrachtung zu umständlich erscheint. Eine beispielhafte Darstellung der erfolgten Zerlegung des Systems Druckmaschine ist mit Abbildung 62 gegeben.

Andere Maschinen können bei Bedarf auf die gleiche Weise abgebildet werden.

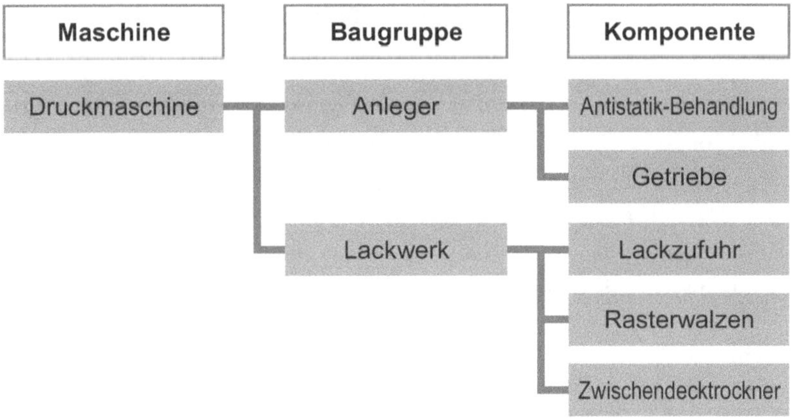

Abb. 62. Funktionale Zerlegung der Druckmaschine (Auszug)

Im zweiten Schritt mussten die zu berücksichtigenden Umweltaspekte identifiziert werden. Auf Basis des geltenden Systems aus Rechtsvorschriften und Normen (Abschnitt 4.1.4.1) sind Aspekte aus den Rechtsgebieten Umweltschutz/Gefahrgut-Transport, Arbeitsschutz und Produktsicherheit als relevant erachtet worden. Einschränkungen wurden dahingehend vorgenommen, dass ausschließlich Aspekte zu berücksichtigen waren, die im Zusammenhang mit Stoffströmen und Schwingungen (z. B. Schallwellen) innerhalb einer Druckmaschine und über deren Systemgrenzen hinweg stehen. Folglich sind Aspekte, die sich beispielsweise auf die Verletzungsgefahr durch mechanische Einwirkungen beziehen, nicht von Bedeutung. Gleiches gilt für Gesichtspunkte der ergonomischen Gestaltung von Bauteilen und Bedienungselementen. Neben den genannten Rechtsgebieten basieren weitere relevante Aspekte auf dem Wirtschaftlichkeitskriterium. Hierbei wird das Augenmerk sowohl auf Heidelberg als Produktanbieter als auch auf deren Kunden, die Druckereien, gelegt. Für diese Anforderungen sind zum Teil keine formalen Rechtsquellen vorhanden. Als Beispiel seien Prüfgrundsätze für die Erlangung bestimmter berufsgenossenschaftlicher Zertifikate wie das Zertifikat "Emission geprüft" genannt.

Als Ergebnis wurde eine dreistufig gegliederte Liste an relevanten Umweltaspekten erhalten. Auf der oberen Ebene werden die grundlegenden Aspekte behandelt, in den untergeordneten Stufen erfolgt eine detaillierte Betrachtung spezifischer Aspekte. Beispiele für die Umweltaspekte enthält Abbildung 63.

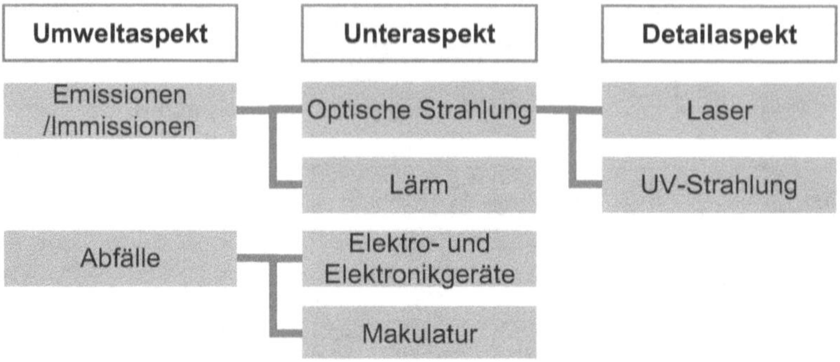

Abb. 63. Umweltaspekte von Druckmaschinen (Auszug)

Nachdem das System Druckmaschine definiert und in seine umweltrelevanten Bauteile zerlegt sowie die zu beachtenden Umweltaspekte definiert worden waren, mussten diese beiden Informationsbestände nun miteinander kombiniert werden. Das heißt es musste eine Zuordnung der Umweltaspekte zu den Bauteilen erfolgen, bei deren Entwicklung diese Aspekte zu berücksichtigen sind, um umweltgerechte Produkte zu erreichen.

Die Zuordnung erfolgte in einer gemeinsamen Gesprächsrunde mit der Umweltabteilung von Heidelberg. Hierbei wurden einige Umweltaspekte wie z. B. Abfälle von Elektro- und Elektronikgeräten allen Bauteilen zugeordnet, um die Bedeutung für die gesamte Druckmaschine zu verdeutlichen. Entsprechendes gilt für den Aspekt Emissionen /Immissionen - wassergefährdende Stoffe. Mit diesem Schritt wird der Tatsache Rechnung getragen, dass an sehr vielen Stellen der Druckmaschine z. B. Schmierstoffe zum Einsatz kommen und dass eine grundlegende Sensibilisierung der Produktentwickler für diese Thematik erreicht werden soll. Insgesamt wurden ca. 550 Beziehungen identifiziert und in den Modularisierungsansatz übernommen. Somit können einerseits für alle Umweltaspekte die verursachenden Komponenten identifiziert werden. Die Verantwortung für die Umweltwirkung kann so den Entwicklern der jeweiligen Komponenten und Bauteile zugewiesen werden. Aus dem Blickwinkel der Produktentwickler betrachtet sind diese andererseits durch den Modularisierungsansatz nun in der Lage, schnell die für sie relevanten Umweltaspekte zu ermitteln.

Neben einer tabellarischen Darstellung lässt sich der Modularisierungsansatz auch in Form einer MindMap abbilden. Vorteil an dieser Darstellungsform ist, dass darin auch Zusammenhänge zwischen unterschiedlichen Umweltaspekten deutlich werden. Diese Zusammenhänge können sich auf zwei Arten zeigen: Einerseits weist die

Tatsache, dass zwei Umweltaspekte dem gleichen Ast der MindMap, also dem gleichen Bauteil, zugeordnet sind, auf mögliche Abhängigkeiten hin. Andererseits treten einzelne Umweltaspekte an verschiedenen Ästen, also Bauteilen, auf. Diese Querverbindungen können Abhängigkeiten bzw. Wechselwirkungen zwischen den Bauteilen implizieren. Durch die Darstellung in Form einer MindMap kann also auch das Verständnis der Produktentwickler für Abhängigkeiten innerhalb der Druckmaschine gefördert werden (vgl. Abbildung 64).

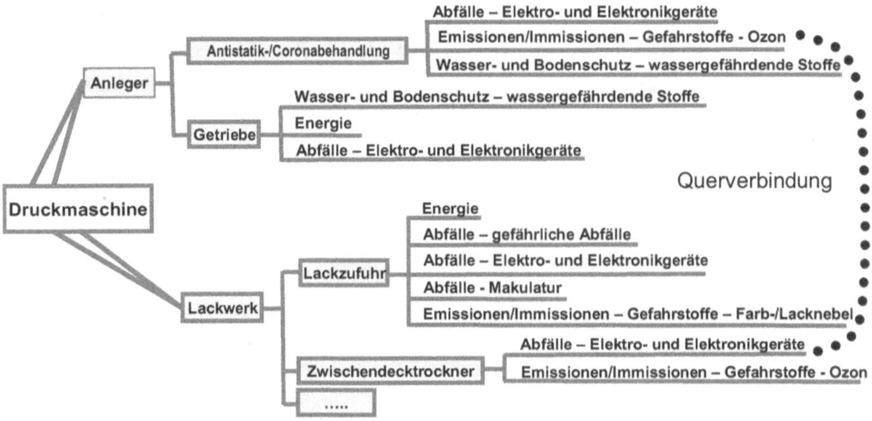

Abb. 64. MindMap zum Modularisierungsansatz (Ausschnitt)

Über die Darstellung der Maschinenstruktur und der zugeordneten Umweltaspekte hinaus wurde bei der Konzepterstellung angedacht, in einer weiteren Ebene zusätzlich gesetzliche Anforderungen, die unternehmerischen Umweltziele und mögliche Beispiele für gute Lösungen in den Modularisierungsansatz zu integrieren. Darauf wurde jedoch zugunsten der Übersichtlichkeit und Aufwandsreduzierung verzichtet. Stattdessen wurden die genannten Elemente über getrennte Arbeitsmittel in das Unterstützungskonzept eingebracht.

4.2.2 Optimierung und Neuentwicklung von Arbeitsmitteln

Wie bei den Ausführungen zur Analyse der methodischen Unterstützung beschrieben, wurde durch die Anwendung der Basisstruktur Handlungsbedarf für die überschlägige Beurteilung der Umweltwirkung eines Produktes, das Ermitteln und Aufstellen umweltbezogener Anforderungen an Produkte sowie die ökologische Risikoanalyse abgeleitet. Zusätzlich wurde bei der Konzeption des

Modularisierungsansatzes die Bereitstellung von vorhandenen Lösungen gefordert.

Zur Umsetzung dieser Wünsche wurden die in den folgenden Abschnitten beschriebenen Arbeitsmittel entworfen bzw. überarbeitet. Hierbei wurde zum Teil auf existierende Methoden zurückgegriffen, aber auch Ansätze anderer Unternehmensabteilungen wurden aufgenommen.

4.2.2.1 House of Environment

Das House of Environment stellt eine direkte Ergänzung des Modularisierungsansatzes dar. Während in Letzterem nur grundsätzliche Aussagen getroffen werden, ob eine Komponente Anteil an einem Umweltaspekt hat, kann mit dem House of Environment zusätzlich deren Bedeutung für Umweltbeeinträchtigungen herausgestellt werden. Das House of Environment dient der systematischen Ermittlung von ökologischem Verbesserungspotential und gleicht dieses mit dem zu erwartenden Aufwand ab. Mit dieser Abwägung lassen sich Strategien für ein gezieltes Vorgehen in der Produktentwicklung ableiten und die verfügbaren Ressourcen auf die wichtigen und dringlichen ökologischen Verbesserungen fokussieren.

Das House of Environment lehnt sich an die Systematik des House of Quality eines Quality Function Deployment (QFD) an, mit dem Kundenforderungen auf Produkteigenschaften heruntergebrochen werden können.

	Umweltauswirkung	gesetzliche Regelung	Mittelwert	Anleger - Getriebe	Anleger -Antistatik-Behandlung	Lackwerk - Lackzufuhr	Lackwerk - Rasterwalzen	Lackwerk - Zwischendecktrockner	Druckwerk - Feuchtwerk	Druckwerk - Wascheinrichtung	.....
Ozon											
Makulatur											
Lärm											
Farb-/Lacknebel											
.....											
Umweltrelevanz Summe											
Umweltrelev. normiert											
Technol. Verbesser.-pot.											
Einflussmögl. d. Entw.											
Verbesserungspotential											
Verbesser.-pot. norm.											

Abb. 65. Matrix des House of Environment

Das Arbeitsmittel wurde projektbegleitend entwickelt, wobei eine sehr ähnliche Anwendung auch im Rahmen des Projekts bei Hilti (Kapitel 1.4.3.2) entstanden ist. Das Arbeitsmittel basiert auf der in Abbildung 65 gezeigten Matrix, in der Bauteile und Umweltaspekte gegenübergestellt werden, und umfasst die im Folgenden beschriebenen Schritte.

1. Aufstellen aller relevanten Umweltaspekte des zu analysierenden Produktes und Gewichtung dieser nach ihrer ökologischen Bedeutung. Bei Heidelberg kann diese Aufstellung der Umweltaspekte aus dem Modularisierungsansatz entnommen werden. Die Gewichtung setzt sich aus zwei Werten zusammen:
   - Die Umweltwirkung stellt eine Einschätzung dar, welche Bedeutung das Unternehmen einem Umweltaspekt beimisst.
   - Die gesetzliche Regelung bewertet die Relevanz des Umweltaspektes unter dem Fokus der Gesetzgebung. Existieren gesetzliche Regelungen oder wird an einer Neuregelung gearbeitet? Werden konkrete Grenzwerte vorgegeben, etc.?

   Für beide Spalten stehen die Werte 1 → "niedrig", 2 → "mittel" und 3 → "hoch" zur Verfügung. Der Mittelwert der beiden Spalten ergibt die Gewichtung des Umweltaspektes.
2. Beurteilung des eigenen Produktes hinsichtlich der Umweltaspekte und Einholen bzw. Aufstellen von Benchmarks z. B. durch den Vergleich mit fremden Produkten sowie Festlegen eines Zielwertes.
3. Analyse der Produktstruktur: Um die "Umwelttreiber" innerhalb einer Maschine bzw. eines Produktes ermitteln zu können, ist es notwendig, das Produkt in funktionale Baugruppen und Teile aufzuschlüsseln. Diese Struktur kann bei Heidelberg ebenfalls dem Modularisierungsansatz entnommen werden.
4. Einschätzung der Verbesserungsmöglichkeiten zur Minderung der Umweltwirkung eines Bauteils: Auch diese Größe wird als Mittelwert aus zwei unterschiedlichen Werten für jedes Bauteil berechnet.
   - Das technologische Verbesserungspotential beinhaltet eine Aussage, ob ein Bauteil besonders ausgereift ist oder ob noch wesentliche Verbesserungen möglich erscheinen.
   - Die Einflussmöglichkeit durch die Entwickler hängt z. B. davon ab, ob es sich um ein selbst produziertes oder ein Zukaufteil handelt und ob gegebenenfalls ein Einfluss auf den Zulieferer möglich ist.

   Zur Beschreibung der genannten Aspekte steht ebenfalls die beschriebene Werteskala zur Verfügung.
5. Einschätzen des Einflusses der Bauteile auf die Umweltaspekte und Gewichten der Werte: Für jeden Umweltaspekt wird nun geprüft,

welche Bauteile für seine Entstehung verantwortlich sind. Bauteile, die maßgeblich an einem Umweltaspekt beteiligt sind, erhalten den Wert 3. Besteht kein Zusammenhang zwischen einem Bauteil und einem Umweltaspekt, wird die entsprechende Zelle der Matrix mit einer Null ausgefüllt bzw. leer gelassen. Im Anschluss werden die eingetragenen Werte mit dem Wert für die ökologische Bedeutung multipliziert und in die Matrix eingetragen.

6. Berechnung der Umweltrelevanz der Bauteile: Die für jede Zelle der Matrix berechneten gewichteten Werte werde spaltenweise für die Bauteile aufsummiert. Die Summen stehen für die Umweltrelevanz der Bauteile. Bauteile mit hohen Werten haben besonders großen Einfluss auf die Umweltwirkung der gesamten Maschine, während Bauteile mit kleinen Werten nur einen geringen Einfluss haben sollten.
7. Normierung der Umweltrelevanz und des Verbesserungspotentials. Die in der Matrix ermittelten Werte sind in einem weiteren Schritt auf den Wertebereich 0 bis 1 zu normieren, wobei den höchsten Werten bei der Transformation der Wert 1 zugeordnet werden sollte.
8. Abbildung in einem Strategieportfolio: Die normierten Werte können für jedes Bauteil in dem in Abbildung 66 gezeigten Portfolio eingetragen werden.

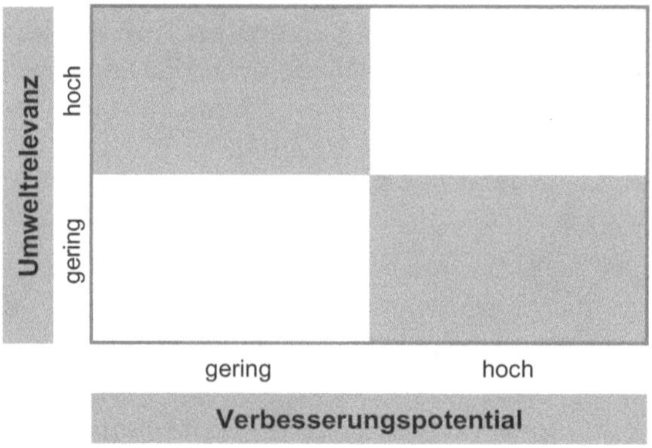

Abb. 66. Portfolio-Darstellung des House of Environment

Aus der Position innerhalb des Portfolios lassen sich standardisierte Strategien für die Bauteile ableiten. Vorschläge hierfür sind in Tabelle 16 enthalten.

Das House of Environment stellt folglich eine strategische Entscheidungshilfe dar, mit welcher Prioritäten in der Bearbeitung von Bauteilen und Komponenten zur Verbesserung der Umweltwirkung einer Maschine definiert werden können.

Tabelle 16. Standardisierte Strategien des House of Environment

Position des Bauteils im Portfolio	Strategien
Hohe Umweltrelevanz hohes Verbesserungspotential	– deutliche Verbesserung der Umweltwirkung bei geringem Aufwand möglich – Bauteile können und sollten kurzfristig verbessert werden
Hohe Umweltrelevanz niedriges Verbesserungspotential	– deutliche Verbesserung der Umweltwirkung nur bei bedeutendem Aufwand möglich – Bauteile sind nicht ohne Weiteres zu verbessern, eine bewusste Bearbeitung der Thematik sollte jedoch bei Vorhandensein ausreichender Ressourcen vorgenommen werden, da sie aus Umweltsicht sinnvoll ist
Niedrige Umweltrelevanz hohes Verbesserungspotential	– geringfügige Verbesserung der Umweltwirkung mit geringem Aufwand möglich – Bauteile können bei Vorhandensein ausreichender Ressourcen eingeschoben werden, da sie kleine schnelle Erfolge ermöglichen und keines großen Aufwands bedürfen, die Umweltwirkung ist jedoch gering
Niedrige Umweltrelevanz niedriges Verbesserungspotential	– geringfügige Verbesserung der Umweltwirkung nur mit bedeutendem Aufwand möglich – Bauteile sollten erst dann hinsichtlich ihrer Umweltwirkung optimiert werden, wenn Ressourcen frei sind und alle übrigen Optionen ausgeschöpft wurden

Darüber hinaus ist auch eine operative Verwendung des Arbeitsmittels bei Heidelberg angedacht. In einem ersten Schritt können die Produktentwickler einem für eine ganze Druckmaschine ausgefüllten House of Environment entnehmen, ob das von ihnen bearbeitete Bauteil relevant für die Umweltwirkung ist. Zusätzlich können sie aus der entsprechenden Spalte der Matrix schließen, auf welche Umweltaspekte sie bei ihrer Arbeit besonders achten müssen. Alternativ können die Produktentwickler für die von ihnen betrachtete Komponente auch ein eigenes House of Environment ausfüllen, um auf untergeordneter Ebene die "Umwelttreiber" innerhalb der Baugruppe zu ermitteln und so den

Fokus auf die umweltbezogenen einflussreichsten Bauteile legen zu können.

4.2.2.2 EcoSpec

Als zweites Arbeitsmittel wurde eine generische Anforderungsliste mit dem Titel EcoSpec vorbereitet, welche die Produktentwickler über die für sie relevanten Umweltanforderungen informieren soll. Die Bezeichnung ist aus den englischen Vokabeln ecological specifications zusammengesetzt, was ins Deutsche übersetzt soviel wie "ökologisches Lastenheft" heißt. In Abhängigkeit von den zu bearbeitenden Bauteilen liefert EcoSpec den Entwicklern eine Liste verbindlicher Grenzwerte und sonstiger umweltbezogener Anforderungen für die jeweils relevanten Umweltaspekte zurück.

Das Arbeitsmittel greift hierzu auf die Daten des Modularisierungsansatzes zurück. Durch zusätzliche Verknüpfungen ordnet es den einzelnen Umweltaspekten Umweltanforderungen zu. Zur Erstellung des Arbeitsmittels mussten folglich alle relevanten Quellen für umweltbezogene Anforderungen recherchiert und ausgewertet werden. Die enthaltenen Anforderungen wurden den Umweltaspekten zugeordnet. Zusätzlich wurden die Quellen dieser Anforderungen notiert und in die Datensammlung integriert. Bei der Anwendung von EcoSpec für das zu entwickelnde Bauteil erhalten die Produktentwickler so eine Auflistung der zu berücksichtigenden Umweltanforderungen einschließlich ergänzender Angaben wie Verweise auf die Quelle der Anforderung (Paragrafen, Artikel, etc.) und erklärende Hinweise zur Wirkungsweise der Umweltaspekte.

4.2.2.3 Sensibilisierungstool

Das Sensibilisierungstool entspricht einer grafischen Umsetzung des Arbeitsmittels EcoSpec und ist für die Nutzung im Intranet von Heidelberg gedacht. Es ist ein informierendes und motivierendes Arbeitsmittel und stellt eine Abbildung einer Druckmaschine dar, an der die verschiedenen Baugruppen und Bauteile – übernommen aus dem Modularisierungsansatz – aktiviert werden können. Bei Auswahl eines Bauteils werden die zugeordneten Umweltaspekte angezeigt. Auf diese Weise können interessierte Produktentwickler die Druckmaschine erkunden und sich über die Zusammenhänge zwischen den Bauteilen und den Umweltaspekten informieren. Zusätzlich kann durch eine Volltextsuche auch der entgegengesetzte Einstieg in die Druckmaschine gewählt werden. Bei einer Suche nach einem spezifischen Umweltaspekt werden dem

Produktentwickler alle Bauteile und Komponenten angezeigt, die mit diesem Aspekt in Zusammenhang stehen. Abbildung 67 zeigt einen Screenshot des Sensibilisierungstools.

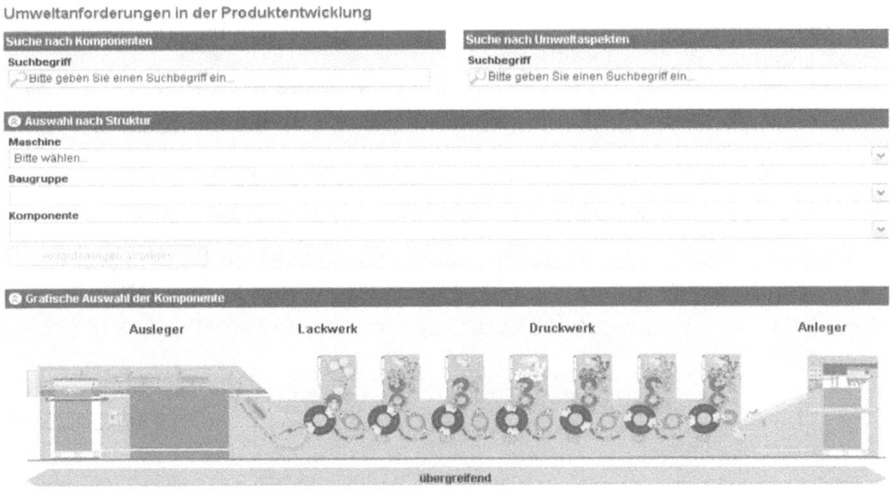

Abb. 67. Screenshot des Sensibilisierungstools

4.2.2.4 RiskMan Umwelt

Das Arbeitsmittel RiskMan Umwelt stellt die Optimierung bzw. Erweiterung eines bereits bestehenden Arbeitsmittels von Heidelberg dar. Ausgehend vom Bedarf nach einem Arbeitsmittel, mit dem Umweltrisiken beurteilt werden können, wurde in Betracht gezogen, die Methode Failure Mode and Effects Analysis (FMEA) zur Beurteilung ökologischer Risiken von Druckmaschinen im Produktentwicklungsprozess zu nutzen. Die eigentliche Methode FMEA ist bei Heidelberg aber auf Grund ihrer Komplexität und des bedeutenden Aufwands wenig verbreitet. Stattdessen wurde vom Qualitätsmanagement in den vergangenen Jahren ein auf den Prinzipien der FMEA basierendes Arbeitsmittel mit dem Namen RiskMan konzipiert und schrittweise in die Projektarbeit eingeführt.

Das Arbeitsmittel RiskMan verzichtet auf die Verwendung der gängigen Formblätter für die FMEA. Stattdessen kommt eine MindMapping-Software zum Einsatz: In einer Dateivorlage für das Programm sind wesentliche Fragestellungen systematisch gegliedert festgehalten, die bei einer Risikoanalyse durch die Produktentwickler berücksichtigt werden müssen. Anstelle der bei der FMEA üblichen Risikoprioritätszahl kommt ein Ampelsystem mit den Farben Rot (hohes Risiko), Gelb (mittleres

Risiko) und Grün (geringes Risiko) zur Anwendung. Bei der Risikoanalyse muss für die gesammelten Fragestellungen durch die Produktentwickler jeweils eine Risikostufe vergeben werden. Treten innerhalb des ausgefüllten MindMaps gelbe oder rote Zweige auf, sind Maßnahmen zur Verminderung des entsprechenden Risikos durchzuführen.

Mit dem Ziel, im Unternehmen vorhandene Methodenkompetenz zu nutzen, wurde im Rahmen des Transferprojektes beschlossen, die "Umwelt-FMEA" in das Arbeitsmittel RiskMan zu integrieren. Ausgehend von dem vorliegenden Konzept wurde eine ergänzende RiskMan-Vorlage (Abbildung 68)entwickelt, die der Analyse der Umweltrisiken dient. Als Fragestellungen wurden die für den Modularisierungsansatz identifizierten Umweltaspekte übernommen. So können die Produktentwickler mit einem ihnen vertrauten Arbeitsmittel eine Einschätzung der ökologischen Risiken vornehmen und gegebenenfalls Gegenmaßnahmen in die Wege leiten.

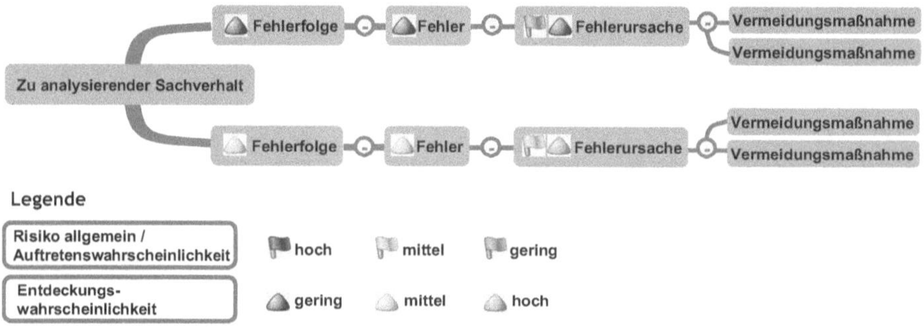

Abb. 68. Vorlage RiskMan Umwelt (Ausschnitt)

4.2.3 Zuordnung der Arbeitsmittel zu Prozessschritten

Nach der Erstellung und Optimierung von Arbeitsmitteln musste zur Umsetzung des Unterstützungskonzeptes abschließend die Zuordnung der Arbeitsmittel zu spezifischen Aufgaben, also zu den einzelnen Prozessschritten innerhalb der Projektphasen vorgenommen werden. Diese Zuordnung wurde in Absprache mit der Abteilung Umwelt & Chemie durchgeführt. Hierdurch sollte sichergestellt werden, dass die Produktentwickler durch das Unterstützungskonzept direkt ein geeignetes Arbeitsmittel aufgezeigt bekommen. Es ist anzumerken, dass einzelne Arbeitsmittel nicht zwingend nur einem Prozessschritt zugeordnet werden können. So kommt es auch vor, dass ein Arbeitsmittel im Produktentwicklungsprozess mehrfach zur Anwendung kommen kann. Ergänzungen bzw. Änderungen der vorgenommenen Zuordnung können auf Basis von Erfahrungen in der Anwendung der Arbeitsmittel im "laufenden Betrieb" vorgenommen werden.

4.3 Bereitstellung und Implementierung

Nach der Konzipierung und Erstellung des Unterstützungskonzeptes musste dieses abschließend in die tägliche Arbeit der Produktentwickler integriert werden. Dies bedeutet, dass der Zugriff auf die entwickelten Arbeitsmittel ermöglicht und das notwendige Wissen zur Anwendung der Arbeitsmittel zugänglich gemacht werden musste. Hierbei muss zwischen der Vermittlung der allgemeinen Methodenkompetenz zur theoretischen Anwendung der Arbeitsmittel und zusätzlichem ökologischem Hintergrundwissen aus der Praxis unterschieden werden.

4.3.1 Umsetzung in einem Intranetportal

Mit Bezug auf den Titel "Integrierte Arbeitsmittel für die Entwickler umweltgerechter Investitionsgüter" des Transferprojektes wurde für die Bewältigung der genannten Aufgaben ein Intranetportal entwickelt, das mit seinen umfangreichen Funktionen die beiden Aufgabenbereiche abdeckt und somit einen ganzheitlichen Lösungsansatz darstellt. Zusätzlich umfasst es die Inhalte der bisherigen Intranetseiten der Abteilung Umwelt & Chemie, um einen einheitlichen Auftritt der Abteilung und eine zusammenhängende Pflegemöglichkeit zu gewährleisten.

Bei der Programmierung wurde zur Integration dynamischer Inhalte neben einer Datenbankanbindung über die Skriptsprache PHP auch Ajax (Asynchronous JavaScript and XML) verwendet. Ajax ermöglicht es, nur Teile einer Webseite zu aktualisieren, ohne die ganze Seite neu Laden zu müssen. Hierdurch ist eine schnelle Reaktion auf Benutzereingaben möglich. Die jeweils benötigten Daten können bedarfsgerecht vom Server abgefragt und bereitgestellt werden [Crane et al. 2006, S. 29 ff.].

Zur Erreichung einer hohen Akzeptanz des Portals bei den Produktentwicklern und zur Verdeutlichung, dass der produktbezogene Umweltschutz kein Sonderthema darstellt, sondern als gleichrangig mit den übrigen Zielen gilt, wurden für das Design des Portals die bestehenden Vorlagen von Heidelberg für Intranetseiten übernommen. Abbildung 69 zeigt einen Screenshot der Startseite des Portals.

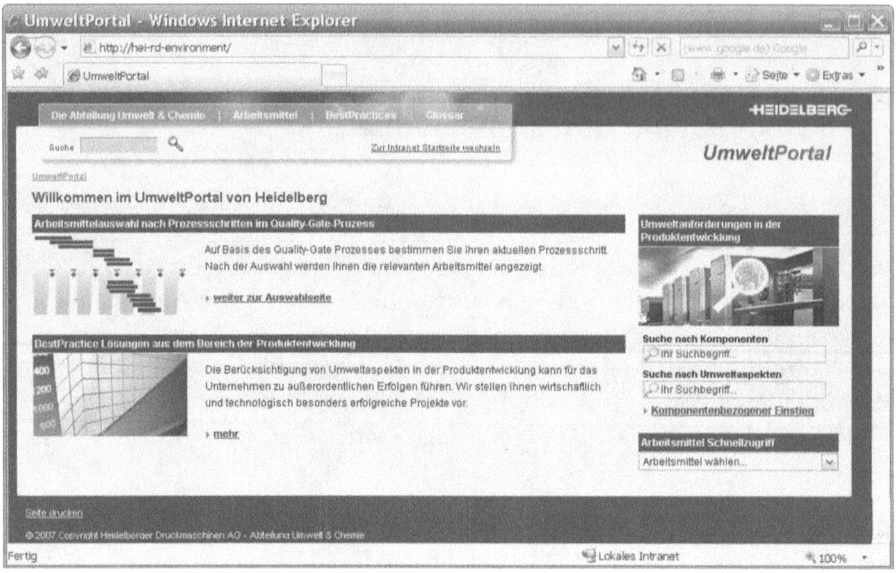

Abb. 69. Screenshot der Startseite des Umweltportals

Wesentliches Anliegen innerhalb des Transferprojektes war, der Abteilung Umwelt & Chemie zu ermöglichen, das Unterstützungskonzept bzw. dessen Umsetzung im Unternehmen nach Projektabschluss in Eigenregie pflegen und weiterentwickeln zu können. Aus diesem Grund wurde zur Umsetzung des Portals die Verwendung eines Content-Management-Systems gewählt. Content-Management-Systeme ermöglichen, dass auch Personen, die nicht für die Gestaltung und Programmierung von Internet-Inhalten ausgebildet sind, vergleichbar der Nutzung eines Textverarbeitungsprogramms, Internet- bzw. Intranetseiten gestalten und mit Inhalten füllen können [Büchner et al. 2001, S. 90 ff.]. Für das Projekt wurde das Content-Management-System Typo3 gewählt, da es sich um ein ausgereiftes System handelt, welches jedoch nicht an die Zahlung einer Lizenzgebühr gebunden ist (Opensource).

4.3.2 Evaluation des Portals

Um zu vermeiden, dass das entwickelte Umweltportal fehlerbehaftet bei Heidelberg bereitgestellt wird und so die Akzeptanz bei den Produktentwicklern gefährdet, wurde das Portal ausführlich evaluiert. Hierzu wurden Mitarbeiter und Studenten, die bisher nicht in das Projekt eingebunden waren, mittels schriftlicher Anweisungen gebeten, sich einen

Überblick über das Portal zu machen und spezifische Aufgaben auszuführen. Die Beurteilung des Portals wurde mit Fragebögen und persönlichen Gesprächen während der Evaluation ermittelt.

Gegenstand der Beurteilung waren die grafische Gestaltung bezüglich Design und Bedienfreundlichkeit, die Struktur des Portals hinsichtlich Aufbau der Gliederungsebenen und Navigationsstruktur sowie die Funktionalität des Content-Management-Systems zur Pflege des Portals. Auf Basis der ausgewerteten Fragebögen und der persönlichen Rückmeldungen wurden ermittelte Fehler und Unklarheiten beseitigt sowie ausgewählte Verbesserungsvorschläge eingearbeitet.

4.3.3 Bereitstellung beim Unternehmen

Die Bereitstellung des Portals im Intranet von Heidelberg wurde in zwei Schritten vorgenommen. Im ersten Schritt mussten in Zusammenarbeit mit der entwicklungsinternen IT-Abteilung die technischen Voraussetzungen geschaffen werden. Es wurde beschlossen, die für das Portal notwendige Datenbank als Oracle-Anwendung aufzusetzen, da im Unternehmen bereits Anwendungen dieses Systems bestanden und entsprechende Kenntnisse vorhanden waren. Zusätzlich wurde das Content-Management-System auf dem Server eingerichtet sowie Intranetadressen reserviert bzw. vergeben.

In einem zweiten Schritt wurde das Portal auf den Server bei Heidelberg überspielt. Um sicherzustellen, dass kein Intranetbenutzer auf das Portal zugreifen konnte, solange es noch nicht vollständig mit Inhalten gefüllt und alle Funktionalitäten sichergestellt waren, wurde ein Passwortschutz eingerichtet. Auf diese Weise konnten sich die befugten Personen wie z. B. die späteren Administratoren und Vorgesetzten bereits mit dem Portal vertraut machen. Die Freischaltung des Portals für die Allgemeinheit sollte nach Sicherstellung der vollständigen Nutzbarkeit des Portals erfolgen. Individuelle Schulungen und Trainings sollten die zukünftigen Nutzer des Portals und der eingebundenen Arbeitsmittel für deren zielgerichtete Verwendung vorbereiten.

4.3.4 Anpassung der Geschäftsprozesse

Zur vollständigen Implementierung des Unterstützungskonzeptes bei Heidelberg mussten abschließend die entsprechenden Geschäftsprozesse der Produktentwicklung und der übrigen involvierten Bereiche angepasst werden. Wesentlicher Gegenstand war hierbei das Produktlebenslauf-Management bzw. die darin enthaltenen Quality Gates. Während vor dem

Transferprojekt die Umweltabteilung zu den Quality Gates zwei und fünf einzubinden war, ist im neuen Prozess vorgesehen, dass das ökologische Produktreview bereits zu Quality Gate vier stattfindet. So soll gewährleistet werden, dass bei Nichteinhaltung ökologischer Anforderungen entsprechende Nacharbeiten möglich sind und dennoch nicht die Markteinführung verschoben werden muss. Zusätzlich wird bereits zum Quality Gate auf die Verpflichtung zur Erfüllung der ökologischen Anforderungen hingewiesen, um die kontinuierliche Berücksichtigung der Thematik im Entwicklungsprozess zu gewährleisten.

4.3.5 Zukünftige Entwicklung

Bezüglich einer Weiterentwicklung des Unterstützungskonzeptes bzw. des Umweltportals nach Abschluss des Transferprojektes sind mehrere Optionen denkbar. Voraussetzung für eine erfolgreiche Anwendung der methodischen Unterstützung und für das Erreichen der Umweltziele auf Produktebene ist eine kontinuierliche Pflege des Portals. An erster Stelle steht hierbei, die Datenbasis auf einem aktuellen Stand zu halten. Dies bedeutet, dass insbesondere gesetzliche Änderungen in die Datenbanken eingearbeitet werden müssen und mögliche Änderungen in der Struktur der Druckmaschine bzw. der Zuordnung von Umweltaspekten zu aktualisieren sind. Als Ergänzung ist denkbar, auch vergleichbare Strukturen für weitere Geräte z.B. aus der Druckvorstufe oder für die Weiterverarbeitung von Druckerzeugnissen bereitzustellen.

Eine sehr umfassende Erweiterung des Unterstützungskonzeptes bestände darin, nicht nur die Arbeitsmittel zur Entwicklung umweltgerechter Produkte, sondern alle übrigen Arbeitsmittel für die Produktentwicklung in das Konzept einzubinden und über das Portal zugänglich zu machen. Auf diese Weise könnte gewährleistet werden, dass die Produktentwickler nur noch auf eine Quelle zurückgreifen müssten. Darüber hinaus könnten so möglicherweise Synergien in der Anwendung von Arbeitsmitteln aus verschiedenen Themengebieten genutzt werden.

4.4 Erkenntnisse

Aus dem Transferprojekt bei Heidelberg lassen sich zwei unterschiedliche Arten von Erkenntnissen für die Einführung von EcoDesign in Unternehmen ableiten. Auf der einen Seite können Aussagen getroffen werden, welche die Durchführung des Einführungs-Projektes betreffen, und auf der anderen Seite kann eine produktbezogene Empfehlung formuliert werden, die insbesondere auf die Investitionsgüterbranche anzuwenden ist. Eine Zusammenfassung der projektbezogenen Handlungsempfehlungen enthält der Leitfaden zur Einführung von EcoDesign in Kapitel 7.

Mit Bezug auf die Komplexität vieler Investitionsgüter ist anzumerken, dass für die Einführung des EcoDesign-Gedankens in die Produktentwicklung eines Unternehmens ein umfassendes Verständnis der umweltbezogenen Wirkzusammenhänge des Produktes unabdingbar ist. Bei aufwändigen Produkten ist selten nur eine einzige Baugruppe für die Umweltwirkung des Produktes verantwortlich. Vielmehr entstehen durch das Zusammenwirken mehrerer Komponenten komplexe Abhängigkeiten. Daher ist es von wesentlicher Bedeutung, die Hauptstellschrauben zur ökologischen Optimierung zu identifizieren. Bei Heidelberg wurde hierfür der Modularisierungsansatz in Verbindung mit dem House of Environment entwickelt. Nur so werden Produktentwickler befähigt, kausale Zusammenhänge zwischen einzelnen Komponenten und der Umweltwirkung der gesamten Druckmaschine nachzuvollziehen und bestmöglich zu beeinflussen.

4.5 Literatur

[Berger 2004] Berger, B.: Modularisierung von Wissen in der Produktentwicklung. Ein Beitrag zur einheitlichen Aufbereitung und individuellen Nutzung in Lehre und Praxis, VDI-Verlag: Düsseldorf 2004

[Crane et al. 2006] Crane, D.; Pascarelle, E.; James, D.: Ajax in Action. Das Entwicklerbuch für das Web 2.0. München; Addison-Wesley: 2006.

[Büchner et al. 2001, S. 90 ff.] Büchner, H.; Zschau, O.; Traub, D.; Zahradka, R.: Web Content Managment. Websites professionell betreiben. Bonn; Galileo Press 2001.

[DIN EN ISO 14001] DIN Deutsches Institut für Normung e.V.: DIN EN ISO 14001: 2004. Umweltmanagementsysteme - Anforderungen mit Anleitung zur Anwendung, Beuth: Berlin 2004.

[Heidelberg 2006] Heidelberger Druckmaschinen AG (Hrsg.): Heidelberger Druckmaschinen. Ein Unternehmensprofil. Verfügbar im Internet unter http://www.heidelberg.com/wwwbinaries/bin/files/dotcom/de/about_us/company_profile_ger.pdf; Stand 01.08.2007

[Kipphan 2000] Kipphan, H.: Handbuch der Printmedien. Technologien und Produktionsverfahren, Springer: Berlin, Heidelberg 2000

[Rautert o. J.] Rauter, J.: Produkt Lifecycle Management (PLM) bei Heidelberg: Schnell und dennoch marktreif entwickeln. Heidelberger Druckmaschinen AG (Hrsg.); Heidelberg. Verfügbar im Internet unter http://www.heidelberg.com/ww/html/de/content/articles/press_lounge/trade_articles/contributions_by_topic/r_and_d_plm?contentid=217433; Stand 01.08.2007.

[Schreier 2004] Schreier, B.: Umweltpolitik. Leitlinie zu Umweltschutz, Arbeitsschutz und Produktsicherheit. Heidelberger Druckmaschinen AG (Hrsg.); Heidelberg 2004. Verfügbar im Internet unter http://www.heidelberg.com/www/html/de/content/articles/about_us/environment/environmental_policy?msgId =3280256824872; Stand 01.08.2007.

5 Life Cycle Design auf Basis von Standardsoftwaresystemen

Teilprojekt C5
Benjamin Kuhrke, Stefan Feickert, Pamela Stöcker, Katharina Melk, Frank-Dieter Clesle, Erik Bachmann

5.1 Einleitung

Projektpartner des Instituts für Produktionsmanagement, Technologie und Werkzeugmaschinen (PTW) und des Fachgebiets Datenverarbeitung in der Konstruktion (DiK) der TU Darmstadt war die TechniData AG, einer der führenden Anbieter von Compliance-Management-Lösungen[8] für Industrieunternehmen verschiedener Branchen, wie z. B. Automotive, High-Tech, Chemie und Consumer Products. Die TechniData AG bietet Compliance Solutions in den Themenfeldern Product, Environmental, Chemical und Health & Safety an (Tabelle 17).

Die Compliance-Prozesse werden in die Materialwirtschaft, die Produktion, das Personalwesen und den Vertrieb integriert und erleichtern damit die Kommunikation mit Kunden, Zulieferern und Partnern. So können die Kunden von TechniData die Prozesse, wie das Sammeln und Auswerten von Stoffdaten oder das Erstellen von Sicherheitsdatenblättern, effektiver abwickeln und fördern dabei noch den kontinuierlichen Verbesserungsprozess. Die Compliance-Lösungen unterstützen Unternehmen dabei Industriestandards, freiwillige Verpflichtungen und gesetzliche Vorgaben einzuhalten. Angeboten werden der spezifische gesetzliche Inhalt und Best-Practice-Lösungen. Diese enthalten vordefinierte Branchenprozesse, die auf der Erfahrung von über zwei Jahrzehnten basieren. TechniData bietet neben den Lösungen auch Unterstützung für Compliance-Projekte.

Seit der Gründung 1985 nutzen heute weltweit mehr als 5.000 Anwender bei mehr als 1.000 Unternehmen die Compliance-Lösungen TechniData. Neben Industrieunternehmen setzen viele Ministerien, Behörden und die öffentliche Hand innerhalb und außerhalb Europas auf Compliance-Lösungen TechniData.

---

[8] Das Wort Compliance (englisch Befolgung) bzw. Komplianz bezeichnet die Einhaltung von Verhaltensmaßregeln, Gesetzen und Richtlinien.

Tabelle 17. Die Themenfelder der Compliance-Lösungen der TechniData AG

Product Compliance	Produktbezogener Umweltschutz, ROHS,GADSL, IMDS, End of Life Vehicle
Environmental Compliance	Emissions- und Umweltperformance Management und Umweltmessnetze (ENVINET)
Chemical Compliance	Produktsicherheit, Gefahrgutmanagement, Etikettenmanagement, REACH und IUCLID 5
Health& Safety Compliance	Arbeitsschutz-, Gefahrstoffmanagement und Arbeitsmedizin

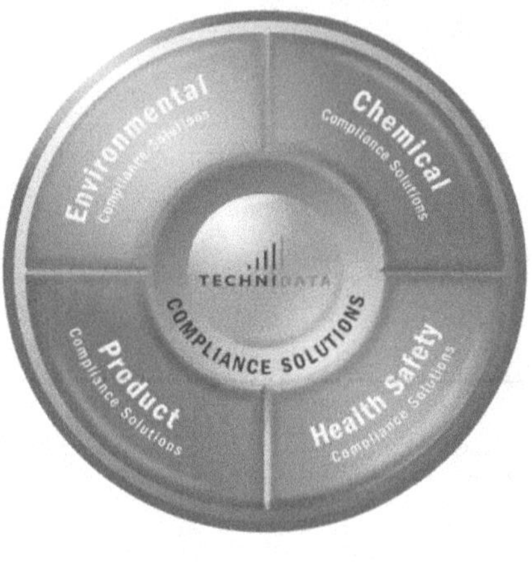

Mit diesem Transferprojekt verfolgte TechniData vor allem das Ziel, sein Know-how in Bezug auf das Lebenszyklus übergreifende Bilanzieren der Umweltwirkungen von Produkten zu erweitern, um eine Lösung bereit stellen zu können, die die Unternehmen bei der Entwicklung umweltgerechter Produkte unterstützt. Außerdem bereitet TechniData Lösungen zur Hilfestellung bei der Einhaltung der Richtlinie 2005/32/EG zur umweltgerechten Gestaltung energiebetriebener Produkte (EuP – Ecodesign of Energy-using Products) [EUP 2005] vor, die neben direkten Anforderungen aus Durchführungsmaßnahmen vorsieht, dass die Hersteller bestimmte umweltrelevante Produktmerkmale über den gesamten Lebenszyklus hinweg zu ermitteln haben.

5.1.1 Ausgangslage und Motivation

Um die Umweltwirkungen und den Ressourcenverbrauch effektiv senken zu können, sollte in der Produktentwicklung an den Phasen des Lebenszyklus eines Produktes angesetzt werden, die den größten Erfolg versprechen. Zu beachten ist dabei, dass Umweltwirkungen, die in einer Phase verringert werden, nicht zu einer überproportionalen Erhöhung in einer anderen Lebensphase des Produktes führen. Um diesem Anspruch gerecht werden zu können, ist es wichtig, die Umweltwirkungen der Produkte über den gesamten Lebensweg hinweg zu kennen. Die Methode der Ökobilanzierung nach DIN 14040 ff [ISO 14040 1997] ist dazu ein geeignetes Mittel[9]. Die Norm beschreibt die Ökobilanz als eine systematische Analyse der Umweltwirkungen von Produkten während des gesamten Lebensweges ("von der Wiege bis zur Bahre"). Berücksichtigt werden sämtliche Umweltwirkungen während der Produktion, der Nutzungsphase und der Entsorgung des Produktes sowie die damit verbundenen vor- und nachgeschalteten Prozesse (z. B. Herstellung der Roh-, Hilfs- und Betriebsstoffe).

Der enorme Aufwand zur Sammlung aller relevanten Daten, das fehlende Know-how in den Unternehmen, die schwierige Nutzenkalkulation eines solchen Projektes sowie die Konkurrenz zwischen Umweltzielen und anderen Zielgrößen wie Kosten oder Qualität sind die Hauptgründe für die geringe Verbreitung der Ökobilanzierung in der industriellen Praxis. Wurden in der Vergangenheit eher Bilanzen einfacher Produkte wie Getränkeverpackungen oder Baumaterialien erhoben, gewinnt auch die Bilanzierung komplexer technischer Produkte immer mehr an Bedeutung. Eine wachsende Zahl von Unternehmen sieht sich entsprechend vor der Aufgabe, die Umweltwirkungen ihrer Produkte über den kompletten Lebensweg hinweg zu analysieren.

Zur Erstellung von Ökobilanzen steht heute eine Vielzahl von Softwareinstrumenten zur Verfügung. Mit Hilfe dieser Tools kann der Lebensweg eines Produktes modelliert und eine Abschätzung unter Verwendung so genannter Sachbilanzdatensätze vorgenommen werden[10].

Allen diesen Instrumenten ist gemein, dass die Eingabe aller relevanten Produktdaten manuell vorgenommen werden muss. Schnittstellen zur Unternehmenssoftware, wie einem Enterprise Ressource Planning System (ERP), konnten lediglich in Pilotprojekten umgesetzt werden und sind nicht Stand der Technik. Darüber hinaus können weitere Funktionalitäten der ERP-Systeme wie das Lieferanten-, Aufgaben- und Dokumentenmanagement nicht genutzt werden. Zur Sachbilanzierung, die immerhin 80% des gesamten Zeitbedarfs zur Erstellung einer Ökobilanz ausmacht [Lundi 1998], müssen entsprechend alle Informationen aus der vorhandenen Unternehmenssoftware extrahiert und manuell in die Ökobilanzsoftware eingepflegt werden. Die fehlende Integration in die betriebliche Softwarelandschaft und die damit ungenutzten Automatisierungs- und Standardisierungspotenziale sind ein Grund für die

---

[9] Die Ökobilanz wird im Englischen mit „Life Cycle Assessment“ (kurz LCA) bezeichnet.

[10] In einem Sachbilanzdatensatz werden für die entsprechende Bezugsgröße wie einem Kilogramm eines bestimmten Werkstoffes oder einer Kilowattstunde verbrauchten Stromes etc. sämtliche Inputs und Outputs, Emissionen sowie Ressourcenverbräuche zusammengestellt und quantifiziert.

mangelnde Integration der Ökobilanzierung in den betrieblichen Alltag (Abbildung 70).

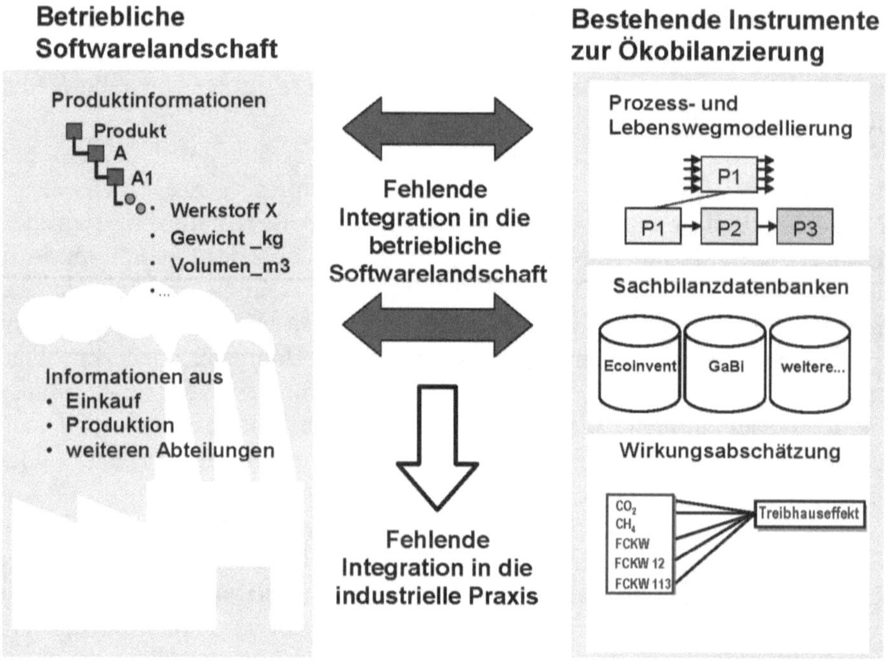

Abb. 70. Aktuelle Ökobilanzinstrumente sind nicht in Unternehmenssoftware integriert

Neben den noch zu konkretisierenden gesetzlichen Anforderungen zur Ökobilanzierung energiebetriebener Produkte im Rahmen der EuP-Richtlinie [EUP 2005] existiert heute weltweit eine Vielzahl weiterer produktbezogener Umweltauflagen, die die Unternehmen bei globalem Vertrieb berücksichtigen müssen. Beispiel dafür ist die in der Europäischen Union verabschiedete Richtlinie über die Beschränkung gefährlicher Substanzen (RoHS - Restriction of the use of certain Hazardous Substances) in Elektro- und Elektronikgeräten, mit deren Umsetzung zurzeit die weltweite Elektronikindustrie beschäftigt ist [RoHS 2003]. Als Reaktion auf diese Richtlinie hat China eine verschärfte Version der RoHS mit abweichendem Inhalt verabschiedet. Unternehmen, die nach China exportieren, müssen entsprechend auch diese von den RoHS-Bestimmungen in Europa abweichenden Inhalte kennen. Die Unternehmen stehen daher heute vor der Herausforderung, die wachsende Zahl produktbezogener Gesetze und die daraus resultierenden Konsequenzen bereits in frühen Phasen der Produktentwicklung zu berücksichtigen und die unternehmenseigenen Prozesse entsprechend anzupassen.

Neben einem kostenpflichtigen Angebot an Dienstleistungen in diesem Bereich existieren derzeit nur vereinzelt softwaretechnische Lösungen, die die Unternehmen bei der Informationsbeschaffung diesbezüglich unterstützen. Die angebotenen Instrumente bieten nur begrenzte Suchmöglichkeiten nach Gesetzen und die Ergebnisse werden lediglich in Form von Listen der relevanten Gesetze bzw. der gesamte offizielle Gesetzestext dargestellt. Eine länderspezifische Suche nach Gesetzen ist überdies beschränkt, was für weltweit agierende Unternehmen die Einhaltung der internationalen Gesetze zusätzlich erschwert.

5.1.2 Projektziele und Vorgehensweise

Abgeleitet aus dieser Ausgangssituation war das übergeordnete Projektziel die Entwicklung eines integrierten Softwareinstruments, das Unternehmen bei der Entwicklung umweltgerechter Produkte sowie der Sicherstellung der Umweltgesetzeskonformität dieser Produkte in weltweiten Absatzmärkten unterstützt. Die Realisierung erforderte zum einen die Bereitstellung von Informationen über die ökologischen Auswirkungen von Produkten auf Basis einer Ökobilanz und zum anderen die Aufbereitung der Anforderungen, die aus weltweiten produktbezogenen Umweltgesetzen resultieren.

Um Ökobilanzen möglichst zeitsparend und effektiv erstellen zu können und damit eine Integration in den betrieblichen Alltag zu unterstützen, sollten möglichst viele in der Unternehmensstandardsoftware gehaltene Daten nutzbar gemacht werden. Hauptaugenmerk lag auf der Konzipierung von Geschäftsprozessen innerhalb der Unternehmenssoftware, um eine kontinuierliche und vollständige Sammlung ökobilanzrelevanter Daten zu gewährleisten. Neben unternehmensinternen Daten handelt es sich hierbei vor allem um Daten, die von Lieferanten bezogen werden müssen. Neben der Realisierung einer effizienten und kontinuierlichen Datenpflege sollte auch die Darstellung der Ergebnisse der Ökobilanzierung in der Unternehmensstandardsoftware umgesetzt werden, um Schnittstellenproblemen zu begegnen und Insellösungen zu vermeiden.

Um die Produktentwicklung im Hinblick auf die Gesetzeskonformität zu unterstützen, wurde zunächst ein Datenbankprototyp entwickelt, der die benutzerspezifische Suche nach gesetzlichen Rahmenbedingungen und die darin enthaltenen Rechte, Pflichten und Anforderungen der Unternehmen ermöglichen sollte. Die grundlegenden Aspekte des Prototyps wurden anschließend in die Unternehmenssoftware integriert.

Als Entwicklungsumgebung stand die SAP ERP-Lösung bereits bei Projektbeginn fest. Als Ausgangsbasis für die Umsetzung der dargelegten Inhalte wurde die Software „Compliance for Products“ (CfP) von TechniData ausgewählt, die in die Prozesse der SAP-ERP Lösung integriert ist. Die CfP-Software verfügte bereits zu Projektbeginn über wesentliche Funktionalitäten zur Integration der Ökobilanzierung in die SAP-Softwarelandschaft.

5.1.3 Die Software „Compliance for Products“ (CfP) von TechniData

Die Softwarelösung CfP wurde entwickelt, um die Einhaltung produktbezogener Umweltauflagen sicherzustellen. Dazu gehören vor allem Regularien oder eigene Unternehmensvorgaben zur Einhaltung bestimmter Stoffrestriktionen oder Stoffberichtspflichten, wie zum Beispiel die RoHS [RoHS 2003], die Automotive ELV oder Branchenstandards wie GADSL, IMDS oder der Joint Industry Guide[11] (Abbildung 71). Die zentrale Benutzeroberfläche ist das Compliance-Management-Cockpit. Hier werden alle notwendigen Daten zentral erfasst, in Standardformaten im- und exportiert, abgelegt und verwaltet. Dabei wird entweder auf die interne Stückliste in SAP zurückgegriffen oder auf ein externes Produktdaten-Management-System (PDM). Der Compliance Manager kann von dieser Oberfläche aus Lieferantendaten abfragen oder prüfen, ob Produkte die genannten Auflagen erfüllen.

Die Eigenschaften- und Datensammlung wird vor allem durch die Lösungskonstellation im ERP-System erleichtert. Beim Stücklistenübertrag von ERP in CfP werden aus der Produktionsplanung Produktinformationen, wie das Produktgewicht bzw. Bauteilgewichte, aus dem Materialmanagement der Produktionsort oder Informationen bezüglich der entsprechenden Zulieferer aus dem Einkaufsinfosatz mit übertragen. Im Compliance-Management-Cockpit führt der Anwender definierte Checks über die gesamte Produktstruktur aus. Ein Basischeck liefert eine Konsistenzprüfung der Grunddaten. Weitere Checks lassen sich unternehmensspezifisch definieren. Fehlende oder inkonsistente Daten werden dem Anwender angezeigt. Unternehmensinterne Daten können in den Spezifikationen vom Compliance-Management-Cockpit aus ergänzt und nachbearbeitet werden, fehlende unternehmensexterne Daten aus dem

[11] ELV (End of Life Vehicle), GADSL (Global Automotive Declarable Substance List), IMDS (International Material Declaration System).

Einkaufinfosatz des ERP-Systems angefordert werden. Die eingehenden Daten werden automatisiert verarbeitet.

Alle Daten werden in der relationalen Spezifikationsdatenbank des SAP Moduls EH&S gespeichert, deren Elemente als Spezifikationen bezeichnet werden. In der Datenbank werden zu den Positionen der Produktstückliste (Produkte, Baugruppen, Bauteile) alle relevanten Eigenschaften und Daten, bei Bedarf bis auf Reinstoffebene, gepflegt.

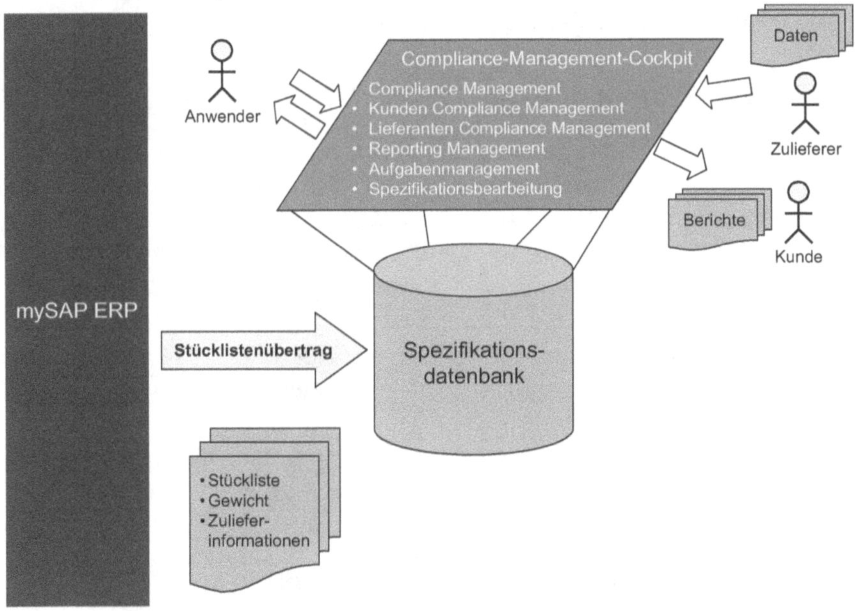

Abb. 71. Aufbau und Funktionalitäten der Softwarelösung „Compliance for Products“

5.1.3.1 Spezifikationsdatenbank

In der EH&S-Spezifikationsdatenbank werden alle Daten gespeichert, die für die Compliance-Prüfungen und die anschließende Berichterstattung benötigt werden. Eine Spezifikation, d. h. ein Element der Spezifikationsdatenbank, ist immer einem Spezifikationstyp und einer Spezifikationsart zugeordnet. Spezifikationstypen sind Stoff, Gefahrgutklassifizierung, Verpackung, Abfallschlüssel und Belastung. Für die CfP-Software findet lediglich der Spezifikationstyp Stoff Verwendung. Der Spezifikationstyp Stoff ist wiederum in die Spezifikationsarten Bauteil (MAT_PART), Werkstoff (BASMAT), Reinstoff (PURE_SUB) oder Realstoff (REAL_SUB) untergliedert.

Jede Spezifikationsart verfügt über einen spezifischen Eigenschaftsbaum, in dem die zu einer Spezifikation gehörenden Eigenschaften gepflegt werden. Beim Customizing[13] ist es möglich, neue Spezifikationsarten anzulegen und dementsprechend eigene Eigenschaftsbäume, Eigenschaften und Merkmale zu definieren.

5.1.3.2 Stücklistenübertrag – BOMBOS

BOMBOS bedeutet „Automated transfer of **b**ill **o**f **m**aterials into the **b**ill **o**f **s**pecifications“ und meint den Übertrag der Stückliste mitsamt seiner Positionen aus dem ERP-System in die Spezifikationsdatenbank.[14] Dabei wird für jedes Material eine neue Spezifikation angelegt, sofern im Material selber keine Zuordnung zu einer Spezifikation gepflegt ist. So lässt sich beispielsweise im ERP-System einem Bauteil eine Werkstoffspezifikation zuordnen. Beim BOMBOS wird dann diese Zuordnung neben den anderen Informationen aus dem ERP-System übernommen. Die übertragene Stückliste wird im Compliance-Management-Cockpit angezeigt, von der aus alle beschriebenen Funktionalitäten der CfP-Software ausgeführt werden können[15].

5.1.4 Produktbezogene Umweltgesetzgebung

Konzentrierten sich Unternehmen in der Vergangenheit auf die Umweltverträglichkeit der betrieblichen Prozesse, so steht heute der produktbezogene Umweltschutz im Vordergrund. In Deutschland wurde Anfang der 90er Jahre der Grundstein für das Denken in ökologischen Kreisläufen gelegt [KrW-/AbfG 1994], [ProdHaftG 1990]. Heute befasst sich die europäische und internationale Umweltgesetzgebung verstärkt mit dem kompletten Lebensweg eines Produktes, bei der auch die Hersteller

[13] Im Bereich von ERP-Software wie SAP versteht man unter Customizing im Speziellen alle unternehmensspezifischen Anpassungen des Systems, die ohne Programmierung möglich sind.

[14] Im SAP-eigenen Sprachgebrauch werden sämtliche Positionen der Stückliste (Produkte, Baugruppen oder Bauteile) als Material bezeichnet.

[15] Eine vollständige Funktionsbeschreibung der CfP-Lösung findet sich auf den Internetseiten des Herstellers TechniData AG unter „http://www.technidata.de“.

für die Nutzung und Entsorgung ihrer Produkte zur Verantwortung gezogen werden.

5.1.4.1 Umweltgesetzgebung in Europa

Ein wesentlicher Schritt wurde mit der Veröffentlichung des „Grünbuches“[16] zur „Integrierten Produktpolitik“ [IPP 2001] 2001 vollzogen, mit dem die EU-Kommission den Übergang vom produktionsbezogenen "betrieblichen" zum produktbezogenen Umweltschutz eingeleitet hat. Das Europäische Parlament hat 2003 mit der konkreten Umsetzung der IPP begonnen und Richtlinien erlassen, die den umweltgerechten Umgang mit Elektro- und Elektronikgeräten in der Europäischen Union regeln.

Die Richtlinie 2002/95/EG [RoHS 2003] beschränkt den Einsatz bestimmter gefährlicher Substanzen in Elektro- und Elektronikgeräten. Die Richtlinie 2002/96/EG (WEEE –Waste Electrical and Electronic Equipment) [WEEE 2003] hat das Vermindern und umweltverträgliche Entsorgen des Elektronikschrotts durch eine erweiterte Herstellerverantwortung für ihre Produkte zum Ziel. Von diesen Richtlinien sind verschiedene Personengruppen direkt bzw. indirekt betroffen [Osec 2006] (Tabelle 18).

Tabelle 18. Von der WEEE und RoHS betroffene Personenegruppen

Direkt betroffen	Indirekt betroffen
Hersteller von Elektro- und Elektronikgeräten	Hersteller von Ersatzteilen, Unterbaugruppen und Bauteilen (für den Einbau in Elektro- und Elektronikgeräten)
Vertreiber von Elektro- und Elektronikgeräten	Hersteller von Legierungen und Rohstoffen
Unternehmen, die für die Behandlung von Altgeräten zuständig sind	Subunternehmen, die Legierungen verwenden die einen der durch die RoHS-Richtlinie verbotenen Stoffe enthalten
	Besitzer/Nutzer von Elektro- und Elektronikgeräten

Für die WEEE gelten folgende Gerätekategorien [WEEE 2003]

(1) Haushaltsgroßgeräte,

(2) Haushaltskleingeräte,

[16] Diskussionspapiere der Europäischen Kommission zu einem bestimmten Thema, insbesondere Vorlagen für Verordnungen und Richtlinien, mit dem Zweck, auf diesem Gebiet eine öffentliche und wissenschaftliche Diskussion herbeizuführen und grundlegende politische Ziele in Gang zu setzen.

(3) IT- und Telekommunikationsgeräte,
(4) Geräte der Unterhaltungselektronik,
(5) Beleuchtungskörper,
(6) elektrische und elektronische Werkzeuge (mit Ausnahme ortsfester industrieller Großwerkzeuge),
(7) Spielzeuge sowie Sport- und Freizeitgeräte,
(8) medizinische Geräte (mit Ausnahme aller implantierten und infizierten Produkte),
(9) Überwachungs- und Kontrollinstrumente,
(10) automatische Ausgabegeräte.

Die RoHS umfasst bis auf Kategorie 8 und 9 die gleichen Gerätekategorien wie die WEEE.

Die Richtlinie 2005/32/EG des Europäischen Parlaments und des Rates zur Schaffung eines Rahmens für die Festlegung von Anforderungen an die umweltgerechte Gestaltung energiebetriebener Produkte (EuP) ist im Juli 2005 in Kraft getreten. Ziel dieser Richtlinie ist die Schaffung eines Rechtsrahmens für die Festlegung von Ökodesign-Anforderungen. Wie bereits eingangs beschrieben, sieht die EuP [EUP 2005] neben direkten Anforderungen aus Durchführungsmaßnahmen auch vor, dass die Hersteller bestimmte umweltrelevante Produktmerkmale über den gesamten Lebenszyklus hinweg zu ermitteln haben. Die Durchführungsmaßnahmen beinhalten die Anforderungen an die umweltgerechte Gestaltung von Produkten. In den Anwendungsbereich dieser Richtlinie fallen sämtliche energiebetriebenen Produkte sowie Teile, die zum Einbau in energiebetriebene Produkte bestimmt sind.

5.1.4.2 Umweltgesetzgebung in USA, Japan und China

In der US-amerikanischen Gesetzgebung wird zwischen „federal laws“, die für alle Staaten gelten, und „state laws“, die nur für den jeweiligen Staat gelten, unterschieden. Die der RoHS und der WEEE entsprechenden bundesstaatübergreifenden Gesetze wurden in den USA bis zum jetzigen Zeitpunkt nicht erlassen bzw. ausgearbeitet. Kalifornien ist derzeit der einzige Bundesstaat, der sich bei seiner Gesetzgebung an die RoHS anlehnt. Neben den gesetzlichen Rahmenbedingungen gibt es Programme, die in den einzelnen Bundesstaaten entweder auf freiwilliger Basis oder als Gesetze umgesetzt werden können, wie z.B. Programs for Reducing and Recycling Mercury Containing Vehicle Devices.

In Japan existieren derzeit keine gesetzlichen Bestimmungen im Kontext von Stoffverboten. Jedoch bestehen verschiedene freiwillige Selbstverpflichtungen in der Industrie, die die Reduktion von Blei in

Produkten sehr stark vorantreiben (z. B. Honda, Nissan) [Klee 2005]. Weiterhin unterstützt Japan das Altgeräterecycling. Das Anwendungsgebiet des "Home Appliance Recycling Law" (HARL) umfasst Haushaltsgeräte wie Fernsehgeräte, Waschmaschinen, Klimaanlagen und Kühlschränke [IZM 2006a] [Kiyoshi 2001] [MiTi 1999]. Das "Law for Promotion of Effective Utilisation of Resources (LPEUR)" umfasst zusätzlich noch Automobile, PCs, Spielautomaten, Kopierer, Gas- und Ölgeräte sowie akkubetriebene Geräte [Bush 2006] [LPEUR 2000]. Darüber hinaus existieren Gesetze im Bereich Recycling/Entsorgung, wie z. B. "Law for the Recycling of End-of-Life Vehicles", das das Recycling von Altfahrzeugen regelt [MOE 2006] .

Die chinesische Gesetzgebung lehnt sich in weiten Teilen den europäischen Richtlinien an [Wilmer 2006]. Der Entwurf für eine "China WEEE" ("Regulations on Recycling and Disposal of Waste and Used Household Electrical Appliances and Electronic Products") regelt die Behandlung von Klimaanlagen, Fernsehapparaten, Mikrowellenherden, Wäschetrocknern, Waschmaschinen, Kühlschränken und Personalcomputern [IZM 2006b]. Die Stoffverbote der so genannten "China RoHS" ("Administrative Measures on the Control of Pollution by Electronic Information Products") entsprechen der europäische Richtlinie. Sie gilt für Hersteller, Importeure und Händler von so genannten "Electronic Information Products", die in China in Verkehr gebracht werden. Dabei handelt es sich u. a. um Produkte aus den Gerätekategorien 1 bis 10 der EU-RoHS sowie elektronische Bauelemente [ZVEI 2005]. Darüber hinaus schreibt das "Law of the People's Republic of China on the Promotion of Clean Production" eine Kennzeichnung der Materialzusammensetzung der Produkte sowie den Ersatz von toxischen oder gefährlichen Stoffen durch toxinfreie Rohstoffe vor [AeA 2006] [Kirchner 2006] [Ferris et al. 2005].

5.2 Konzept und Umsetzung

Im Folgenden werden die im Projekt entwickelten Konzepte sowie die softwaretechnische Umsetzung der Informationsbereitstellung zur produktbezogenen Umweltgesetzgebung sowie zur Ökobilanzierung zusammenfassend dargestellt.

5.2.1 Informationsbereitstellung zur produktbezogenen Umweltgesetzgebung

Aufbauend auf einer tiefgehenden Analyse der europäischen Umweltgesetzgebung sowie der Gesetzgebung in den USA, Japan und China, wurde ein Konzept für die Strukturierung der notwendigen Informationen, die sich aus den gesetzlichen Anforderungen ergeben, für eine gesetzeskonforme Produktentwicklung erarbeitet. Anschließend wurde ein Datenbankprototyp erstellt, der eine effiziente und zielgerichtete Suche nach relevanten Informationen ermöglicht. Teilaspekte davon finden sich in der CfP-Lösung wieder.

5.2.1.1 Anforderungsmatrix

Anhand der analysierten Gesetze und der darin enthaltenen Informationen wurde ein Konzept für die formale und strukturierte Informationsbereitstellung in Form einer so genannten Anforderungsmatrix entwickelt. In dieser Anforderungsmatrix (Abbildung 72) sind in den Spalten die Aufgaben, Rechte und Pflichten eines Herstellers und in den Zeilen die Quellen, d. h. die verschiedenen Gesetze, aufgetragen.

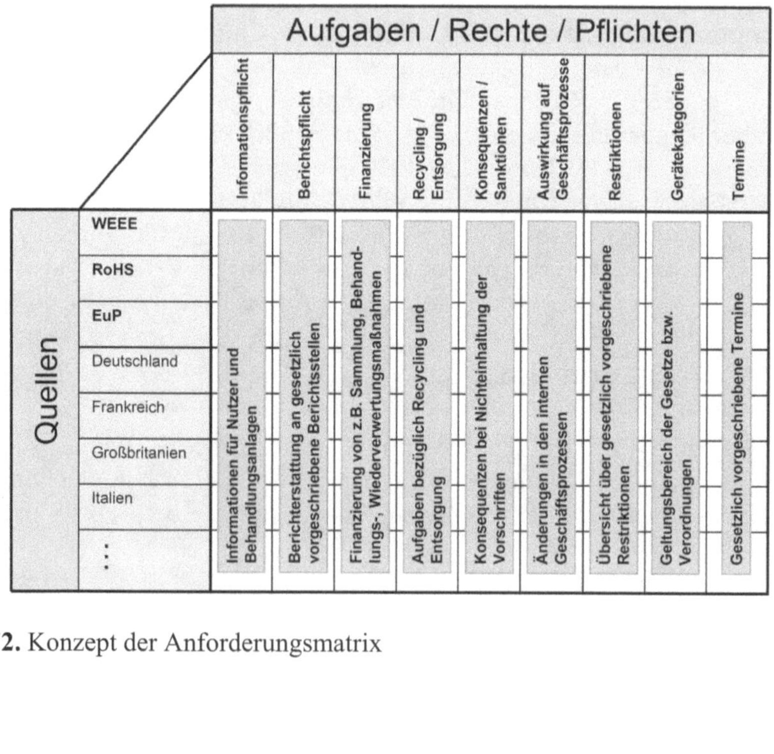

Abb. 72. Konzept der Anforderungsmatrix

Um die für einen Hersteller relevanten Aufgaben, Rechte und Pflichten zu strukturieren, wurden neun Cluster gebildet, in die die Informationen der länderspezifischen gesetzlichen Rahmenbedingungen eingeordnet wurden.

Die Informationspflicht umfasst sämtliche Informationen, die vom Hersteller/Exporteur oder Zulieferer an nachgelagerte Stellen, wie den Nutzer oder Betreiber von Behandlungs- und Wiederverwertungsanlagen, zur Verfügung gestellt werden müssen. Informationen bzw. Dokumente, die an übergeordnete, gesetzlich vorgeschriebene Stellen (wie z. B. Umweltbundesamt) berichtet werden müssen, sind in der Anforderungsmatrix unter dem Cluster Berichtspflicht zusammengefasst. Ebenso wurde ein eigenes Cluster für Aufgaben bezüglich Recycling und Entsorgung von Altgeräten (z. B. Bereitstellung von Sammelbehältern) gebildet. Das Cluster Finanzierung umfasst alle Informationen bezüglich der Pflichten zur Übernahme der Finanzierung z.B. für die Sammlung oder Behandlung von Altgeräten. Des Weiteren sind Konsequenzen bzw. Sanktionen, die bei Nichteinhaltung der Gesetze auf das Unternehmen zukommen können, in die Anforderungsmatrix aufgenommen. Sind aufgrund gesetzlicher Vorgaben Anpassungen der Geschäftsprozesse notwendig, werden diese unter dem Cluster Auswirkung auf Geschäftsprozesse zusammengefasst. Informationen über gesetzlich vorgeschriebene Stoffverbote oder andere produktbezogene Anforderungen werden unter dem Cluster Restriktionen beschrieben. Die Anwendungsbereiche der einzelnen Gesetze, d. h. die Gerätekategorien bzw. gesetzlich vorgeschriebene Termine, an denen z. B. die Berichterstattung oder die Registrierung erfolgen muss, stellen eigene Cluster dar.

5.2.1.2 Umweltgesetz-Datenbankprototyp

Aufbauend auf der Struktur der Anforderungsmatrix erfolgte die Entwicklung eines Datenbankschemas sowie eines Datenbankprototyps auf Basis von Microsoft Access 2003.

Mit Hilfe des Prototyps ist es im ersten Schritt möglich, die Gesetze bezüglich eines Landes zu suchen. Als Ergebnis werden die entsprechenden Gesetze mit ihrer Gesetznummer, der Kurzbezeichnung, dem offiziellen Titel und der Gültigkeit (Datum des Inkrafttretens) dargestellt. Anschließend kann für ein bestimmtes Gesetz eine Suche über detaillierte Informationen gestartet werden. Neben der länderspezifischen Suche kann ebenfalls über die Auswahl der Kurzbezeichnung nach einem Gesetz gesucht werden.

Details zu dem Gesetz können im nächsten Schritt ausgewählt werden. Dabei handelt es sich um die Kurzbeschreibung (d. h. Ziel des Gesetzes), das Anwendungsgebiet des Gesetzes, Aufgaben/Pflichten, Dokumente, Konsequenzen/Sanktionen und Restriktionen.

Da zum Teil Unterschiede zwischen den Aufgaben/Pflichten eines Herstellers, Importeurs oder Anwenders bestehen, kann ausgewählt werden, über welche Art von Aufgaben gesucht werden soll. Das Ergebnis der Abfrage wird in einem weiteren Formular zusammen mit dem Titel des Details, der detaillierten Beschreibung, der Quelle (d. h. Paragraph/Artikel und Absatz) und eventuell einzuhaltenden Terminen angezeigt.

Da bestimmte Aufgaben z. B. mit Dokumenten verbunden sein können und umgekehrt, ist es möglich, abschließend die dazugehörigen Dokumente, Konsequenzen/Sanktionen etc. der Details anzeigen zu lassen. Ebenfalls kann von jeder Suchabfrage ein Bericht gedruckt werden, in dem alle Suchergebnisse zusammengefasst dargestellt werden (Abbildung 73).

Die Prozesse zur Einhaltung der Stoffrestriktionen der RoHS wurden, wie bereits bei der Beschreibung der CfP-Lösung erwähnt, in die Software integriert. Der Compliance Manager sammelt und verwaltet ausgehend vom Compliance-Management-Cockpit alle notwendigen Daten und ist jederzeit in der Lage, einen Statusbericht bezüglich der RoHS-Konformität eines Produktes abzugeben. Die im Folgenden beschriebene ökologische Beurteilung in CfP stellt einen Ansatz zur Berücksichtigung der Anforderungen aus der EuP für die gesamte Produktpalette eines Unternehmens dar. Der entwickelte Datenbankprototyp dient dem Compliance Manager zur Identifizierung von Anforderungen weiterer Gesetze, die zu diesem Zeitpunkt noch nicht in die Software integriert wurden.

Gesetz:	ElektroG		**Aufgaben**		
Verantwortlicher:	Hersteller				
Aufgaben-Kategorien	**Adressat**	**Aufgaben-Titel**	**Aufgabenbeschreibung**	**Termine**	**Quelle**
Produktgestaltung		Produktkonzeption	Elektro- und Elektronikgeräte sind möglichst so zu gestalten, dass die Demontage und die Verwertung, insbesondere die Wiederverwendung und die stoffliche Verwertung von Altgeräten, ihren Bauteilen und Werkstoffen, berücksichtigt und erleichtert werden. Die Wiederverwendung sollen nicht durch besondere Konstruktionsmerkmale oder Herstellungsprozesse verhindern werden, es sei denn, dass die Konstruktionsmerkmale rechtlich vorgeschrieben sind oder die Vorteile dieser besonderen Konstruktionsmerkmale oder Herstellungsprozesse überwiegen, beispielsweise im Hinblick auf den Gesundheitsschutz, den Umweltschutz oder auf Sicherheitsvorschriften.	pro Produkt	Paragraph 4
Freitag 22. September 2006		Aufgaben ElektroG		Seite 1 von 5	

Abb. 73. Beispielbericht über Aufgaben eines Herstellers

5.2.2 Die Ökologische Beurteilung im Rahmen des Life Cycle Designs

Methodisch gesehen ist die hier vorgeschlagene Umsetzung der ökologischen Produktbilanzierung in das betriebliche ERP-System zur Einhaltung der Ökodesignanforderungen der EuP stark an die nach DIN ISO 14040 standardisierte Ökobilanz angelehnt [ISO 14040 1997] (Abbildung 74). Um eine möglichst hohe Integration und damit Automatisierung erreichen zu können, wurden die ersten drei Grundelemente „Definition des Ziels und Untersuchungsrahmen", „Sachbilanzierung" und „Wirkungsabschätzung" in der Unternehmenssoftware umgesetzt. Die Auswertung der Wirkungsabschätzung kann dann auf Basis der Ergebnisse in CfP vorgenommen werden.

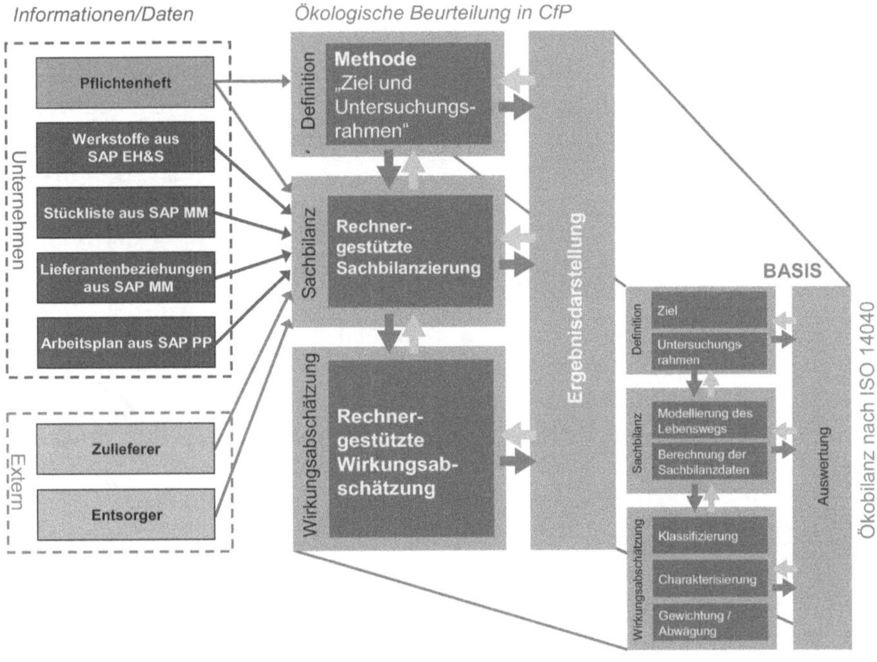

Abb. 74. Die Ökobilanz nach DIN ISO 14040 als Grundlage für die ökologische Produktbilanzierung in ERP-Systemen

Durch die erzielten Ergebnisse konnte die Grundlage geschaffen werden, Methoden zur ökologischen Beurteilung in CfP zu integrieren. Zum Abschluss dieses Kapitels wird an einem konkreten Beispiel aufgezeigt, welche Möglichkeiten die Lösung bietet.

5.2.2.1 Definition des Ziels und des Untersuchungsrahmens

Zu Beginn einer Ökobilanzstudie muss nach DIN ISO 14040 zunächst das Ziel sowie der Untersuchungsrahmen der Studie festgelegt werden. Dazu sind in der Norm eindeutige Fragen formuliert, an denen sich der Ersteller der Studie orientieren kann. Für die Definition des Ziels und des Untersuchungsrahmens in CfP sind zwei Möglichkeiten vorgesehen. Zum einen wurde der Eigenschaftsbaum der Spezifikationsart „Bauteil" um die Eigenschaftsknoten Ziel und Untersuchungsrahmen mit den entsprechenden Eigenschaften erweitert. Für den Compliance Manager ist so die Möglichkeit geschaffen worden, dem Produkt oder Bauteil, für das eine Ökobilanz erstellt werden soll, über die Eingabe von Freitexten die Angaben zum Ziel und Untersuchungsrahmen standardisiert vorzunehmen. Zum anderen wurde ein Word-basiertes Formular angefertigt, mit dessen Hilfe der Anwender die in der Norm definierten Fragen bearbeiten und beantworten kann. Zum besseren Verständnis sind den einzelnen Fragestellungen Beispiele aus der ISO/TR 14049 [ISO 14049 1999] beigefügt. Dieses Dokument kann der entsprechenden Spezifikation angehängt werden. Möchte das anwendende Unternehmen außerdem andere, zusätzliche oder alternative Merkmale zum Ziel und Untersuchungsrahmen pflegen, besteht bei der Einführung der Software die Möglichkeit, die entsprechenden Eigenschaften anzulegen.

5.2.2.2 Sachbilanzierung und Wirkungsabschätzung

Die Sachbilanzierung umfasst die Zusammenstellung und Quantifizierung von Inputs und Outputs, Emissionen und Ressourcenverbrauchen eines gegebenen Produktsystems im Verlauf seines Lebenszyklus. Die Umweltwirkungen von direkten Emissionen und Ressourcenverbrauchen können unmittelbar den so genannten Wirkungskategorien zugeordnet werden. Die CO_2-Emissionen eines Hochdruckreinigerbrenners können beispielsweise direkt der Wirkungskategorie „Treibhauseffekt" zugeordnet werden. Für alle anderen Inputs und Outputs bzw. Energie- und Stoffströme müssen zunächst noch die damit verbundenen Elementarströme ermittelt werden. Die Elementarströme, die beispielsweise mit dem Verbrauch einer definierten Menge Strom verbunden sind, müssen zumeist über die Nutzung so genannter Sachbilanzdatensätze bestimmt werden, in denen sämtliche, einer bestimmten Bezugsgröße zugeordneten Elementarströme enthalten sind (Abbildung 75). Sachbilanzdatensätze werden beispielsweise von

Unternehmensverbänden[17] oder dem deutschen Umweltbundesamt unentgeltlich, aber auch von kommerziellen Content-Providern zur Verfügung gestellt[18]. Bei der Nutzung von Sachbilanzdatensätzen ist immer zu überprüfen, ob die Daten den Qualitätsansprüchen an die zu erstellende Ökobilanz genügen. Dabei spielen vor allem der zugrunde liegende Zeitraum, die Modernität der verwendeten Technologie, die geographische Einordnung sowie die Repräsentativität der Daten eine Rolle. Aufgrund der Qualitätsunterschiede ist bei der Erstellung einer Ökobilanz die lückenlose Dokumentation genutzten Daten unverzichtbar.

Die in der Sachbilanz ermittelten Elementarströme werden in der Wirkungsabschätzung den Wirkungskategorien zugeordnet (Klassifizierung) und nach ihrem spezifischen Beitrag in der Wirkungskategorie gewichtet (Charakterisierung). Wirkungsabschätzungs-Methoden, die diesen Aggregationsgrad erreichen, werden problemorientiert genannt.

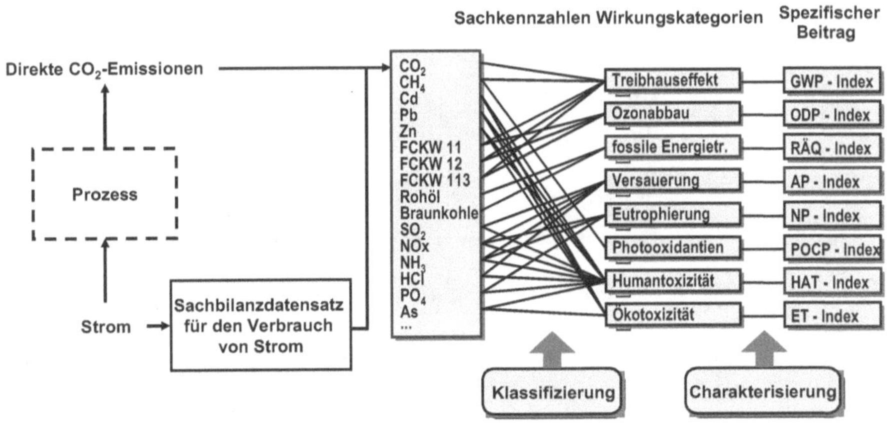

Abb. 75. Sachbilanzierung und problemorientierte Wirkungsabschätzung bei der Ökobilanzierung

Andere Methoden zur Wirkungsabschätzung ordnen die Umweltprobleme nach so genannten Schadenskategorien wie „Schädigung zur Gesundheit des Menschen", „Schädigung des Ökosystems" oder „Schädigung der natürlichen Ressourcen" zu. Die Methode des EcoIndicator 99 aggregiert die Schadenskategorien noch weiter zu einem einzigen Wert, dem

[17] U.a. ISII - International Iron and Steel Institute und PlasticsEurope – Association of plastics manufacturers.

[18] U.a. PE-International (GABI-Datenbanken) oder ecoinvent centre (ecoinvent-Datenbank).

Ecopoint [Goedkoop et al. 2000]. Im Rahmen der Implementierung in CfP wurden beispielhaft die in Tabelle 19 dargestellten problemorientierten Wirkungskategorien in das System eingepflegt [Guinée 2002].

Um Sachbilanzdatensätze im System anlegen und pflegen zu können, wurde eine neue Spezifikationsart namens „LCI_DATA“ und der dazugehörende Eigenschaftsbaum definiert. Neben dem eigenständigen Anlegen der Sachbilanzdatensätze besteht die Möglichkeit, Sachbilanzdatensätze aus den genannten öffentlichen oder kommerziellen Sachbilanzdatenbanken zu importieren.

Tabelle 19. Wirkungskategorien und Wirkungsindikatoren

Wirkungskategorie	Wirkungsindikator
Ressourcenabbau in Sb-Äquivalenten	(AD: Abiotic Depletion):
Treibhauseffekt in CO_2-Äquivalenten	(GWP: Global Warming Potential)
Ozonschichtabbau in CFC-Äquivalenten	(ODP: Ozone Layer Depletion)
Photooxidantenbildung in C_2H-Äquivalenten	(POCP: Photochemical Oxidation)
Versauerung in SO_2- Äquivalenten:	(AP: Acidification)
Eutrophierung, Überdüngung in PO_4-Äquivalenten	(NP: Eutrophication)
Humantoxizität in 1,4-DB Äquivalenten	(HT: Human Toxicity)

Zur Integration der Wirkungsabschätzung in das System wurde die Spezifikationsart „UMW_KAT“ definiert. Für die einzelnen Wirkungskategorien wird jeweils eine Spezifikation dieser Spezifikationsart mit den dazugehörigen Charakterisierungsfaktoren angelegt.

Werkstoffherstellung

Da es bei der Ökobilanzierung komplexer technischer Produkte mit einer Vielzahl von Bauteilen nicht möglich ist, die Sachbilanzdaten für jeden einzelnen Werkstoff zu erheben, finden an dieser Stelle Sachbilanzdatenbanken Anwendung. Ein wesentlicher Schritt bei der Einführung der Software oder vor der Erstellung einer neuen Ökobilanz in CfP besteht darin, aus dem Angebot von Sachbilanzdatenbanken diejenigen auszuwählen, die die benötigten Werkstoffdatensätze abdecken und den im Untersuchungsrahmen definierten Anforderungen an die Datenqualität genügen, und diese dann in das System zu importieren.

Für die in der Konstruktion des Unternehmens freigegebenen Werkstoffe werden Spezifikationen der Spezifikationsart „Werkstoff“

angelegt und vom Compliance-Manager mit den entsprechenden Sachbilanzspezifikationen verknüpft. Um eine reibungslose und automatisierte Bilanzierung gewährleisten zu können, ist es notwendig, dass im Materialmanagement des ERP-Systems den angelegten Bauteilen die jeweiligen Werkstoffspezifikationen durch die Konstrukteure zugeordnet werden. Denn während die Verlinkung von den Werkstoffspezifikationen zu den Sachbilanzspezifikationen lediglich einmal vorgenommen werden muss, stellt die Verlinkung der Bauteile zu den Werkstoffen einen kontinuierlichen Prozess dar, der entsprechend im Unternehmen verankert werden muss. Um an die entsprechenden Werkstoffinformationen der Zukaufteile zu gelangen, unterstützt CfP sämtliche zurzeit gängigen Austauschformate.[19]

Für kleinere Zulieferer hat TechniData das so genannte „Data collection tool" entwickelt, mit dem die Zulieferer Daten offline verwalten und dem anfragenden Unternehmen zusenden können.

Beim BOMBOS-Transfer der Stückliste aus dem ERP-System werden für alle Bauteile Spezifikationen der Spezifikationsart „MAT_PART" angelegt, die das Bauteilgewicht und die Zuordnung zu einer Werkstoffspezifikation mit der entsprechenden Verlinkung zu einer Sachbilanzspezifikation beinhalten. Im Compliance-Management-Cockpit kann sich der Anwender die Ergebnisse der Wirkungsabschätzung auf Produkt-, Baugruppen- und Bauteilebene anzeigen lassen. Im oberen Teil der Abbildung 76 sind die Indikatorergebnisse der Baugruppen bzw. Bauteile tabellarisch zusammengefasst, im unteren Teil sind die relativen Beiträge grafisch dargestellt. Darüber hinaus besteht die Möglichkeit, sich die Beiträge der im Produkt verwendeten Werkstoffe anzeigen zu lassen, um den Werkstoff mit den größten Umweltwirkungen im Produkt identifizieren zu können.

[19] Das IMDS (International Material Declaration System) der Automobilindustrie, das Excel-basierte Instrument des US-amerikanischen Automobilverbandes AIAG (Automotive Industry Action Group), das XML-basierende PDF Deklarations-Formular IPC 1752 der US-amerikanischen Vereinigungen iNEMI (International Electronics Manufacturing Initiative's) und IPC (Association Connecting Electronics Industries).

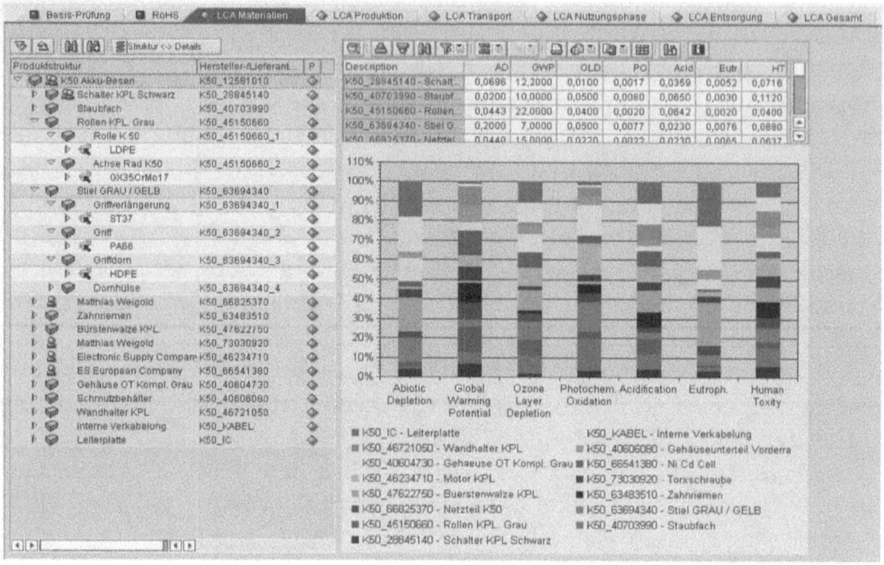

Abb. 76. Ergebnisdarstellung Werkstoffherstellung

Produktion

Sachbilanzdatensätze für Produktionsprozesse sind nur rudimentär vorhanden. Darüber hinaus ist es auch nur schwerlich möglich, die Vielzahl an verschiedenen Technologien, Prozessen und Maschinen allgemeingültig abzubilden. Im Rahmen der Umsetzung der Sachbilanzierung in CfP wurde ein Konzept entwickelt, das neben der Nutzung von Sachbilanzdatensätzen eine detaillierte und realitätsnahe Sachbilanzierung der unternehmensinternen Produktionsprozesse ermöglicht. Dazu müssen bei der Einführung der Software zunächst die mit einem bestimmten Prozess verbundenen Energie- und Stoffströme in Abhängigkeit der Prozesszeit ermittelt und in der eigens dafür angelegten Spezifikationsart „PROD_PRO“ angelegt werden. Für jeden Produktionsprozess werden entsprechend der Energieverbrauch, der Betriebsmittelverbrauch, die Abfallmengen sowie die entstehenden Emissionen pro Prozesszeit in der Spezifikation gepflegt. Die in den Spezifikationen der Spezifikationsart „PROD_PRO“ gepflegten Energie- und Stoffströme werden wiederum, ähnlich wie bei den Werkstoffen, mit den entsprechenden Sachbilanzdatensätzen verlinkt, um die für die Wirkungsabschätzung benötigten Elementarströme berechnen zu können. Der BOMBOS-Transfer wurde dahingehend erweitert, dass zu jedem Bauteil die dazugehörigen Produktionsprozesse inklusive der jeweiligen

Prozesszeiten mit in der Spezifikationsdatenbank abgelegt werden. In Abbildung 77 sind die Zusammenhänge an einer Stufenwelle, an der eine Drehbearbeitung durchgeführt wird, veranschaulicht.

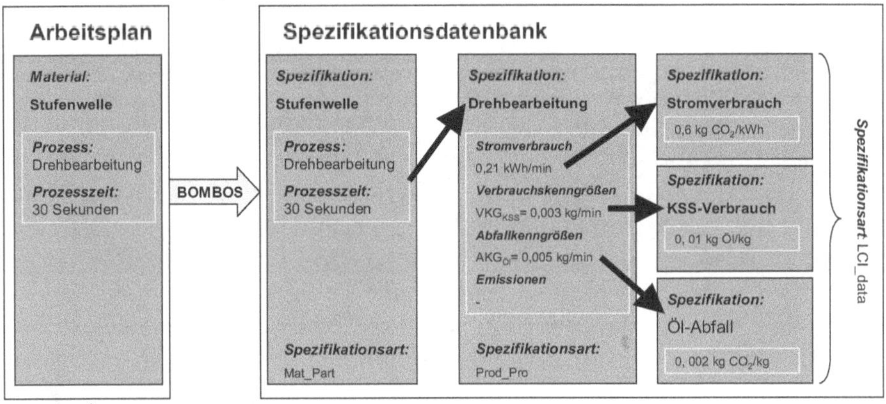

Abb. 77. Abbildung unternehmensinterner Produktionsprozesse in CfP

Der Aufbau der Produktionsprozess-Spezifikationen erfordert ein hohes Maß an technischem Wissen und verursacht einen nicht unerheblichen Aufwand. Der Aufwand beschränkt sich jedoch auf die Einführungsphase und ermöglicht die Abbildung sämtlicher unternehmenseigener Produktionsprozesse zur Sachbilanzierung der gesamten Produktpalette. Ein weiterer Vorteil dieser Abbildung liegt in der detaillierten Erfassung der Verbrauchskenngrößen aller Produktionsprozesse im Unternehmen. Durch die Integration in SAP können diese Größen mit allen SAP-Objekten (wie z. B. Arbeitsplätze in dem Modul Produktionsplanung/PP) verknüpft werden und stehen somit für weitere Funktionen zur Verfügung. Somit könnten z. B. Maschinenstundensätze im Produktkostencontrolling genauer berechnet werden.

In einem konkreten Einführungsprojekt sollte der Aufwand dieser Abbildung der Produktionsprozesse genau geprüft werden. In der Praxis kann der direkte Einsatz von Sachbilanzdatensätzen für einige Produktionsprozesse als sinnvoll erscheinen. Diese Prüfung und die Kriterien zur Auswahl sollten ausführlich dokumentiert werden, um die Nachvollziehbarkeit der Ergebnisse sicher zu stellen.

Da es nicht realistisch ist, ähnlich detaillierte Informationen über die Produktionsprozesse der Lieferanten zu bekommen, müssen Produktionsprozesse der Zulieferer oftmals abgeschätzt oder gegebenenfalls als letzte Option auch vernachlässigt werden. Mit dem „Data collection tool“ steht jedoch eine technische Lösung bereit, diese Informationen gegebenenfalls in CfP zu importieren.

Im Compliance-Management-Cockpit kann sich der Anwender die Ergebnisse der Wirkungsabschätzung bezogen auf das Produkt, Baugruppen oder Bauteile sowie geordnet nach den einzelnen Produktionsprozessen anzeigen lassen.

Transporte

Das hier vorgestellte Konzept sieht es vor, Transporte der Zukaufteile sowie Transporte der fertig gestellten Produkte zum Verkaufsort mit in die Ökobilanz einzubeziehen. Der Eigenschaftsbaum zur Spezifikationsart „MAT_PART" (also für Produkte, Baugruppen und Bauteile) wurde um die dafür nötigen Eigenschaften Transportentfernung und Transportmittel erweitert. Während die Informationen zu den Distributionstransporten außerhalb des Systems ermittelt und manuell eingegeben werden müssen, besteht mit dem „Data collection tool" die Möglichkeit, die benötigten Informationen bezüglich der Transporte von den Zulieferern automatisiert in das System zu importieren. Im Compliance-Management-Cockpit kann sich der Compliance Manager die Ergebnisse der Wirkungsabschätzung bezogen auf das Produkt (Zuliefertransport- und Distributionsprozesse), Baugruppen oder Bauteile sowie geordnet nach den einzelnen Transportmitteln anzeigen lassen.

Nutzung

Aus unternehmensinternen Quellen, wie z. B. dem Pflichtenheft oder der Marktforschung, können die zur Abbildung der Nutzungsphase benötigten Informationen gewonnen werden. Die Bestimmung und Berechnung sowie die Eingabe der erforderlichen Daten muss manuell erfolgen, da diese Daten nicht in ERP-Systemen gepflegt sind. Zur Unterstützung bei der Erstellung von Nutzungsszenarien wurde in Anlehnung an Oberender [Oberender 2006] die Nutzungsphase in folgende Teilphasen unterteilt:

- Inbetriebnahme, d. h. die Vorbereitung des Produktes für die erste Nutzung.
- Einsatz vorbereiten, d. h. Vorbereitung für die eigentliche Nutzung vor jedem Einsatz wie z. B. Ladeprozesse.
- Aktiver Einsatz, d. h. die eigentlichen Nutzungsprozesse.
- Passiver Einsatz, d. h. alle Prozesse zwischen Vorbereiten und Nachbereiten.
- Nachbereiten des Einsatzes, d. h. Versetzen des Produktes in den Benutzungszustand (vor allem Reinigungsprozesse).
- Wartung / Instandhaltung / Reparatur.

Zur Abbildung der Nutzungsprozesse wurde eine neue Spezifikationsart namens „USE" angelegt, in deren Eigenschaftsbaum Daten zum Energie-

und Betriebsstoffverbrauch sowie zu Abfällen und Emissionen gepflegt werden, die mit den entsprechenden Sachbilanzdatensätzen verknüpft sind. Der Compliance Manager legt für alle oder auch einzelne Teilphasen entsprechende „USE"-Spezifikationen an und verknüpft diese mit der Produkt-Spezifikation. Der Anwender kann sich im Compliance-Management-Cockpit die Ergebnisse der Wirkungsabschätzung zur Nutzungsphase nach den Teilphasen (Abbildung 78) oder die Ergebnisse der Teilphasen nach den Nutzungsprozessen anzeigen lassen.

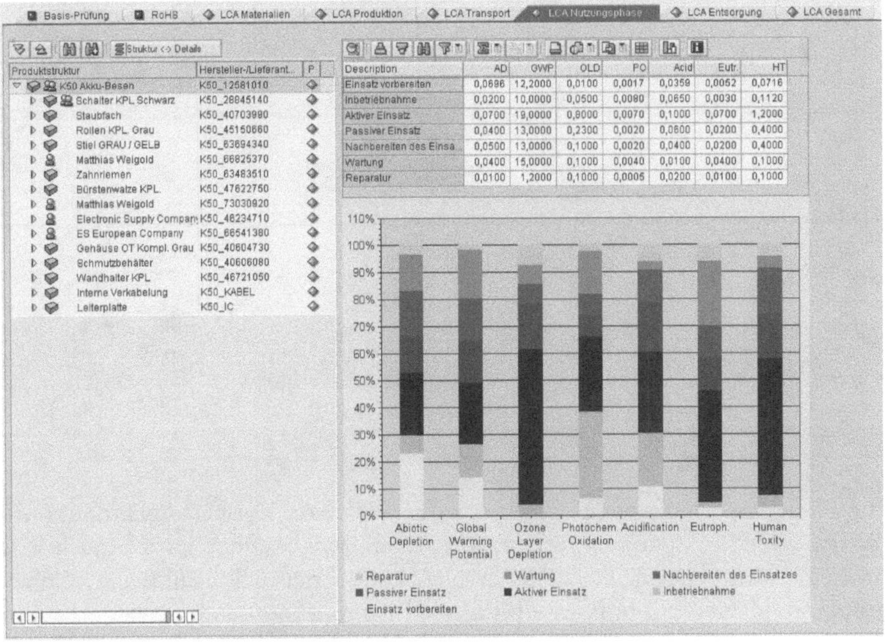

Abb. 78. Ergebnisdarstellung der Nutzungsphase nach Teilphasen

End of Life

Die Bilanzierung der Produktentsorgung kann direkt unter Nutzung von Sachbilanzdatensätzen durchgeführt werden. Dazu muss zunächst definiert werden, welcher Anteil der zu entsorgenden Produkte welchen Entsorgungsweg nimmt. Als optionale Entsorgungswege sind dazu beispielhaft folgende Optionen implementiert worden:

- die Verwertung, d. h. die Abfallbehandlung durch Recyclinghöfe, und
- die Beseitigung, d. h. die Entsorgung von Siedlungsabfällen wie z. B. die Müllverbrennung.

Ist ein Unternehmen sich unsicher, welche Entsorgungswege die Produkte nehmen, kann zur Bestimmung der Entsorgungswege beispielsweise die Vorgehensweise von Wolf [Wolf 2001] angewandt werden, die auf Basis einer umfassenden Umfrage für Konsumgüter entstanden ist. Die untersuchten Produkte wurden nach ihrem Gewicht und Volumen eingeteilt und den gebildeten Klassen spezifische Verwertungs- und Beseitigungsquoten zugeordnet (Tabelle 20).

Tabelle 20. Entsorgungswege für Elektrogeräte [in Anlehnung an: Wolf 2001]

Kategorie	Volumen [l]	Masse [kg]	Beispiel	Verwertung	Beseitigung
Kleinst-gerät	< 1	< 0,5	Handy, Uhr	20 %	80 %
Klein-gerät	1...15	0,5...3	Telefon, Kaffee-maschine	50 %	50 %
Mittel-gerät	> 15...75	>3...15	Staubsauger, Mikrowelle	75 %	25 %
Groß-gerät	> 75	>15 TV	Klimagerät	98 %	2 %
WEEE-Gerät	k.A.	k.A	Nach WEEE-Kategorien	100 %	0 %

Sind die Entsorgungswege bekannt oder wird eine Verwertungsquote nach WEEE von 100% angenommen, werden die entsprechenden Daten in das System eingepflegt. Welcher Anteil der Produkte welchen Entsorgungsweg nimmt, wird in CfP am Produkt gespeichert. Der Eigenschaftsbaum für „MAT_PART“ wurde um die entsprechenden Eigenschaften (Verwertungsquote, Beseitigungsquote) erweitert. Das Produkt wird außerdem mit einem Sachbilanzdatensatz zur Produktbeseitigung verlinkt, um die Elementarströme für den Gewichtsanteil des Produktes, der den Entsorgungsweg Beseitigung durchläuft, berechnen zu können. In der Regel handelt es sich dabei um die Müllverbrennung.

Für die Verwertung des Produktes wird angenommen, dass eine werkstoffliche Trennung des Produktes, wie z. B. durch Shreddern in verschiedene Shredderfraktionen, durchgeführt wird und anschließend die Werkstoffe stofflich oder thermisch verwertet werden. Die jeweils für einen Werkstoff spezifischen Verwertungsquoten (Anteile stofflicher und thermischer Verwertung) inklusive der Verlinkung zu den entsprechenden „LCI_DATA“-Spezifikationen werden in den Werkstoffspezifikationen gepflegt.

Die Bilanzierung der Entsorgung soll an einem Beispiel verdeutlicht werden (Abbildung 79). Das Produkt Kaffeemaschine wird zu 50% beseitigt. Das halbe Produktgewicht von 250g wird entsprechend mit einem Sachbilanzdatensatz für die Müllverbrennung bilanziert. Die andere Hälfte des Produktes gelangt zur Verwertung, deren resultierenden Elementarströme für jedes Bauteil berechnet werden. Das halbe Gehäuse (das Gehäuse wiegt insgesamt 100g) aus Polypropylen (PP) wird in diesem Beispiel zu 90% thermisch und zu 10% stofflich verwertet. Die sich daraus ergebenden Gewichtsanteile von 22,5g bzw. 2,5g werden wiederum mit Hilfe der Sachbilanzdatensätze zur thermischen bzw. stofflichen Verwertung von PP bilanziert.

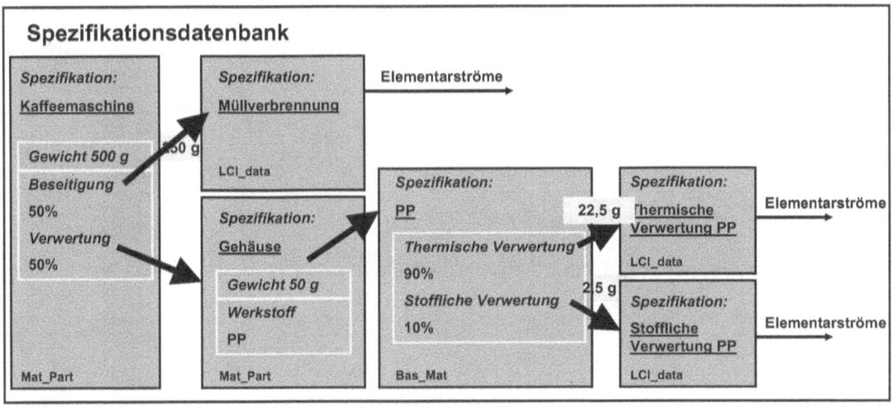

Abb. 79. Berechnung der Elementarströme zur End-of-Life-Phase

Im Compliance-Management-Cockpit kann sich der Anwender die Wirkungsabschätzung in Bezug auf das Produkt, Baugruppen oder Bauteile anzeigen lassen.

Auswertung über den gesamten Lebenszyklus

Zusammenfassend werden im Compliance-Management-Cockpit die Ergebnisse der Wirkungsabschätzung über alle Lebensphasen hinweg angezeigt, um die Lebensphase mit den größten Umweltwirkungen identifizieren zu können (Abbildung 80). Ausgehend davon kann der Compliance Manager in den Ansichten der einzelnen Lebensphasen die Teilprozesse mit dem größten Einfluss analysieren.

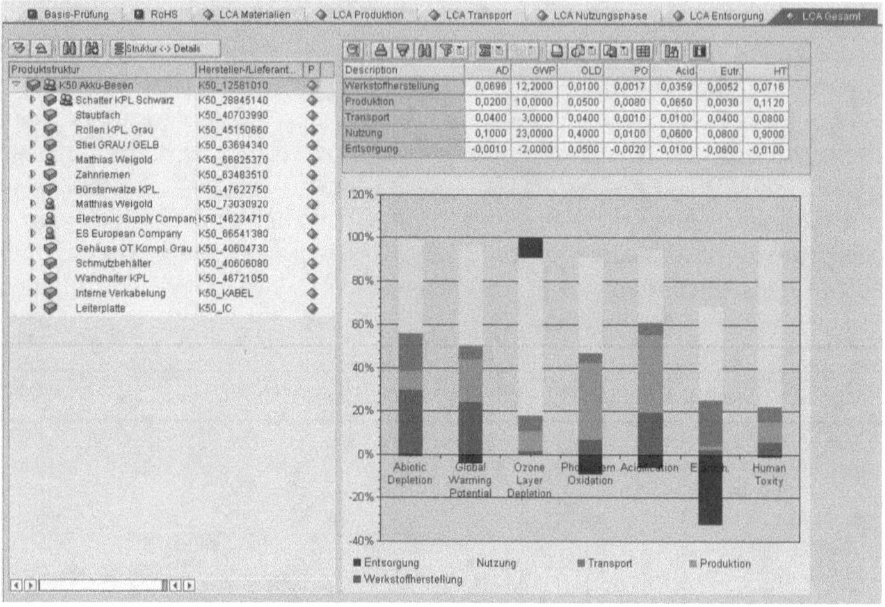

Abb. 80. Ergebnisansicht über alle Lebensphasen

5.2.3 Einführung und Nutzung des Systems

Die Integration und teilweise Automatisierung des ökologischen Life Cycle Designs in den betrieblichen Alltag erfordert eine unternehmensspezifische Anpassung. Für alle Prozesse, die bei der Ökobilanzierung berücksichtigt werden sollen, müssen bei der Einführung des Systems die entsprechenden Sachbilanzdatensätze ausgewählt und als „LCI_Data“-Spezifikationen in das System importiert und mit den entsprechenden Werkstoff-, Betriebsmittel-, Transportspezifikationen etc. verknüpft werden. In Abbildung 81 ist die Struktur einer Ökobilanzierung dargestellt, die die Verknüpfungen der Spezifikationen zusammenfasst und alle benötigten Sachbilanzdatensätze beinhaltet.

Die importierten Sachbilanzdatensätze zur Werkstoffherstellung müssen beispielsweise vom Compliance Manager manuell mit den entsprechenden Werkstoffspezifikationen verknüpft werden. Zur Abbildung der Verwertung der Werkstoffe in der Entsorgungsphase müssen außerdem die entsprechenden Sachbilanzdatensätze zur thermischen bzw. stofflichen Verwertung mit den Werkstoffspezifikationen verknüpft werden. Darüber hinaus müssen die Verwertungsquoten in die Werkstoffspezifikationen eingetragen werden. Ob man die im vorangegangenen Kapitel dargestellte Vorgehensweise zur Abbildung der unternehmensinternen Produktionsprozesse wählt, hängt davon ab, wie der aktuelle Stand bezüglich der Verfügbarkeit von Sachbilanzdatensätzen für die eigenen Prozesse ist. Ist eine derart detaillierte Abbildung der eigenen Produktionsprozesse nicht Ziel führend, besteht natürlich die Möglichkeit, Sachbilanzdatensätze zu verwenden. Eine weitere Möglichkeit besteht darin, wie das im folgenden Kapitel dargestellte Beispiel zeigen wird, dem Produkt die durch seine Herstellung entstehenden Energie- und Stoffströme über seinen Anteil an der Jahresproduktion eines Werkes anzurechnen.

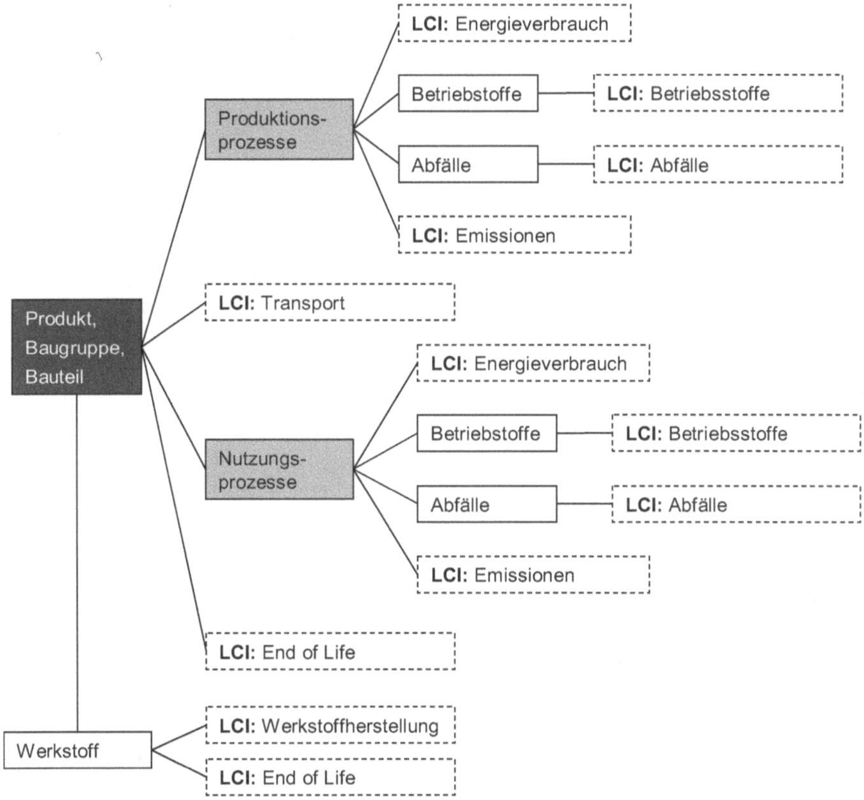

Abb. 81. Struktur zur Ökobilanzierung in SAP

Nach der Einführung des Systems ist der Grundstein für eine kontinuierliche und automatisierte Ökobilanzierung der Produkte gelegt. Voraussetzung ist jedoch, dass die Produktentwicklung die Verknüpfung der Bauteile mit den Werkstoffen in der Stückliste des ERP-Systems pflegt und die entsprechenden Arbeitspläne vorliegen. Der Compliance Manager ist hauptsächlich für die Pflege und Verknüpfung der Sachbilanzdatensätze zuständig. Überdies liegt es in seinem Verantwortungsbereich, sich die nötigen Daten für die Abbildung der Produktions-, Transport-, Nutzungs- und Entsorgungsprozesse zu beschaffen, worin er jedoch effizient vom CfP-Manager unterstützt wird. Nach Abbildung 82 ist zunächst nur der Compliance-Manager für den Übertrag der Stückliste und den Arbeitsplan sowie für die Interpretation der Ökobilanzergebnisse verantwortlich. Darüber hinaus ist es sicherlich sinnvoll, dass auch die Produktentwicklung nach einer entsprechenden Einarbeitung mit dem System arbeitet, um die Ergebnisse der Ökobilanzierung unmittelbar in den Entwicklungsprozess einfließen lassen zu können.

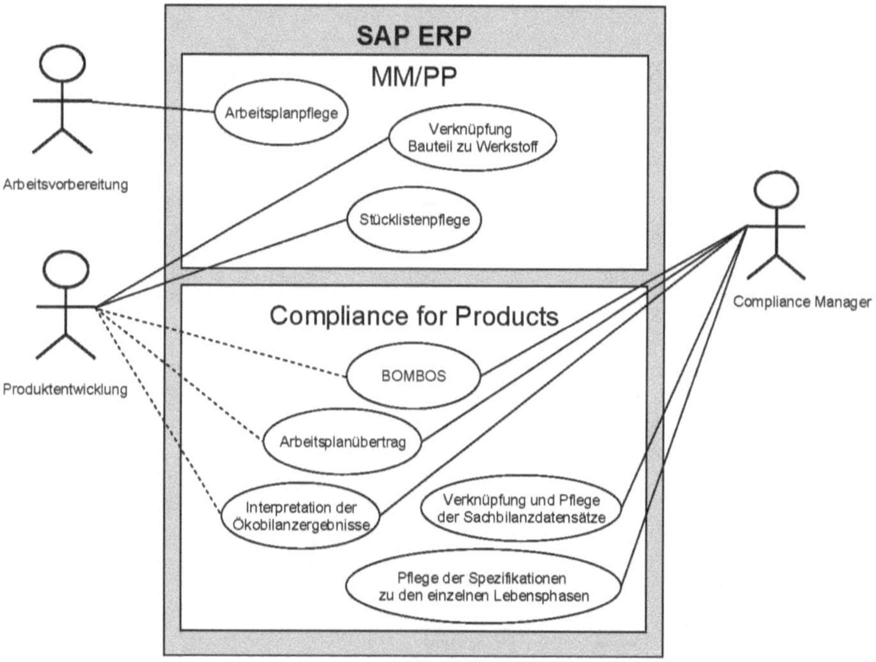

Abb. 82. Anwendung des ökologischen Life Cycle Designs

5.2.4 Anwendungsbeispiel Environmental Product Declaration

Am Beispiel einer Environmental Product Declaration (EPD) für eine rotierende elektrische Maschine soll gezeigt werden, in welchen Bereichen die vorgestellte Lösung Anwendung finden kann [EPD 2003]. EPDs sind Umweltdeklarationen des Typs III nach DIN ISO 14025 [ISO 14025 2005]. Sie fassen Ökobilanzergebnisse standardisiert nach so genannten „Product Category Rules" (PCR), die gemeinsam mit dem dafür verantwortlichen „Swedish Environmental Management Council" (SEMC) erarbeitet werden, quantitativ zusammen [EPD 2003]. EPDs sollen einen möglichst objektiven Vergleich der Umweltleistungen unterschiedlicher Produkte erlauben und als ein Entscheidungskriterium z. B. im Einkauf eines Unternehmens dienen.

In der EPD werden Informationen über das Unternehmen und das Umweltmanagement im Allgemeinen dargestellt. Diese Informationen können in einer so genannten Berichtsvorlage fixiert werden und sind fester Bestandteil in jedem EPD-Bericht eines Unternehmens. Berichtsvorlagen legen das Layout eines Berichtes fest und bestehen aus festen Bausteinen (Bildern, Texten etc.). Verschiedene Symboltypen stellen den Bezug zu Daten aus der R/3-Spezifikationsdatenbank und zu Daten aus anderen R/3-Komponenten her und werden bei der Generierung eines spezifischen Berichts mit den entsprechenden Daten gefüllt. Ein bekanntes Beispiel für die Anwendung einer Berichtsvorlage stellen Sicherheitsdatenblätter dar.

Die darauf folgende Beschreibung des Produktes, der funktionellen Einheit, der Systemgrenzen sowie der Allokationsregeln werden in CfP im Eigenschaftsbaum der Produktspezifikation gepflegt und bei der automatisierten Erstellung des EPD-Berichts als variable Textbausteine in die entsprechenden Felder des Dokuments eingefügt. Die funktionelle Einheit, die Systemgrenzen sowie die Allokationsregeln sind in den PCR vorgegeben und gelten entsprechend für alle Produkte einer Produktkategorie. In einer Berichtsvorlage für eine bestimmte Produktkategorie, deren Produkte in den Geltungsbereich einer PCR fallen, können diese Informationen auch fest voreingestellt werden.

Zur Abbildung der Werkstoffherstellung ist in der PCR angegeben, welche Komponenten des Produktes mit in die Bilanzierung eingehen müssen und welche Sachbilanzdatensätze dafür verwendet werden können. Es handelt sich dabei ausschließlich um öffentlich zugängliche Datensätze von europäischen und internationalen Werkstoffverbänden. Es ist Aufgabe des Compliance-Managers, die Sachbilanzdatensätze für die Werkstoffherstellung (LCI_DATA) anzulegen und diese mit den entsprechenden Werkstoffspezifikationen (BASMAT) zu verknüpfen. Ist im ERP-System das Bauteilgewicht gepflegt und sind die Zuordnungen der Bauteile zu einem Werkstoff gesetzt, können die für die EPD benötigten Ergebnisse automatisch berechnet werden. In Abbildung 83 ist der Zusammenhang beispielhaft für die Blechpakete des Stators dargestellt.

Die Energie- und Stoffströme in der Produktionsphase werden nach den PCR berechnet, indem die Ausgangsleistung des zu beurteilenden Produktes in Relation zu der gesamten in dem entsprechenden Produktionsstandort hergestellten Ausgangsleistung gesetzt wird. Abweichend von der im vorangegangenen Kapitel vorgeschlagenen Vorgehensweise wird dazu eine neue Spezifikationsart angelegt, in deren Eigenschaftsbaum die jährlichen Energie- und Stoffströme, Verbräuche, Abfälle sowie Emissionen des Produktionsstandortes gepflegt werden, um damit die produktspezifischen Daten für die EPD berechnen zu können.

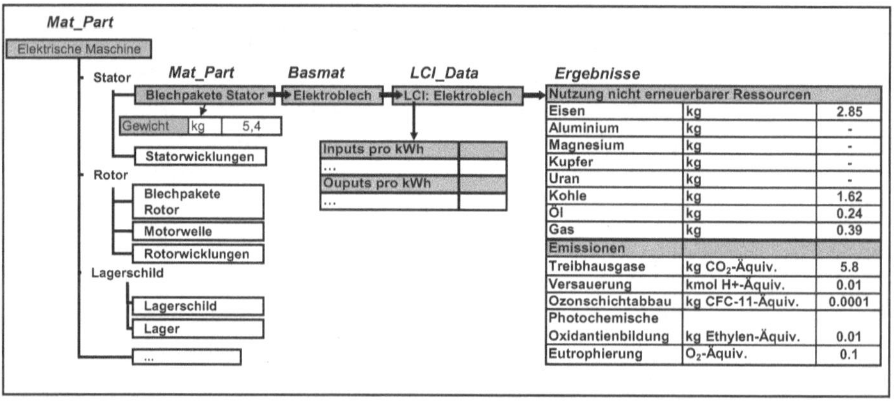

Abb. 83. Verknüpfung der Spezifikationen zur Berechnung der Ergebnisse für die Werkstoffherstellung

Für die Berechnung des Energieverbrauchs der elektrischen Maschinen in der Nutzungsphase geben die PCR eine Nutzungsdauer von 25 Jahren bei einer jährlichen Laufzeit von 6.500 Stunden vor[20]. Zur Berechnung des Energieverbrauchs ist anzunehmen, dass die Maschine unter Nennlast betrieben wird, und entsprechend ist auch ihr Wirkungsgrad zu wählen. Der Compliance Manager berechnet den Energiebedarf manuell und trägt ihn in die Produktspezifikation ein. Der nach den PCR vorgegebene Sachbilanzdatensatz zum Stromverbrauch ist frei zugänglich.

Zur Abbildung der Transportprozesse wird in der Produktspezifikation neben dem Produktgewicht die Entfernung des Produktionsstandortes nach Brüssel (laut PCR) gepflegt. Über einen Sachbilanzdatensatz für den Transport mit einem LKW können wiederum die Ergebnisse für die EPD

[20] Diese Daten werden von einem Gremium abgeschätzt und als realistische Durchschnittsnutzung gesetzt.

berechnet werden. Entsprechend verhält es sich für die Transportprozesse der Zulieferteile von den Lieferanten.

Zur Beurteilung der Entsorgungsphase wird nach PCR lediglich verlangt, den Energiebedarf des Shredderprozesses mit in die Betrachtung einzubeziehen.

Abbildung 84 zeigt die Darstellung der Ergebnisse des EPD-Berichts. Die eingerahmten Bereiche stellen die Felder dar, die in einer EPD-Berichtsvorlage für rotierende elektrische Maschinen variabel sind und deren Werte je nach untersuchter Maschine bzw. Elektromotor wie dargestellt berechnet werden. Bei der Generierung einer produktspezifischen EPD werden diese Felder automatisch gefüllt. Die nicht eingerahmten Bereiche sind solche, die bei jedem EPD Bericht für rotierende elektrische Maschinen identisch sind und somit fix in die Berichtsvorlage eingebunden sind.

Resource utilization

Inventory	Manufacturing phase	Usage phase	Disposal phase
Use of non-renewable resources			
Iron (Fe) kg/kW	3.90	0.01	-2.27
Aluminium (Al) kg/kW	0.01	0.00	-0.01
Manganese (Mn) kg/kW	0.02	0.01	0.00
Copper (Cu) kg/kW	0.61	0.34	-0.53
Uranium (U) kg/kW	0.0002	0.19	
Coal kg/kW	4.79	5000.00	-2.47
Oil kg/kW	0.32	524.64	-0.07
Gas kg/kW	0.31	345.79	-0.10
Use of renewable resources			
Wood kg/kW	0.19	-	-
Hydropower MJ/kW	0.09	0.05	-

Energy consumption and losses

	Absolute requirements kWh/product		Requirement per unit of output power kWh/kW	
Energy form	Manufacturing phase	Usage phase	Disposal phase	Usage phase
Electrical energy	572	3,286,000	3	18,300
Heat energy	390		2	

Waste

Weight per unit of rated output power	kg/kW
Hazardous waste after manufacturing	-
Barrier water	0.008
Water from oil separator Oil emulsions	0.008
Hazardous waste after end of life	0,029
Various	0.032
Regular waste (to landfill)	-
During manufacturing	0.053
At final disposal	0.328

Variable Textbausteine

Emissions

Category of impact	Equivalent unit per kW	Manufacturing	Usage phase	Total life cycle
Global warming GWP	kg CO_2/kW	8.73	9,430	9,448
Acidification kmol H+/kW	kmol H+/kW	0	1,81	1,81
Ozone depletion ODP	kg CFC–11/kW	0.0000	0.0006	0.0006
Photochemical oxidants POCP	kg ethylene/kW	0.01	2.10	2,11
Eutrophication	kg O_2/kW	0.16	114.70	114.86

Abb. 84. Ergebnisdarstellung in der EPD für rotierende elektrische Maschine [in Anlehnung an: EPD 2003]

5.3 Fazit

In dem mittlerweile abgeschlossenen Forschungsprojekt konnte gezeigt werden, dass unter Nutzung unternehmenseigener Informationen und unter der Voraussetzung einer gründlichen Vorbereitung im Customizing, eine ökologische Produktbilanzierung beschleunigt werden kann. Bereits durchgeführte Spezifizierungen, wie z. B. die Zuordnung von Werkstoffen zu Sachbilanzdatensätzen, sowie Berechnungen können für weitere Studien direkt genutzt werden, und somit wächst die Anwenderfreundlichkeit der vorgestellten Lösung durch ihre Nutzung. Das Problem, das für jeden Ersteller einer Ökobilanz besteht, nämlich Informationen seiner Zulieferer über ihre Produktionsprozesse sowie detaillierte Werkstoffspezifikationen zu erhalten, wurde zwar grundsätzlich nicht gelöst. Es konnte jedoch das methodische Vorgehen sowie die softwaretechnische Infrastruktur zur Erlangung dieser Informationen erarbeitet werden. Insofern steht das Instrumentarium bereit, mit dem auch Zulieferer ihre Produkte bilanzieren können. Ob es in Zukunft zu einem Austausch von Umweltdaten über die Unternehmensgrenzen hinaus kommt, ist derzeit offen, muss jedoch angesichts der Dynamik insbesondere der europäischen Umweltgesetzgebung als durchaus wahrscheinlich angenommen werden.

Die Integration des ökologischen Life Cycle Designs in SAP unter Verwendung der Lösungen CfP und EH&S ermöglicht Customizing sowie die Logik der Spezifikationsdatenbank, dass zu jedem Bauteil oder Werkstoff die Informationen hinzugefügt werden, die zur ökologischen Bilanzierung notwendig sind. Somit können mit diesem Ansatz nicht nur produktbezogene Ökobilanzen, sondern auch Standort- oder Prozessökobilanzen durchgeführt werden. Des Weiteren können Unternehmen die ökologische Bilanzierung entsprechend ihrer Ziele anpassen und durchführen. So ist z. B. die vorgeschlagene Vorgehensweise zur Modellierung der Produktionsprozesse nur eine Möglichkeit zur Umsetzung der Sachbilanzierung der Produktionsphase.

Überdies sind die Inhalte zur Einhaltung spezifischer Umweltgesetze in der Lösung CfP implementiert und es konnte ein Datenbankprototyp zur Unterstützung einer gesetzeskonformen Produktentstehung realisiert werden.

5.4 Empfehlungen

Vor allem für Unternehmen, deren Produkte in der Nutzugsphase Energie verbrauchen, werden die Anforderungen an die Umweltgerechtheit auch in Zukunft weiter steigen. Zum einen müssen die Unternehmen dafür Sorge tragen, dass die internen Prozesse derart angepasst werden, dass die Einhaltung von gesetzlichen Auflagen sichergestellt ist und vor allem auch dokumentiert werden kann. Zum anderen sollten sie damit beginnen, die lebensphasenübergreifenden Umweltwirkungen ihrer Produkte zu analysieren, um auf zukünftige Anforderungen vorbereitet zu sein.

Auch für zukünftige ökologische Beurteilungen der gesamten Produktpalette eines Unternehmens sollte größtmögliche Effizienz angestrebt werden. Dazu muss entsprechendes Wissen im Unternehmen aufgebaut werden. Welche Wirkungsabschätzungsmethode in das System integriert werden soll, muss zu Beginn unternehmensintern definiert werden, wobei es in den meisten Fällen nötig sein wird, sich von Ökobilanzspezialisten im Vorfeld beraten zu lassen.

Wie sich auch in den anderen Projekten des Transferbereichs gezeigt hat, kann eine weitgehend rechnergestützte und automatisierte ökologische Beurteilung lediglich helfen, ökologische Stellhebel im Rahmen der EcoDesign Produktentwicklung zu identifizieren. Sie kann nicht die erforderlichen Anpassungen der Produktentstehungsprozesse im Hinblick auf strategische und operative Änderungen ersetzen. Konkrete Anforderungen an ein Produkt, die aus Ökobilanzen abgeleitet werden können, müssen an anderer Stelle definiert und dem Produktenwickler vorgegeben werden.

5.5 Literatur

[EUP 2005] Kommission der europäischen Gemeinschaften (Hrsg.): Richtlinie 2005/32/EG des europäischen Parlaments und des Rates zur Schaffung eines Rahmens für die Festlegung von Anforderungen an die umweltgerechte Gestaltung energiebetriebener Produkte und zur Änderung der Richtlinie 92/42/EWG des Rates sowie der Richtlinien 96/57/EG und 2000/55/EG des Europäischen Parlaments und des Rates. Amtsblatt der Europäischen Union L191/29-58 Brüssel, 2005.

[ISO 14040 1997] DIN EN ISO 14040: Umweltmanagement – Ökobilanz – Prinzipien und allgemeine Anforderungen, Beuth: Berlin 1997

[Lundi 1998] Lundie, S.: Ökobilanzierung und Entscheidungstheorie: Praxisorientierte Produktbewertung auf der Basis gesellschaftlicher Werthaltungen. Berlin: Springer, 1999, zugl.: Diss. Universität Lüneburg, 1998

[RoHS 2003] Kommission der europäischen Gemeinschaften (Hrsg.): Richtlinie zur Beschränkung der Verwendung bestimmter gefährlicher Stoffe in Elektro- und Elektronikgeräten, Amtsblatt der Europäischen Union L37/19-23 Brüssel, 2003

[KrW-/AbfG 1994] Kreislaufwirtschafts- und Abfallgesetz: Gesetz zur Förderung der Kreislaufwirtschaft und Sicherung der umweltverträglichen Beseitigung von Abfällen (KrW-/AbfG) vom 27. September 1994 (BGBl.I Nr. 66 vom 06.10.1994 S. 2705), zuletzt geändert am 21. August 2002 durch Artikel 69 des Dritten Gesetzes zur Änderung verwaltungsrechtlicher Vorschriften (BGBl. I Nr. 60 vom 27.08.2002 S. 3322)

[ProdHaftG 1990] ProdHaftG – Produkthaftungsgesetz vom 1. Januar 1990

[IPP 2001] Kommission der europäischen Gemeinschaften: Grünbuch zur integrierten Produktpolitik, Brüssel 2001

[Osec 2006] Osec Business Network Switzerland und Swissmem: RoHS und WEEE – Die Bestimmungen für Elektro- und Elektronikgeräte in der EU. http://www.osec.ch/eics/elektrogeraete/broschuere – 14.06.2006.

[WEEE 2003] Kommission der europäischen Gemeinschaften (Hrsg.): Richtlinie 2002/96/EG des Europäischen Parlaments und des Rates vom über Elektro- und Elektronik-Altgeräte, Amtsblatt der Europäischen Union L 37/24 Brüssel, 2003 i. d. F. v. 3.Mai 2005

[Klee 2005] Klee, B.: Stoffverbote EU-Richtlinie 2002/95/EG-RoHS; http://www.zvei.org/fileadmin/user_upload/Technik_Umwelt/Elektro_Elektronikaltgeraete/Stoffverbote_RoHS-ElektroG_200511.pdf#search=%22Rohs%20Japan%22 – 20.02.2006.

[IZM 2006a] Fraunhofer Institut Zuverlässigkeit und Mikrointegration: Gesetzgebung in USA. http://ak-bleifrei.izm.fhg.de/servlet/is/2587/ , Stand 22.05.2006.

[Kiyoshi 2001] Kiyoshi, U.: Current Status of Home Appliance Recycling in Japan. In: ECP Newsletter, No. 18, Sept. 2001. http://www.jemai.or.jp/english/dfe/pdf/18_4.pdf, Stand 06.06.2006.

[MiTi 1999] Ministry of International Trade and Industry: Law for Recycling of Specified Kinds of Home Appliances. http://www.meti.go.jp/english/information/data/cReHAppre.html, Stand 06.06.2006.

[Bush 2006] Bush, S.: Japan's waste policy puts UK to shame. http://www.electronicsweekly.com /ARTICLES/2006/01/18/37373/Japans+waste+policy+puts+UK+to+shame.html, Stand 20.02.2006.

[LPEUR 2000] Ministry of International Trade and Industry: Law for Promotion of Effective Utilization of Recources. http://www.meti.go.jp/english/information/data/cReEffectLe.pdf, Stand 29.05.2006.

[MOE 2006] Ministry of Enivionment; Government of Japan: Law for the Recycling of End-of-Life Vehicles (End-of-Life Vehicle Recycling Law). http://www.env.go.jp/en/laws/recycle/11.pdf, Stand 13.04.2006

[Wilmer 2006] Wilmer Cutler Pickering Hale and Dorr LLP: Environmental Regulation of Electrical Appliances and Information Products in China. http://www.wilmerhale.com/files/Publication/c2acd13d-c786-41c2-ad60-e56230d29028/Presentation/Publication Attachment/3a828e09-497e-4ab5-b014-f52938002af9/China_Briefing_2006_01.pdf# search=%22WilmerHale%20Environmental%20Regulation%20China%22, Stand 20.02.2006

[IZM 2006b] Fraunhofer Institut Zuverlässigkeit und Mikrointegration: Gesetzgebung in China. http://ak-bleifrei.izm.fhg.de/servlet/is/642/, Stand 27.04.2006

[ZVEI 2005] ZVEI: "China-RoHS" oder: the Administration on the Control of the Pollution caused by Electronic Information Products (ACPEIP). http://www.zvei.org/index.php?id=3388, Stand 13.07.2007.

[AeA 2006] American Electronics Association (AeA): Electronic Information Products Classification and Explanations -.Confidential – Draft English Reference Translation. http://www.aeanet.org/governmentaffairs/gabl_HK_Art3_EIPTranslation.asp, Stand 25.04.2006

[Kirchner 2006] Kirchner, M.: Green supply Line, China RoHS scope clarified. http://www.greensupplyline.com/howto/showArticle.jhtml?articleID=184400064 - 04.05.2006.

[Ferris et al. 2005] Ferris, T.; Zhang, H.: Global Regulatory Policy Development and Implementation: Focus on China. IEEE International Symposium on Electronics in the Environment, New Orleans, May 17, 2005. http://ak-bleifrei.izm.fhg.de/servlet/is/642/, Stand 20.02.2006

[ISO 14049 1999] ISO/TR 14049: Umweltmanagement – Ökobilanz – Anwendungsbeispiele zu ISO 14041 zur Festlegung des Ziels und des Untersuchungsrahmens sowie der Sachbilanz, Beuth: Berlin 1999

[Goedkoop et al. 2000] Goedkoop, M. et al.: The Eco-indicator 99, A damage oriented method for Life Cycle Impact Assessment, Manual for Designers, Pré Consultants B.V., Amersfoort (Niederlande), 2000.

[Guinée 2002] Guinée, J.B.: Handbook on Life Cycle Assessment. Operational Guide to the ISO Standards. Kluwer Academic Publishers; Auflage: 1, Juli 2002, URL: http://www.leidenuniv.nl/cml/. 2002

[Oberender 2006] Oberender, C.: Die Nutzungsphase und ihre Bedeutung für die Entwicklung umweltgerechter Produkte. zugl.: Darmstadt, TU, Diss., 2006. Fortschritt- Berichte VDI, Reihe 1: Konstruktionstechnik/Maschinenelemente, 385 VDI-Verlag: Düsseldorf 2006.

[Wolf 2001] Wolf, B.: Beurteilung des Recyclings bei der Entwicklung umweltgerechter Produkte, Fortschritts-Bericht VDI Reihe 1 Nr. 320, zugl. Dissertation TU Darmstadt (2000), VDI-Verlag: Düsseldorf 2001.

[EPD 2003] Environmental Product Declaration DMI type DC machine—180–471 kW power range, http://www.environdec.com/reg/e_epd9.pdf, Stand 18.7.2007

[ISO 14025 2005] DIN ISO 14025:2005-07: Umweltkennzeichnungen und -deklarationen - Typ III Umweltdeklarationen - Grundsätze und Verfahren (ISO/DIS 14025:2005), Beuth: Berlin 2005

6 Ergonomische und marktpsychologische Aspekte der Entwicklung umweltgerechter Produkte

Teilprojekt C6
Tobias Felsing, Holger Franke, Kerstin Haury, Sonja Kleinheinz, Katrin Seibel, Wolfram Callenius, Hagen Gehringer

6.1 Einleitung

Die Untersuchungen im Rahmen des Sonderforschungsbereichs 392 „Entwicklung umweltgerechter Produkte“ bestätigten unter anderem die Befunde vorangegangener Studien, dass bei Gebrauchsgütern, d. h. im Kontext der privaten Nutzung eingesetzten technischen Systemen, die größten Umweltbelastungen in der Nutzungsphase entstehen. Es zeigte sich weiterhin, dass die ergonomische Gestaltung der Gebrauchsgüter für die umweltgerechte Produktnutzung von sehr großer Bedeutung ist, da durch eine solche Gestaltung umweltfreundliches Nutzerverhalten nachhaltig unterstützt werden kann, indem

- durch eine verbesserte Bedienungsoberfläche Nutzungsfehler, welche sehr häufig negative Umweltauswirkungen nach sich ziehen, verhindert oder zumindest vermindert werden können;
- durch dynamische Formen der Informationsdarbietung, z. B. Rückmeldungen über den elektrischen Energieverbrauch, eine bessere Kontrolle dieses Verbrauchs ermöglicht wird;
- durch die Automatisierung von Funktionen umweltschädliche Gewohnheiten aufgebrochen oder die mangelnde Motivation zu einem umweltgerechten Verhalten kompensiert wird;
- und schließlich durch beigelegte oder an den Produkten angebrachte Informationen umweltspezifisches Wissen vermittelt wird [Sauer & Rüttinger 2006].

Im vorliegenden Forschungsprojekt wurden zunächst die Forschungsergebnisse, die in den Untersuchungen an Gebrauchsgütern gewonnen wurden, auf die umweltorientierte ergonomische Gestaltung gewerblich genutzter technischer Systeme übertragen. Weiterhin wurden mehrere Untersuchungen zu Fragestellungen durchgeführt, die sich spezifisch bei der Nutzung von Systemen, die im Arbeitskontext verwendet werden, ergeben.

Die Anforderungen an die ergonomische Gestaltung von gewerblich genutzten technischen Systemen sind in einigen Aspekten nicht deckungsgleich mit den Anforderungen an die Gestaltung von Gebrauchsgütern, da die Nutzung gewerblich genutzter technischer Systeme unter anderem auch durch geeignete Maßnahmen der Personalselektion, des Trainings und der Aufgabengestaltung beeinflusst werden kann. Trotz dieser Unterschiede bleibt die ergonomische Gestaltung die wichtigste Maßnahme der Verhaltensbeeinflussung auch bei der Nutzung der im Arbeitsbereich eingesetzten Systeme, wenn es gilt, umweltfreundliches Nutzerverhalten zu initiieren und zu unterstützen.

Mehrere marktpsychologische Untersuchungen im Rahmen des Sonderforschungsbereichs „Entwicklung umweltgerechter Produkte" wiesen schließlich auf, dass die Umweltgerechtheit technischer Produkte von vielen Kunden zwar hoch bewertet wird, bei den Kaufentscheidungen im Vergleich mit anderen Produktmerkmalen allerdings nur ein geringes Gewicht hat, und dass „umweltgerechte" technische Produkte teilweise ein schlechtes Image besitzen. Die zweite zentrale Fragestellung des Projekts betrifft deswegen die Untersuchung der Rahmenbedingungen, welche bei der Vermarktung umweltgerechter Produkte zu berücksichtigen sind.

Die Untersuchungsprodukte des Forschungsprojektes, das als Kooperationsprojekt der Arbeitsgruppe Arbeits-, Betriebs- und Organisationspsychologie an der TU Darmstadt und der Alfred Kärcher GmbH & Co. KG durchgeführt wurde, waren gewerblich genutzte Bodenreinigungsmaschinen. Die Alfred Kärcher GmbH & Co. KG gehört zu den international führenden Herstellern und Vertreibern von Reinigungsgeräten und Reinigungssystemen. Die Produktpalette reicht von Reinigungsgeräten für den privaten Haushaltsbereich, wie z. B. Staubsaugern, über Reinigungsgeräte für den gewerblichen Bereich bis hin zu Reinigungsanlagen und Reinigungssystemen, wie z. B. Waschanlagen für PKW's und Wasseraufbereitungsanlagen. Im Jahr 2006 erzielten die weltweit 6.540 Mitarbeiter einen Umsatz von 1,254 Milliarden Euro. Der Umweltschutz am Produkt ist ein wichtiges Ziel der Firmenpolitik. Im Sinne eines „life cycle thinking" werden Umweltverbesserungen in allen Produktlebensphasen angestrebt, in der Nutzungsphase vor allem die Verringerung des Energieverbrauchs sowie der Staub- und Lärmemissionen.

6.2 Projektziele und Arbeitsprogramm

Entsprechend den vorangehenden Ausführungen verfolgte das Projekt zwei zentrale Ziele:

- Zunächst sollte durch eine ergonomisch optimierte Gestaltung von Bedienoberflächen die Umweltgerechtheit der technischen Systeme verbessert werden. Da davon ausgegangen wurde, dass die Nutzer im Bereich der gewerblichen Reinigung zwischen Geräten einer Produktgruppe wechseln, war ein wichtiges ergonomisches Teilziel des Projekts die Berücksichtigung des Konsistenzprinzips. Durch die einheitliche Gestaltung verschiedener Elemente der Bedienoberflächen unterschiedlicher Produkte sollten bei Mehrfachnutzern Bedienfehler vermieden und die Aufgabenbearbeitung erleichtert werden.
- Gleichzeitig sollte durch die Berücksichtigung von marktpsychologischen Aspekten die Marktgerechtheit der ökologisch optimierten Geräte gewährleistet werden, wobei auch Erhebungsinstrumente, mit denen die markt- und umweltgerechte Gestaltung von Produkten schon in den frühen Phasen der Produktentwicklung unterstützt werden können, verbessert bzw. neu entwickelt werden sollten.

Der durch diese Projektziele gesteuerte Prozess der Produktverbesserung lässt sich folgendermaßen veranschaulichen:

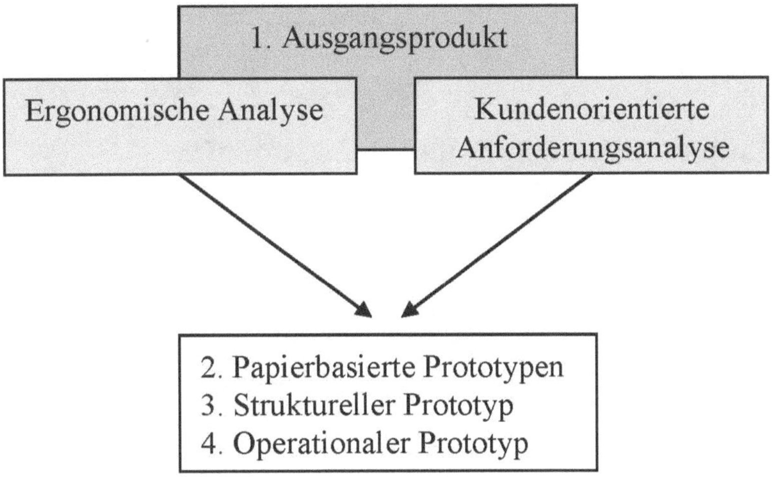

Abb. 85. Arbeitsprogramm

Wie Abbildung 85 zeigt, umfasste das Arbeitsprogramm des Forschungsprojekts vier Phasen: die Analysen/Evaluationen jeweils eines

Ausgangsprodukts, mehrerer papierbasierter Prototypen, eines strukturellen Prototyps und eines operationalen Prototyps. Im vorliegenden Beitrag werden die Untersuchungsergebnisse zum Ausgangsprodukt und zu den papierbasierten Prototypen sowie die dabei eingesetzten bzw. entwickelten Erhebungsmethoden beschrieben.

Die Zusammenarbeit mit dem industriellen Partner begann mit einer Informationsphase, in welcher die Untersuchungsprodukte ausgewählt, die Projektziele abgeklärt und ein Projektplan erstellt wurden sowie die universitäre Arbeitsgruppe in die ausgewählten Produkte eingewiesen und erste Untersuchungen geplant wurden.

In der zweiten Projektphase wurde eine vom Kooperationspartner der universitären Gruppe zur Verfügung gestellte Bodenreinigungsmaschine systematisch evaluiert. In regelmäßigen Absprachen wurden weiterhin 10 papierbasierte Prototypen für eine Bodenreinigungsmaschine nach verschiedenen Designprinzipien entwickelt, von denen drei gemeinsam ausgewählt und ebenfalls evaluiert wurden. Gleichzeitig wurden die ausgewählten Prototypen von Fachleuten der Firma Kärcher wie auch von Nutzern, die teilweise vom Kooperationspartner vermittelt wurden, nach Marktgesichtspunkten bewertet. Die Entwicklung zweier papierbasierter Prototypen für eine Kehrmaschine diente der Untersuchung von Konsistenzeffekten.

In der dritten Projektphase wurde ein papierbasierter Prototyp für eine Bodenreinigungsmaschine zur Weiterentwicklung ausgewählt. Er wird zurzeit vom Kooperationspartner in modifizierter Form als struktureller Prototyp hergestellt und danach einer Evaluation unterzogen.

6.3 Eingesetzte Methoden und Instrumente

6.3.1 Ergonomische Methoden und Instrumente

Das Ausgangsprodukt (Kärcher Bodenreinigungsmaschine BR 55/60 W) und die papierbasierten Prototypen wurden in nutzer- und expertenbasierten Studien hinsichtlich ihrer Benutzerfreundlichkeit evaluiert. Als nutzerbasierte Verfahren wurden ein Contextual Inquiry und zwei Usability Testings und als expertenbasierte Methode eine Heuristische Analyse durchgeführt.

Zusätzlich wurden ein Instrument zur Klassifikation von Nutzungsfehlern sowie eine Funktions- und Gestaltungsmatrix für die

Produktentwicklung erstellt und in den Untersuchungen eingesetzt. Diese Methoden und Instrumente werden im Folgenden kurz beschrieben.

6.3.1.1 Contextual Inquiry

Zu Beginn der Evaluation der Bodenreinigungsmaschine wurde ein Contextual Inquiry [Beyer & Holtzblatt 1998; Holtzblatt & Jones 1993] mit berufserfahrenen Nutzern des Geräts durchgeführt. Die Nutzer wurden bei der Ausführung typischer Arbeitsaufgaben an ihrem Arbeitsplatz beobachtet und danach zu den durchgeführten Tätigkeiten befragt. Untersucht wurden dabei vor allem Nutzungsroutinen und Nutzungsprobleme. Ein halbstrukturierter Interviewleitfaden unterstützte die Beobachtung relevanter Teilaspekte der Gerätenutzung. Ziel war es, die Arbeitsaufgaben der Nutzer von Bodenreinigungsmaschinen möglichst vollständig zu erfassen, sie also auch in verschiedenen Arbeitsumgebungen, in denen die Bodenreinigungsmaschine zum Einsatz kommt (z. B. Einkaufszentrum, Krankenhaus, Bahnhof), zu erheben.

Die Ergebnisse des Contextual Inquiry vermitteln einen Einblick in den natürlichen Arbeitsalltag des Nutzers. Bei der Methode ist schließlich zu beachten, dass die berufserfahrenen Untersuchungsteilnehmer aufgrund ihrer Vertrautheit mit den Arbeitsaufgaben und den Geräten im Allgemeinen nur wenige Probleme benennen.

6.3.1.2 Usability-Test

Die Methode des Usability-Tests bezeichnet allgemein ein Vorgehen, bei dem das Nutzerverhalten bei der Durchführung von Aufgaben mit dem zu testenden System im Labor direkt beobachtet und/oder auf der Basis von Videoaufzeichnungen analysiert wird. Der Beobachtung schließt sich eine Befragung an, in welcher das Nutzerverhalten weiter geklärt wird. Gewöhnlich werden durch die Beobachtung/Befragung der Nutzer-System-Interaktion Bedienungsfehler (z. B. falsches Bedienelement wird betätigt) und Bedienungsineffizienzen (z. B. Vornehmen unnötiger Zwischenschritte) und deren Ursachen identifiziert. Die Auswertung der beobachteten Probleme kann hinsichtlich ihrer Häufigkeit und ihres Schweregrads erfolgen. Neben dem Aufdecken von Problemen des getesteten Systems werden in Usability-Tests häufig auch Effizienzmaße, wie z. B. die Zeit, die eine Testperson für die Bearbeitung einer Aufgabe benötigt, erhoben.

In den Evaluationsstudien des Projekts wurden neben Nutzungsproblemen (Ineffizienzen und Fehler) und Effizienzmaßen

(Bearbeitungszeit und Verbrauch elektrischer Energie) folgende Daten erhoben:

- Die Testpersonen bewerteten mittels Einstellungsskalen die Benutzerfreundlichkeit des zu untersuchenden Systems.
- Weiterhin wurde das Systemverständnis des Nutzers überprüft, da dieses den Grad der Selbstbeschreibungsfähigkeit des Geräts, die ein wichtiges Kriterium der Benutzerfreundlichkeit ist, widerspiegelt. Dazu äußerten die Testpersonen während der Durchführung der Reinigungsaufgaben nach der Methode des lauten Denkens ihre Hypothesen über die Funktionsweise des Geräts und über die Bedeutung der angebrachten Piktogramme.
- Zur Überprüfung des Systemverständnisses wurde schließlich auch ein Wissenstest durchgeführt, indem mit Hilfe von vorgegebenen Aufgaben die vorzunehmenden Einstellungen an der Bodenreinigungsmaschine und damit das Wissen über die Reinigungsparameter, die Funktionsweise und das Vorgehen beim Reinigungsvorgang abgefragt wurden.

6.3.1.3 Heuristische Analyse

Als expertenbasierte Methode wurde eine Heuristische Evaluation [Nielsen 1993; Dumas & Redish 1999] durchgeführt. Sie dient der Identifikation von potenziellen Nutzungsproblemen unter Verwendung anerkannter Heuristiken oder Usability-Prinzipien (Tabelle 21).

Zwei Gruppen von Experten (Produktentwicklungsingenieure und Usability-Experten) erhielten zu Beginn der Untersuchung eine Einweisung in das Gerät und konnten dieses danach frei erkunden. Zusätzlich führten sie Reinigungsaufgaben durch. Abschließend wurden Fragebögen zu verschiedenen Aspekten des technischen Systems (Piktogramme und Benutzbarkeit) vorgelegt.

Die Experten sollten alle bei der Nutzung auftauchenden Probleme notieren und diesen jeweils einen Schweregrad zuweisen. Um die Problemidentifikation zu erleichtern, erhielten sie einen Beurteilungsbogen, welcher relevante Bedienungskategorien enthielt. Die angegebenen Probleme wurden von Experten zu inhaltlichen Kategorien gruppiert.

Tabelle 21. Verwendete Usability-Heuristiken [in Anlehnung an: Nielsen 1993]

Heuristik	Beschreibung
Feedback	Das System sollte den Nutzer stets darüber informieren, was gerade passiert.
Die Sprache des Nutzers sprechen	Das Gerät sollte die Sprache des Nutzers sprechen, und Wörter, Ausdrücke und Konzepte verwenden, welche dem Nutzer bekannt sind.
Nutzerkontrolle	Der Nutzer sollte jederzeit die Möglichkeit haben, einen ungewollten Gerätestatus verlassen zu können.
Konsistenz	Informationen, Aktionen, Symbole, Begriffe etc. sollten konsistent verwendet werden, z. B. sollten ähnliche Symbole die gleiche Bedeutung haben.
Möglichkeit zur Voreinstellung	Dem Nutzer sollte das Anpassen von häufigen Aktionen ermöglicht werden, z. B. für bestimmte Reinigungsaufgaben.
Einfache Bedienvorgänge	Das Gerät sollte keine irrelevanten oder kaum benötigten Informationen übermitteln.
Unterstützung bei der Erkennung, Diagnose und Behebung von Fehlern	Fehlermeldungen sollten dem Nutzer das Problem präzise darstellen und Hinweise zur Behebung geben.
Hilfe und Dokumentation	Der Nutzer sollte das Gerät auch ohne zusätzliche Hilfe und Dokumentation verwenden können.
Visuelle Klarheit	Die Bedienoberfläche und die verwendeten Symbole sollten leicht verständlich und gut lesbar sein.
Nutzerunterstützung	Das Gerät gibt dem Nutzer Empfehlungen für eine optimale Einstellung der Reinigungsparameter.

6.3.1.4 Klassifikation der Nutzungsprobleme

Für die Bodenreinigungsmaschine wurde eigens ein Instrument zur Klassifikation der Nutzungsprobleme entwickelt, das im Folgenden näher beschrieben wird. Mit Videoanalysen der Produktnutzung lassen sich

Nutzungsprobleme nach ihrem Schweregrad anhand von zwei Dimensionen, die an die ISO-Norm 9241/10 angelehnt sind, klassifizieren. Bei Ineffizienzen wird ein Handlungsziel (z. B. Reinigungswasser ablassen) zwar erreicht, es wird aber eine unnötige Handlung vorgenommen (z. B. so lange fahren, bis der Reinigungswassertank leer ist). Fehler zeigen sich darin, dass das eigentliche Ziel nicht erreicht wird, weil entweder a) die zielrelevante Funktion falsch bedient wird, oder weil b) eine nicht zielrelevante Funktion als zielrelevant interpretiert wird. Ein Beispiel für a) ist beim Ziel „Absenken der Bürste“ das Ziehen statt richtigerweise das Drücken des Bürstenpedals und für b) das Drehen am Regler für die Wassermenge anstatt des Hebels für den Bürstenanpressdruck. Weiterhin ist eine Kombination von Ineffizienz und Fehler denkbar. Der höchste Schweregrad der Problemklassifikation berücksichtigt zusätzlich die Gefährdung von Mensch und/oder Maschine (z. B. beim Ziel „Bürste absenken“ auf die Bürste treten, um sie abzusenken). Einen Auszug aus der Kodiertabelle der Matrix mit einem Beispiel zeigt Abbildung 86.

Vp-Nr.:________	Schweregrad Häufigkeiten				
	1	2A	2B	3	4
Absenken der Bürste 1 = Bedienung des Menüwahlknopfes vor Absenken 2A = Ziehen am Bürstenpedal 2B = Drehen an der Wassermenge 3 = Bedienung des Menüwahlknopfes, danach Ziehen am Bürstenpedal 4 = Treten auf die Bürste					

Abb. 86. Auszug aus der Problemklassifikation

Die Fehler der Stufen 2-4 können entsprechend der ISO-Norm als Steuerbarkeits- und Bedienbarkeitsproblematik („Das eigentliche Ziel wird durch falsche Bedienung der zielrelevanten Funktion nicht erreicht.“) oder als Selbstbeschreibungsproblematik („Das eigentliche Ziel wird durch Fehlinterpretation einer nicht zielrelevanten Funktion nicht erreicht.“) klassifiziert werden. Entsprechend lassen sich Ineffizienzen als mangelnde Aufgabenangemessenheit verstehen. Alle Problemarten sind weiterhin einer mangelnden Fehlerrobustheit zuordenbar.

6.3.1.5 Funktions- und Gestaltungsmatrix

Die Funktions- und Gestaltungsmatrix (vgl. Abbildung 87) ist ein Hilfsmittel für die Entwicklung von Prototypen. Sie ist unterteilt in die Dimensionen Gerätefunktion (z. B. Reinigungsparameter) und übergeordnetes Designprinzip (z. B. Automatisierung). Die Auswahl der einzelnen Gerätefunktionen orientiert sich an den auf dem Markt befindlichen Varianten. Die Unterteilung der Designprinzipien erfolgt vor allem nach praktischen Überlegungen. In die Matrix-Felder wird jeweils eingetragen, wie die Gerätefunktionen in Abhängigkeit von den übergeordneten Designprinzipien gestaltet werden sollen. Einige der Antwortfelder können keinen Eintrag zulassen, da die Realisierung bestimmter Designprinzipien für manche Gerätefunktionen nicht sinnvoll ist. In diesem Fall sind die entsprechenden Felder ausgegraut. Beispielsweise ist es nicht sinnvoll, den Nothalt zu automatisieren. Grau unterlegte Felder geben an, dass die jeweilige Kombination aus Gerätefunktion und Designprinzip nicht realisiert wurde, obwohl dies grundsätzlich möglich gewesen wäre.

Als Hilfestellung zur Eintragung in die einzelnen Felder ist der Matrix eine Legende beigefügt, die Anregungen für mögliche Ausführungen bietet. Die Automatisierung lässt sich z. B. in folgende Kategorien unterteilen:

- „Keine Unterstützung“
- „Empfehlung des Geräts, Nutzer entscheidet“
- „Gerät entscheidet selbst“

Bei den Bedienelementen wird für den Reglertyp die Beschaffenheit (z. B. digital vs. analog, Form, Struktur) und die Schalter- und Hebelart (z. B. Rändelrad, Druckknopf) festgelegt. Für die Position des Schalters lässt sich zum einen festlegen, ob die Funktion auf oder außerhalb der Bedienoberfläche angebracht sein soll. Zusätzlich ist eine genauere Lokalisation auf/außerhalb der Bedienoberfläche wählbar. Für die Gruppierung der Regler (Anordnung) kann eine Zuordnung vorgenommen werden hinsichtlich

- des Inhalts (z. B. Gruppierung der Reinigungsparameter, Gruppierung der Kontrollfunktionen)
- der Funktionsweise (z. B. Gruppierung der Hebel und Schalter, Gruppierung der Anzeigen)
- des Aussehens (z. B. Gruppierung nach Form oder nach Größe)

In der Dimension Informationselemente lassen sich die Warnhinweise und der Betriebszustand näher bestimmen hinsichtlich der Fragen

- „Wann?“: keine / nur bei Fehler (Warnleuchte) / nur bei intaktem Zustand (Bedienleuchte) / bei Fehler und intaktem Zustand,

– „Wie?“: z. B. nur eine oder mehrere der Realisierungsmöglichkeiten Farbe, Blinken, Ton und Vibration
– „Wie lange?“: z. B. zeitlich beschränkt vs. Variation über die Zeit.

Die Nutzerunterstützung kann gegeben sein oder nicht. Bei Vorliegen einer Unterstützung kann zwischen einer bildlichen und einer schriftlichen Variante gewählt werden, und sie kann als on product information (OnPI) – z. B. als Piktogramme mit schriftlicher Erläuterung am Gerät – oder als out product information (OutPI) – z. B. als Bedienungsanleitung – vorliegen.

	Reinigungsparameter				Allgemeine Funktionen			
	Wasser	Bürstendruck	Reinigungsgeschwindigkeit	Bürstendrehzahl	Schlüsselschalter (Betriebsstart)	Notaus	Fahrhebel	Batterie
Automatisierung								
Bedienelemente								
Reglertyp								
Position des Reglers								
Gruppierung der Regler (Anordnung)								
Informationselemente								
Warnhinweis								
Betriebszustand								
Nutzerunterstützung								

Abb. 87. Funktions- und Gestaltungsmatrix (Auszug).

6.3.2 Ermittlung der Kundenerwartungen

Im gewerblichen Bereich ist davon auszugehen, dass die Nutzer von Bodenreinigungsgeräten nicht die Käufer sind. Da aber zu vermuten ist, dass die Anforderungen der Nutzer die Entscheidungen der Käufer beeinflussen, wurden sowohl die Erwartungen von Nutzern als auch diejenigen von potenziellen Käufern erfasst. Um Informationen über die Erwartungen der Käufer/Nutzer an das Bodenreinigungsgerät zu erhalten, wurden mehrere Befragungen durchgeführt.

Zunächst wurden potenzielle Käufer mit Hilfe eines schriftlichen Fragebogens darüber befragt, welche Produkteigenschaften sie bei der Kaufentscheidung besonders stark berücksichtigen.

Um den Verbindlichkeitsgrad der Kundenerwartungen zu bestimmen, wurde weiterhin die sog. Kano-Methode eingesetzt [Hinterhuber & Matzler 2004]. Die Kano-Methode ist eine Befragungsmethode, die davon ausgeht, dass Käufer unterschiedlich verbindliche Anforderungen an die Merkmale eines Produkts stellen. Aufgrund eines Vergleichs zwischen dem Grad der Verbindlichkeit, mit dem die Produktmerkmale von Kunden gewünscht oder gefordert werden, und dem Grad der Anforderungserfüllung/Realisierung der entsprechenden Merkmale lassen sich unter dem Aspekt der Kundenzufriedenheit mehrere Merkmalsgruppen unterscheiden:

- Basiseigenschaften, die unbedingt erwartet werden und deswegen bei Fehlen unzufrieden machen, aber bei Vorhandensein die Zufriedenheit nicht erhöhen.
- Leistungseigenschaften, die relativ stark erwartet werden und die je nach Realisierungsgrad zu Zufriedenheit oder zu Unzufriedenheit führen;
- Begeisterungseigenschaften, welche die Erwartungen übertreffen und die bei Realisierung zufrieden machen, jedoch keine Unzufriedenheit auslösen, wenn sie nicht realisiert sind;

Erweitern lässt sich diese Klassifikation durch indifferente und unerwünschte Merkmale.

6.4 Ergebnisse

6.4.1 Evaluation des Ausgangsprodukts

Die Hauptuntersuchungen wurden an einer großen handgeführten Scheuersaugmaschine (BR 55/60 W), die serienmäßig hergestellt und im gewerblichen Bereich sehr gut eingeführt ist, durchgeführt. Bevor Prototypen für diese Bodenreinigungsmaschine entwickelt wurden, wurde im Sinne einer Anpassungsentwicklung die Bedienoberfläche dieses Ausgangsprodukts nach den Kriterien Bedienbarkeit, Umweltgerechtheit und Marktgerechtheit bewertet. Auf der Basis der Evaluationsergebnisse wurden sodann zehn papierbasierte Prototypen entworfen, von denen schließlich einer als struktureller Prototyp gestaltet und zur Zeit evaluiert wird, wobei auch Kostenaspekte stärker berücksichtigt werden.

6.4.1.1 Ergonomische Evaluation des Ausgangsprodukts

Die Bedienoberfläche des Ausgangsprodukts ist in Abbildung 88 dargestellt.

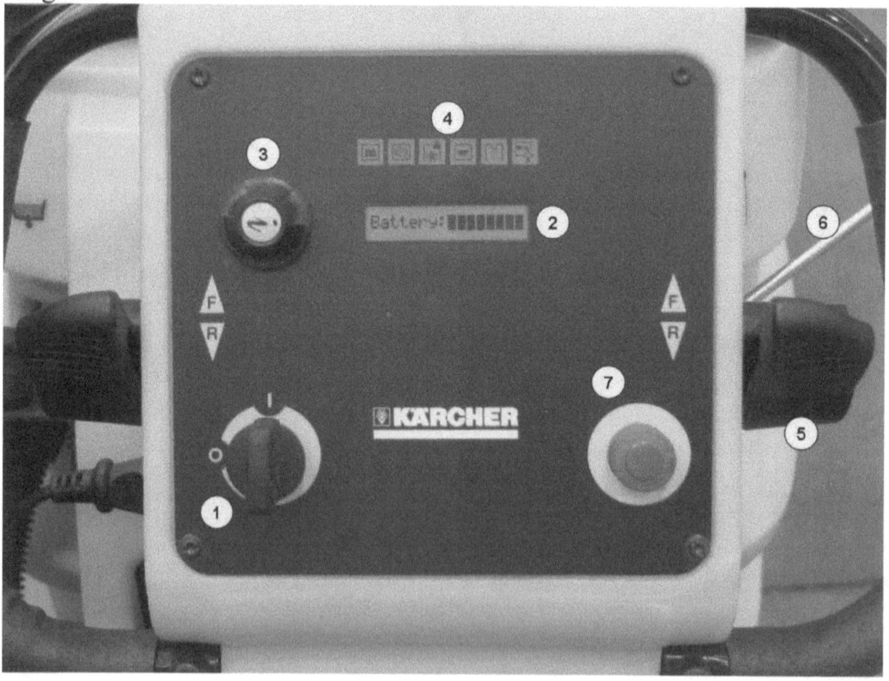

Abb. 88. Benutzeroberfläche BR 55/60 W

1.	Gerät ein-/ausschalten	5.	Fahren
2.	Display (hier: Batterieladestand)	6.	Saugbalken
3.	Infobutton	7.	Notausschalter
4.	Piktogramme		

Zur Evaluation des Ausgangsprodukts wurden vier Studien, davon eine mit einer expertenbasierten Methode (Heuristische Analyse) und drei mit nutzerbasierten Methoden (Contextual Inquiry, Usability-Tests) durchgeführt. Die Usability-Tests wurden mit zwei unterschiedlichen Nutzergruppen (Nutzerexperten vs. Nutzernovizen) vorgenommen. Die erhobenen Maße lassen sich in die Aspekte Bedienelemente sowie Funktionalität und Leistungsfähigkeit unterteilen. Durch die Verwendung unterschiedlicher Methoden sollte das Gerät aus mehreren Perspektiven untersucht werden, um möglichst viele Nutzungsprobleme aufzudecken.

Tabelle 22. Einflussreiche Funktionen bzw. Teilbereiche

Rang	Bedienelemente
1	Piktogramme und Rückmeldung
2	Wassermenge
3	Display und Menüführung
4	Bürstenanpressdruck
5	Bürstenkopf absenken
6	Bürstendrehgeschwindigkeit
7	Ablass Wasser
	Funktionalität und Leistungsfähigkeit
1	Konstruktion
2	Mehrere Aspekte von jeweils geringer Wichtigkeit, z. B. „Bewegen und Fahren“ oder „Unangemessene Funktionen“

In Abhängigkeit vom eingesetzten Untersuchungsverfahren und von der spezifischen Fragestellung zeigten sich teilweise variierende

Schwerpunkte bei den Problemen und Bedienungsfehlern. Deshalb wurden zunächst für jede Untersuchungsmethode und für jede Funktion die Häufigkeit und der Schweregrad der aufgetretenen Probleme/Fehler ermittelt. Danach wurden für alle Funktionen über alle Methoden hinweg mittlere Werte gebildet, die in Ränge überführt wurden. Das Ergebnis ist in Tabelle 22 dargestellt. Je höher der jeweilige Rang einer Funktion ist, desto häufiger und stärker wurde sie in den Studien als problematisch eingestuft. Eine Optimierung der Funktionen mit hohen Rängen sollte daher in besonderem Maße zu einer Verbesserung der Usability und damit auch der Umweltgerechtheit des Geräts beitragen.

6.4.1.2 Prüfung der Kundenakzeptanz

Ziel des Projekts war es, sowohl ergonomische Verbesserungen als auch idealerweise eine Steigerung der Marktakzeptanz des Bodenreinigungsgeräts zu erreichen. Aus diesem Grund war es wichtig, Informationen über die Erwartungen potenzieller Käufer an das Bodenreinigungsgerät zu erhalten. Parallel zu den oben dargestellten Analysen des Nutzerverhaltens wurden daher Unternehmen (vor allem aus dem Segment Gebäudereinigung) mit Hilfe eines schriftlichen Fragebogens danach befragt, welche Eigenschaften des Geräts sie bei der (Kauf-)Entscheidung für eine bestimmte Produktalternative besonders stark berücksichtigen. Bei der Befragung wurde darauf geachtet, dass die antwortenden Personen schon einmal selbst bei der Kaufentscheidung für ein Bodenreinigungsgerät beteiligt waren.

Als besonders kaufrelevant ergaben sich in dieser Befragung vor allem Eigenschaften, welche die Praktikabilität des Geräts betreffen: Zuverlässigkeit, niedrige Wartungsfrequenz und Wartungskosten, einfache Bedienbarkeit und einfache Reinigung des Geräts. Eigenschaften, welche die „Außenwirkung“ der Maschine beeinflussen, z. B. das Design, der Markenname, eine besonders große Funktionsbreite und ein hoher Innovationsgrad, spielen dagegen eine nur geringe Rolle bei der Kaufentscheidung. Für Käufer, die bereits ein Kärcher-Bodenreinigungsgerät besitzen, spielen die Qualität, die Umwelteigenschaften sowie der technische Innovationsgrad des Geräts allerdings eine etwas größere Rolle als für Käufer anderer Marken. Als weitere wichtige Informationen ergaben sich, dass zwar die Nutzer meist nur sehr kurz in die Bedienung der Reinigungsgeräte eingewiesen werden, dass aber in vielen Fällen die Erfahrungen dieser Nutzer mit dem Gerät bei der Kaufentscheidung für ein weiteres Gerät berücksichtigt werden; dies zeigt sich auch in den vor allem an praktischen Bedürfnissen ausgerichteten Produktanforderungen der Kaufentscheider. Ein

Reinigungsgerät, das ergonomisch gestaltet ist und sich damit an den Bedürfnissen der Nutzer orientiert, führt damit nicht nur dazu, dass das Gerät umweltgerechter eingesetzt wird, sondern trägt auch dazu bei, dass Nutzer positive Erfahrungen mit dem Gerät machen. Dies wiederum erhöht die Akzeptanz und die Nachfrage nach dem Produkt auf dem Markt. Hiermit zeigt sich deutlich, dass Umweltgerechtheit und Marktakzeptanz sich nicht widersprechen müssen.

6.4.2 Entwicklung und Evaluation papierbasierter Prototypen

Ausgehend von den Ergebnissen der Studien zum Ausgangsprodukt wurden in iterativen Schleifen papierbasierte Prototypen entwickelt. Um den Designprozess zu systematisieren, wurde dabei in einem ersten Schritt eine Klassifikationsmatrix erstellt (Abschnitt 3.1.5). Anhand dieser Matrix wurden zehn Prototypen erstellt, mit denen unterschiedliche Designoptionen der Matrix realisiert wurden.

6.4.2.1 Entwicklung papierbasierter Prototypen

Von den insgesamt zehn Prototypen wurden drei in einem Treffen mit dem Industriepartner ausgewählt. Sie werden im Folgenden näher beschrieben.

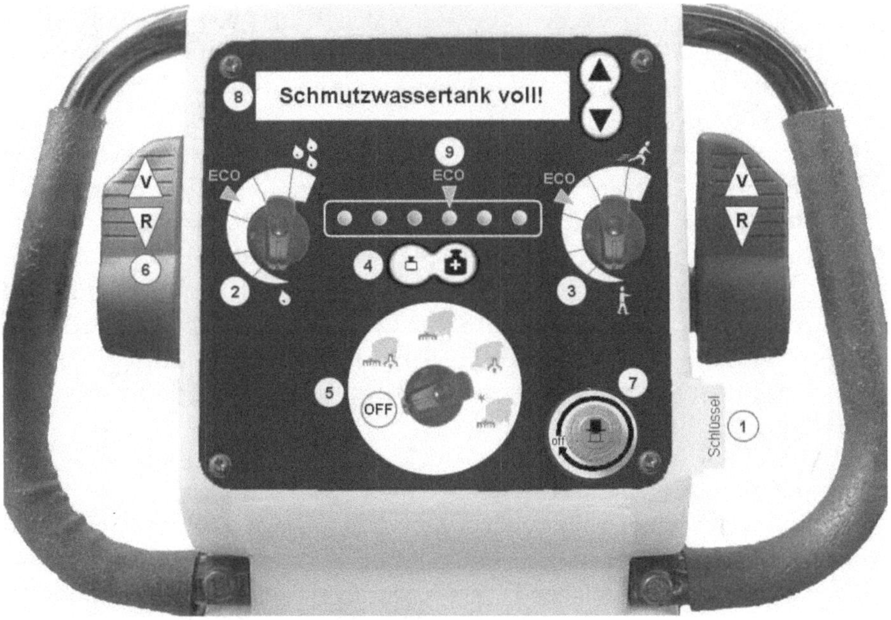

Abb. 89. Prototyp 1 „Konventionelle Direktwahl“

Der erste Prototyp „Konventionelle Direktwahl“ in Abbildung 89 beinhaltet folgende Funktionen:

1.	Gerät ein-/ausschalten	6.	Fahren
2.	Wassermenge regulieren	7.	Notausschalter
3.	Geschwindigkeit regulieren	8.	Display
4.	Bürstenanpressdruck regulieren	9.	Ökologische Einstellung
5.	Einstellen des Reinigungsprogramms		

Beim 1. Prototyp wurde eine unmittelbare und einfache Form der Bedienung angestrebt. Alle wichtigen Reinigungsparameter (außer Bürstendrehzahl) können direkt auf der Bedienoberfläche eingestellt werden. Dies stellt eine Optimierung des ursprünglichen Geräts dar, bei dem einzelne Reinigungsparameter (Wassermenge, Bürstenanpressdruck) durch ihre Positionierung nur schwer erreichbar waren. Die verwendeten Drehregler für Wassermenge und Geschwindigkeit ermöglichen eine stufenlose Einstellung der Parameter. Zusätzlich weist eine Markierung auf eine ökologische Einstellung hin (siehe 9). Um eine Konsistenz zwischen dem Bedienvorgang und der Funktion herzustellen, wurde beim Bedienelement für den Bürstenanpressdruck (siehe 4) analog zur Reinigungsfunktion (Druck der Bürste auf den Boden) eine Tipptaste (Bedienung: Drücken) eingesetzt. Informationen über den Gerätezustand (z. B. Batterieladung) werden als Textbotschaft und begleitet von einem entsprechenden Piktogramm übermittelt. Bei Vorliegen unerwünschter Gerätezustände (z. B. „Schmutzwassertank voll“) erfolgt eine Warnmeldung im Display.

Prototyp 2 berücksichtigt die unterschiedlichen Kompetenzniveaus von berufserfahrenen Nutzern (Experten) und Novizen. Deshalb verfügt er über zwei Betriebsmodi, zwischen denen jederzeit gewechselt werden kann. Im Novizenmodus besteht keine Notwendigkeit, die Reinigungsparameter einzeln einzustellen. Der Nutzer wählt nur eine Einstellung für den jeweiligen Verschmutzungsgrad „Leicht“, „Mittel“ oder „Schwer“. Im Expertenmodus lassen sich alle vier Reinigungsparameter einzeln verändern. Leuchtdioden geben eine Rückmeldung über die gewählte Einstellung.

Zusätzlich wird bei maximaler Einstellung der Parameter eine Rückmeldung über eine farbige Leuchtdiode und eine textuelle Nachricht (z. B. „Hoher Wasserverbrauch!“) gegeben. Diese soll unnötig hohe Einstellungen verhindern. Eine ökologische Vorwahltaste (siehe 9) führt zu einer umweltfreundlichen Einstellung der Reinigungsparameter bei ausreichender Reinigungsleistung. Zur Benutzerunterstützung werden dem

Nutzer Hinweise zur Inbetriebnahme (z. B. „Bitte Reinigungsprogramm einstellen!“) nach dem Einschalten im Display angezeigt.

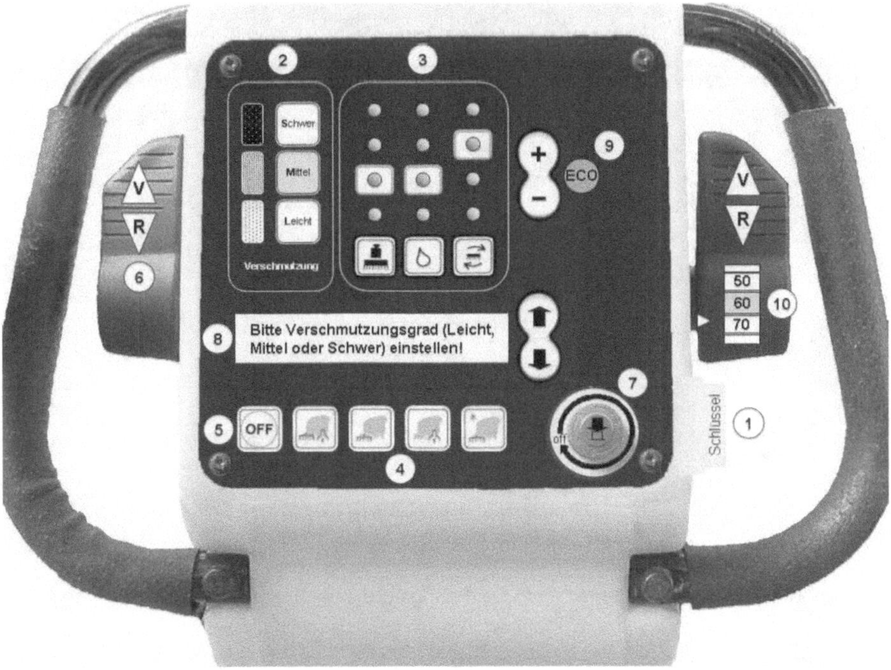

Abb. 90. Prototyp 2 „Expertiseorientierte Bedienmodi“

Der zweite Prototyp „Expertiseorientierte Bedienmodi“ in Abbildung 90 beinhaltet folgende Funktionen:

1. Gerät ein-/ausschalten
2. Automatikmodus
3. Manueller Modus
4. Auswahl des Reinigungsprogramms
5. Beenden des Reinigungsprogramms
6. Fahren
7. Notausschalter
8. Display
9. Ökologische Vorwahltaste
10. Einstellen der Maximalgeschwindigkeit

Abb. 91. Prototyp 3 „Mengenanaloge Rückmeldung“

Der dritte Prototyp „Mengenanaloge Rückmeldung“ in Abbildung 91 beinhaltet folgende Funktionen:

1. Gerät ein-/ausschalten
2. Bürste ablassen/anheben
3. Saugbalken ablassen/anheben
4. Wassermenge regulieren
5. Bürstendrehgeschwindigkeit regulieren
6. Bürstenanpressdruck regulieren
7. Reinigungsgeschwindigkeit vorwärts regulieren
8. Reinigungsgeschwindigkeit rückwärts regulieren
9. Fahren
10. Nothalt
11. Feedback (von links)
    – Rest Batterie
    – Rest Frischwasser
    – Rest Schmutzwassertank
    – Rest Bürste
    – Rest Saugbalken

Die Besonderheit des dritten Prototyps besteht in der schnellen Übersicht über alle verfügbaren Funktionen der Maschine. Sie müssen also nicht am Gerät gesucht oder über Untermenüs aufgerufen werden. Sämtliche Reinigungsparameter sind über entsprechende Folienschalter einstellbar. Im Sinne der Konsistenz ist das Bedienprinzip jeweils identisch. Der

Nutzer wird zu ökologisch sinnvollem Verhalten angehalten, ohne dass ihm dies bewusst ist. Er muss zunächst bis zu neun Mal auf den Tippschalter einer Funktion drücken, ehe er die höchste Einstellung des Reinigungsparameters gewählt hat, was er aus Gründen des geringeren Arbeitsaufwandes vielleicht vermeiden wird. Weiterhin wird ihm durch die optische Gestaltung des Anzeigebalkens schon frühzeitig das Gefühl vermittelt, er habe bereits eine hohe Einstellung vorgenommen.

Um die Bedienung zu vereinfachen, befinden sich die Schalter für die Bürste und den Saugbalken zentral an der Bedienoberfläche. Da in der Praxis Bürste und Gummi für den Saugbalken häufig zu spät gewechselt werden - wodurch das Reinigungsergebnis beeinträchtigt und der Ressourcenverbrauch durch mehrmaligen Reinigungsdurchgang oder erhöhte Einstellungen bei den Reinigungsparametern Wassermenge, Bürstenanpressdruck und/oder Bürstendrehgeschwindigkeit erhöht wird –, wurde eine Restnutzungsdaueranzeige auf der Bedienanzeige integriert. Um eine höhere Konsistenz und eine bessere Verständlichkeit zu erreichen, wurden auch die Anzeigen für die Batterie und das Wasser als Restverfügbarkeit angegeben.

6.4.2.2 Evaluation der papierbasierten Prototypen

Die Evaluation der ausgewählten Prototypen erfolgte nach den Kriterien Benutzerfreundlichkeit und Umweltgerechtheit. Dazu wurde ein Usability-Test eingesetzt, mit dem das Nutzerverhalten beim Bedienen des Geräts, die Bewertung des neu entwickelten Systems durch die Nutzer sowie der Grad des Systemverständnisses erfasst wurden.

Die Umweltgerechtheit bezog sich auf die in der Nutzungsphase verbrauchten Ressourcen (elektrische Energie und Wassermenge). Sie wurde operationalisiert mit der gewählten Einstellung der Reinigungsparameter (Wassermenge, Bürstenanpressdruck). Eine niedrige Parametereinstellung ist mit einem geringeren Ressourcenverbrauch assoziiert und deswegen als umweltgerechter zu betrachten als eine hohe Einstellung der Reinigungsparameter. Die Benutzerfreundlichkeit des Geräts wurde anhand der subjektiven Beurteilung und des Grads des Systemverständnisses (z. B. Wissen über das Vorgehen beim Reinigungsvorgang und die unterschiedlichen Reinigungsparameter) gemessen. Die subjektive Beurteilung wurde mit einem Fragebogen vorgenommen, der unterschiedliche Gegensatzpaare zur Beschreibung von Wahrnehmungseindrücken (z. B. originell – konventionell, geordnet – verworren) enthielt.

Das Testszenario bestand aus 16 Verschmutzungsszenarien, die sich in der Art und der Intensität der Verschmutzung (z. B. Limonade, Lehm) unterschieden und zudem unterschiedliche Bodenarten (z. B. Marmor, Holz) enthielten.

Die wesentlichen Untersuchungsergebnisse sind:

- *Parametereinstellung:*
  Es zeigte sich, dass beim Prototyp „Mengenanaloge Rückmeldung" die Reinigungsparameter am niedrigsten eingestellt werden. Als niedriger erwies sich die Einstellung des Bürstenanpressdrucks. Diese niedrige Parametereinstellung ist besonders für den Bürstenanpressdruck von großer Bedeutung, da diese Funktion laut Hersteller die größte Strom-Verbrauchsquelle und damit aus ökologischer Perspektive die wichtigste Funktion ist. Aufgrund dieser Ergebnisse zeichnet sich der Prototyp „Mengenanaloge Rückmeldung" eindeutig durch eine höhere Umweltgerechtheit aus.
- *Subjektive Beurteilung:*
  Die subjektive Beurteilung wurde auf fünf Wahrnehmungsdimensionen erfasst (z. B. visueller Eindruck, Bedienbarkeit, Nutzer-Produkt-Interaktion). Hierbei schnitt der Prototyp „Konventionelle Direktwahl" dicht gefolgt von dem Prototyp „Mengenanaloge Rückmeldung" am besten ab.
- *Systemverständnis:*
  Das Systemverständnis wurde unterteilt in das Wissen über die Funktionen des Geräts, das Wissen über die Vorgehensweise beim Durchführen eines Reinigungsvorgangs und das Wissen über die Anzeigen am Gerät. Insgesamt ergab sich hier ein gemischtes Bild. Die Systemfunktionen konnten am besten von den Testpersonen am Prototyp „Konventionelle Direktwahl", gefolgt vom Prototyp „Mengenanaloge Rückmeldung" und am schlechtesten am Prototyp „Expertiseorientierte Bedienmodi" wiedergegeben werden. Dieses Muster ließ sich auch bezüglich des prozeduralen Wissens finden. Eine klare Überlegenheit des Prototyps „Mengenanaloge Rückmeldung" zeigte sich hinsichtlich des Wissens über die Ausgabeelemente am Gerät. Dieser letzte Befund lässt sich mit der direkten Sichtbarkeit aller Anzeigen auf dem Display erklären.

Ein weiteres interessantes Ergebnis der Analyse der Nutzer-Interaktionen war, dass Voreinstellungen (Eco-Einstellung, Handlungsempfehlung) von den Testpersonen sehr häufig gewählt werden. Dennoch war insgesamt die gewählte Parametereinstellung am Prototyp „Mengenanaloge Rückmeldung" im Vergleich zu den beiden anderen Prototypen, die über diese ökologischen Voreinstellungen verfügten, immer noch deutlich geringer. Eine Erklärung für diesen Befund liegt möglicherweise in der Art der Rückmeldung über die gewählte Einstellung. Während bei den beiden anderen Prototypen die Rückmeldung in Form von Drehschaltern und Leuchtanzeigen punktuell erscheint, vermittelt der Prototyp „Mengenanaloge Rückmeldung" eine zur Höhe der gewählten Parametereinstellung mengenanaloge Rückmeldung: je höher die gewählte Einstellung ist, desto mehr Rechtecke erscheinen im Display. Dies ist aus ökologischer Perspektive ein wichtiger Befund, der weiterverfolgt werden sollte.

In Tabelle 23 sind die Evaluationsergebnisse zusammenfassend dargestellt. Aus Gründen der Übersichtlichkeit werden nur die Ränge der Prototypen dargestellt. Der Prototyp „Mengenanaloge Rückmeldung" weist den besten Rang hinsichtlich der Parametereinstellung und damit im Bezug auf die Umweltgerechtheit auf. Ebenfalls sehr gut schneidet er in dem vermittelten Systemverständnis ab, was eine wichtige Voraussetzung für die Reduzierung von Bedienfehlern darstellt. Die durchweg guten Werte in der subjektiven Beurteilung deuten darauf hin, dass dieser Prototyp auch eine hohe Kundenakzeptanz aufweisen wird. Letzteres wird zwar auch vom Prototyp „Konventionelle Direktwahl" erfüllt, jedoch ist dieser hinsichtlich des wichtigen Kriteriums der Umweltgerechtheit als eher schlecht zu beurteilen.

Tabelle 23. Zusammenfassung der Ergebnisse. (Die Zahlen in den Zellen geben den Rang des jeweiligen Prototyps in der jeweiligen Merkmalsklasse an).

Prototyp	Parameter-einstellung	Subjektive Beurteilung	Mentales Modell	Gesamt
„Konventionelle Direktwahl"	3	1	1,5	5,5
„Expertiseorientierte Bedienmodi"	2	3	3	8
„Mengenanaloge Rückmeldung"	1	2	1,5	4,5

6.4.2.3 Marktpsychologische Bewertung

Nach der ergonomischen Evaluation des Ausgangsprodukts wurde eine Kundenbefragung durchgeführt, in welcher mit Hilfe der Kano-Methode die möglichen Produktveränderungen darauf überprüft wurden, inwieweit sie den Vorstellungen der Kunden entsprechen. Ziel dieser Untersuchung war es, an dem neuen Gerät vor allem solche ergonomischen Veränderungen zu realisieren, die den Wünschen der Kunden besonders gut entsprechen. Auf diese Weise kann sichergestellt werden, dass die ergonomischen Optimierungen die Marktakzeptanz des Produkts nicht gefährden, sondern im Gegenteil sogar den vom Kunden wahrgenommenen Nutzen bzw. die wahrgenommene Produktqualität weiter steigern.

Von den 12 zur Beurteilung vorgelegten ergonomischen Veränderungen wurden folgende besonders positiv bewertet:

- Sofortige Einsatzbereitschaft des Geräts, d. h., es müssen keine weiteren Vorbereitungen getroffen werden, um das Gerät zu bedienen.
- Anleitung bei der Bedienung des Geräts durch eine Anzeige der nächsten Arbeitsschritte auf dem Bedienfeld.
- Einstellbarkeit des Bürstenanpressdrucks, der Bürstendrehgeschwindigkeit und der Wassermenge direkt auf dem Bedienfeld.
- Anzeige der Restlaufzeit auf dem Bedienfeld.

Darüber hinaus war es für die Befragten ganz besonders wichtig und nahezu selbstverständlich, dass die Reinigungsfunktionen manuell eingestellt werden können (anstelle einer automatisierten Einstellung) und der Wasserstand am Gerät durch einen zusätzlichen Füllstandanzeiger angezeigt wird. Ein modernes Design des Geräts und die Verdeutlichung der Gerätefunktionen durch Piktogramme sind für die Befragten dagegen weniger wichtig.

6.4.3 Umsetzung des strukturellen/operationalen Prototyps

Die Ergebnisse der papierbasierten Evaluation wurden anschließend mit Vertretern des Industriepartners diskutiert mit dem Ziel, einen Prototyp auszuwählen, der dann als struktureller Prototyp, d. h. als 3D-Modell, umgesetzt und nochmals evaluiert werden sollte.

Die Entscheidung fiel auf den Prototyp „Mengenanaloge Rückmeldung“. Aus der Diskussion mit dem Industriepartner ergaben sich noch einige Optimierungsvorschläge, die im strukturellen Prototyp umgesetzt wurden (Abbildung 92). Im Wesentlichen bestanden die Modifikationen in der Entfernung redundanter Restanzeigen (Schmutzwassertank) und in der Umwandlung einer technisch nur schwer zu realisierenden Restreichweite von Bürsten und Sauglippen in einfache Warnanzeigen bei Störungen.

Abb. 92. Modifizierter Prototyp „Mengenanaloge Rückmeldung".

6.4.4 Konsistenzuntersuchungen

Neben den bereits dargestellten Fragestellungen beschäftigte sich das Kooperationsprojekt im Rahmen seines ergonomischen Forschungsstrangs auch mit der Frage, inwiefern Nutzer, die zwischen verschiedenen Produkten der gleichen oder einer ähnlichen Klasse wechseln müssen, durch die konsistente Gestaltung der Bedienoberflächen unterstützt werden können. Die Fragestellung wurde gemäß der Produktpalette des industriellen Kooperationspartners am Beispiel von Scheuersaugmaschinen einerseits und Kehrmaschinen andererseits untersucht.

Da es sich bei der Thematik um ein weitgehend neues Forschungsgebiet handelt, musste eine Definition und Klassifikation des Begriffs Konsistenz erst noch entwickelt werden. Konsistenz wurde zunächst als *einheitliche und widerspruchsfreie Gestaltung von Bedienoberflächen* definiert.

Wie aus Tabelle 24 zu ersehen ist, wurden weiterhin sechs unterschiedliche Bezugspunkte definiert, auf die sich die konsistente Gestaltung von Bedienoberflächen beziehen kann. Die resultierenden Bezugspunkte wurden dabei auf einem unterschiedlichen Abstraktionsgrad definiert: Neben sehr konkreten Aspekten von Bedienoberflächen, wie z. B. der Sprache, der Farben und der Anordnung der Bedienelemente, wurden auch abstraktere Aspekte, wie z. B. die verwendeten Methoden, mit aufgenommen, um die verschiedenen Möglichkeiten der konsistenten Gestaltung von Bedienoberflächen möglichst umfassend abbilden zu können.

Weiterhin wurde davon ausgegangen, dass sich alle Bezugspunkte der Konsistenz auf die Gestaltung einer Bedienoberfläche in sich (*interne Konsistenz*) oder die Gestaltung mehrerer Bedienoberflächen zueinander (*externe Konsistenz*) beziehen können.

Tabelle 24. Bezugspunkte der konsistenten Gestaltung von Bedienoberflächen

Bezugspunkt	**Beschreibung**
Ziele	Alle Aspekte der Bedienoberfläche sind auf ein und dasselbe Ziel ausgerichtet, z. B. die optimale Reinigung eines Bodens (Konsistenz in den Zielen).
Methoden	Ein und dasselbe Ziel wird mit derselben Methode erreicht, z. B. Sauberkeit über den Einsatz von Wasser, Reinigungsmittel und Bürstendruck (Konsistenz in den Wegen).
Funktionen	Dieselbe Funktion wird jeweils gleich umgesetzt, z. B. die Alarmfunktion immer durch einen Druckknopf (Konsistenz in den Mitteln).
Sprache	Für dieselbe Bedeutung wird immer dasselbe Zeichen verwendet, z. B. dieselbe Abkürzung, dieselbe Beschriftung oder dasselbe Piktogramm (Konsistenz in der Sprache).
Anordnung	Derselbe Aspekt einer Bedienoberfläche befindet sich immer an derselben Stelle (Konsistenz in der Anordnung).
Farben	Für denselben Aspekt wird immer dieselbe Farbe verwendet, z. B. rot für den Alarmknopf oder gelb für den Korpus (Konsistenz in der Farbgebung).

Aufbauend auf den beschriebenen konzeptionellen Überlegungen wurde ein neues Instrument entwickelt, mit dem die Konsistenz von Bedienoberflächen eingeschätzt werden kann. Dieses Instrument soll Produktentwicklern helfen, das Ausmaß der Konsistenz einer Bedienoberfläche sowie der Konsistenz zwischen zwei verschiedenen Bedienoberflächen einschätzen zu können. Es ist in Abbildung 93 dargestellt.

Das Vorgehen sieht dabei wie folgt aus: Zur Beurteilung der internen und externen Konsistenz können für jeden Bezugspunkt Werte von 0 (völlig inkonsistent) bis 4 (völlig konsistent) vergeben werden. Das Feld „k. A.“ („keine Angabe“) ist für Fälle gedacht, in denen keine Angabe gemacht werden kann, etwa weil z. B. keine Piktogramme verwendet wurden.

Um die Validität der Einschätzung zu erhöhen, ist es ratsam, möglichst mehrere Beurteiler einzubeziehen, deren Werte anschließend gemittelt werden.

		Konsistenz											
		Intern						Extern					
		K.A.	0	1	2	3	4	K.A.	0	1	2	3	4
Bezugspunkte	⇒ Ziele												
	⇒ Methoden												
	⇒ Funktionen												
	⇒ Abkürzungen												
	⇒ Beschriftungen												
	⇒ Piktogramme												
	⇒ Anordnung												
	⇒ Farben												

Abb. 93. Instrument zur Beurteilung der Konsistenz von Bedienoberflächen

Neben den genannten konzeptionellen und methodischen Studien wurde schließlich auch empirisch untersucht, welche Effekte die konsistente Gestaltung von Bedienoberflächen auf das Nutzerverhalten hat. Ausgangspunkt dieser Untersuchung war folgende Überlegung: Sind zwei Bedienoberflächen unterschiedlicher, aber verwandter Produktklassen konsistent, d. h. einheitlich und widerspruchsfrei gestaltet, sollte das Wechseln zwischen den beiden Produkten erleichtert sein. Kennt also z. B. ein Nutzer das eine Produkt schon, so sollte er in der Lage sein, sich schneller in das andere Produkt einzuarbeiten und dort bei der Bedienung weniger Fehler machen. Diese Hypothese wurde im Rahmen einer experimentellen Studie überprüft.

Als Bedienoberflächen wurden drei im Rahmen des Teilprojekts entwickelte papierbasierte Prototypen verwendet. Es handelte sich dabei um einen der zehn entwickelten Prototypen einer Scheuersaugmaschine (vgl. Abschnitt 6.4.2) sowie um zwei Varianten der Bedienoberfläche einer Kehrmaschine. Eine Variante war dabei konsistent zur Scheuersaugmaschine gestaltet und eine inkonsistent. Wie aus der Abbildung 95 zu ersehen ist, bezog sich die konsistente Gestaltung auf die Aspekte „Sprache“, „Farbe“, „Anordnung“ und „Methoden“. Als Ausgangspunkt für die Studie wurde der Prototyp der Scheuersaugmaschine ausgewählt, der sich aufgrund der Art der verwendeten Bedienelemente für eine papierbasierte Konsistenzstudie besonders gut eignete.

Als Hauptergebnis der Studie zeigte sich, dass bei einer konsistenten Gestaltung der Bedienoberflächen tendenziell tatsächlich weniger Fehler gemacht werden als bei einer inkonsistenten Gestaltung (Abbildung 94; KM=Kehrmaschine; SM=Scheuersaugmaschine). Dieser Effekt war allerdings abhängig von der Reihenfolge der Produkte, mit denen gearbeitet wurde: In der Bedingung, in der man zunächst in die Scheuersaugmaschine eingewiesen wurde und dann danach, ohne intensive Einweisung, mit der Kehrmaschine arbeiten sollte, war er besonders stark. Wurde die Reihenfolge jedoch umgekehrt gewählt, so war der Einfluss der Konsistenz nur noch gering und es wurden unabhängig von der Konsistenz deutlich mehr Fehler gemacht.

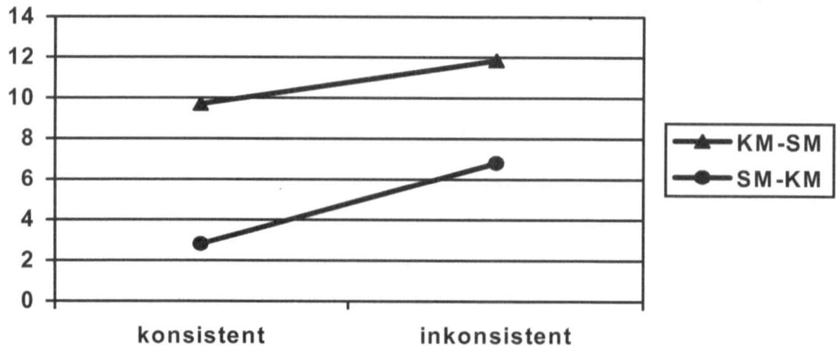

Abb. 94. Bedienfehler beim Wechseln zwischen zwei Produkten

Da die Scheuersaugmaschine als das wesentlich komplexere Produkt gelten kann, können die Ergebnisse dahingehend interpretiert werden, dass beim Wechsel zwischen zwei Produkten eine konsistente Gestaltung der Bedienoberflächen zwar hilfreich ist, im Falle des Wechsels von einem einfachen auf ein komplexes Produkt jedoch nicht ausreicht. In diesem Fall ist vielmehr daran zu denken, den Nutzer noch durch andere Maßnahmen, wie z. B. eine gute Einweisung in das Gerät, zu unterstützen. Erfolgt dagegen der Wechsel von komplexen auf einfachere Produkte, führt eine konsistente Gestaltung alleine schon dazu, dass kaum noch Bedienfehler auftreten (Abbildung 94).

Bedienoberfläche

Scheuersaugmaschine

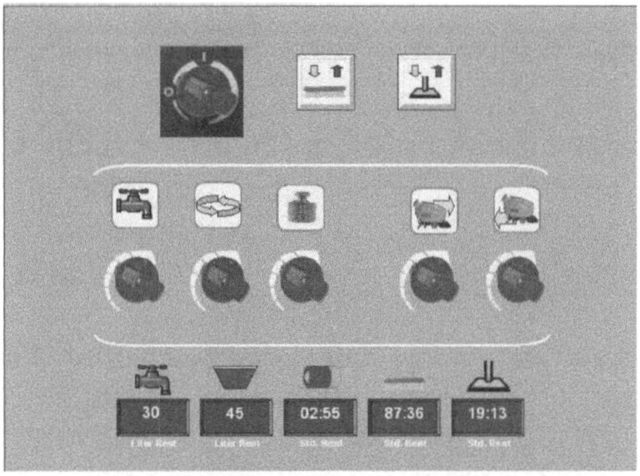

Bedienoberfläche

Kehrmaschine konsistent

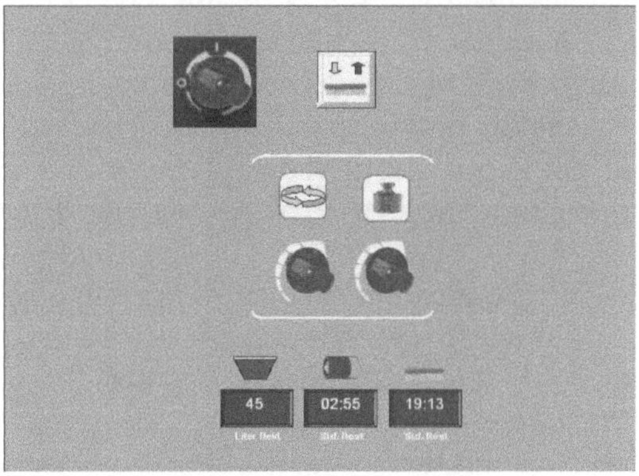

Bedienoberfläche

Kehrmaschine inkonsistent

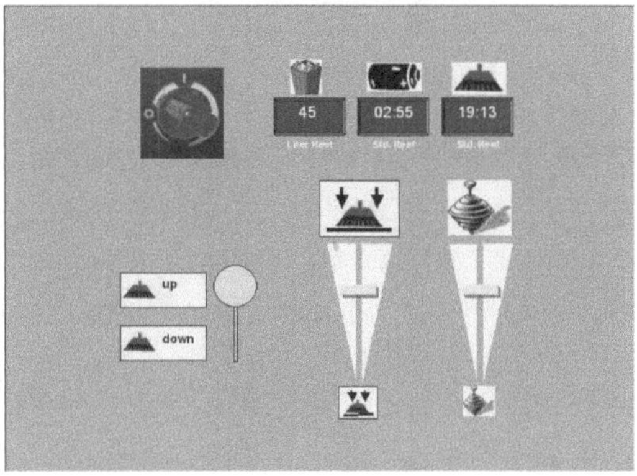

Abb. 95. Prototypen mit unterschiedlicher Konsistenz zueinander

6.4.5 Unterstützung ergonomischer Produktoptimierung durch neue Instrumente der Marktforschung

Neben dem Einsatz bestehender Instrumente der Marktforschung wurden im Rahmen dieses Projekts zwei neue Verfahren entwickelt, um die Marktgerechtheit der ergonomisch optimierten Reinigungsgeräte in Zukunft noch besser gewährleisten zu können. Dies ist sinnvoll, da die valide Erfassung von Anforderungen, die Kunden an Produkte stellen, für Unternehmen in den letzten Jahren ein immer wichtigeres Thema geworden ist. Aufgrund des zunehmenden internationalen Wettbewerbs und des Überangebots an Produkten und Produktvarianten auf den Märkten können nur solche Unternehmen erfolgreich sein, die mit ihren Produkten die Bedürfnisse der Kunden möglichst gut befriedigen [z.B. Backhaus 2003]. Die Erlangung einer guten Marktakzeptanz spielt hier gerade bei der Entwicklung umweltgerechter Produkte eine besonders große Rolle – haben doch die so genannten „Öko-Produkte" zumindest im Bereich der Elektrogeräte immer noch mit einem eher ungünstigen Image zu kämpfen. Unternehmen benötigen daher Informationen darüber, aus welchen Gründen sich ein Kunde letztlich für ein bestimmtes Produkt entscheidet und welche Kriterien bei der Kaufentscheidung den Ausschlag geben. Diese Informationen können dann im Rahmen der ergonomischen, umweltorientierten Optimierung der Produkte besonders berücksichtigt werden.

Zur Bereitstellung dieser Informationen für die ergonomische *und* marktorientierte Optimierung der Reinigungsgeräte wurden daher zwei neue Methoden zur Erfassung der Kundenerwartungen entwickelt: Die *Methode der Dyadischen Kaufentscheidung* basiert dabei auf Beobachtungsdaten, die *Methode zur Ermittlung geltungstiftender Produktmerkmale* auf Befragungsdaten. Beide Methoden werden im Folgenden kurz dargestellt.

6.4.5.1 Methode der Dyadischen Kaufentscheidung

Bei der Dyadischen Kaufentscheidung werden jeweils zwei potenzielle Käufer in einer simulierten Kaufsituation dazu aufgefordert, eine gemeinsame Kaufentscheidung auszudiskutieren. Den beiden Teilnehmern wird dabei eine Reihe von Produktalternativen zur Auswahl gestellt.
Die Diskussion zwischen den beiden „Käufern" wird auditiv aufgezeichnet und anschließend von speziell dafür trainierten Beobachtern ausgewertet. Bei dieser Auswertung wird erhoben, welche Aspekte der zum Kauf stehenden Produkte wie oft benannt wurden.

Der Vorteil dieses Verfahrens ist in seiner besonderen Nähe zu einer konkreten Kaufentscheidungssituation zu sehen. Die aufgezeichneten Diskussionen spiegeln die unmittelbare Wirkung konkreter Produktalternativen auf die potenziellen Käufer wider, ohne etwaige Verzerrungen durch z. B. zeitliche Einflüsse oder soziale Erwünschtheit, wie sie bei Befragungen der Kunden bisweilen vorkommen können.

Die *Methode der Dyadischen Kaufentscheidung* wurde bereits im Rahmen von empirischen Studien erprobt [Felsing, Kushnir & Rüttinger 2007]. Dabei konnten erste Hinweise für ihre Validität gefunden werden.

Nachfolgend wird beispielhaft auf eine Studie eingegangen, bei der die Probanden zwischen vier unterschiedlichen Staubsaugern zu wählen hatten (Staubsauger zählen ebenfalls zur Produktpalette des industriellen Kooperationspartners, vgl. Einleitung).

Bei der Analyse der aufgezeichneten Kaufgespräche wurden insgesamt 61 unterschiedliche Produktmerkmale berücksichtigt. Am Ende war es jedoch nur eine kleine Gruppe von Produktmerkmalen, über die besonders häufig gesprochen wurde. Am meisten wurde dabei über die Leistung der Produkte diskutiert. Außerdem wurde auch über die Art der Reinigungstechnik, das Design, das Vorhandensein zusätzlicher Filter, integriertes Zubehör und das Gewicht häufiger gesprochen als über alle anderen Produktmerkmale.

Es stellt sich nun die Frage, inwiefern diese Ergebnisse zur Kaufentscheidung der Teilnehmer in Bezug gesetzt werden können.

Abbildung 96 zeigt die Merkmale, bei denen sich das Produkt, das von den meisten (67 %) der Probanden favorisiert wurde, von den drei anderen, zur Auswahl stehenden Produkten, unterschied („Alleinstellungsmerkmale").

Es fällt auf, dass einige Alleinstellungsmerkmale zu den Merkmalen gehören, über die am häufigsten diskutiert wurde. So sind z. B. die drei am häufigsten diskutierten Produktmerkmale (Leistung, Reinigungstechnik und Design) jeweils solche Alleinstellungsmerkmale. Das von den meisten Probanden favorisierte Produkt hatte die größte Leistung, verfügte als einziges Produkt über eine Standardtechnologie und hatte das schönste Design.

Allerdings wurden nicht alle Alleinstellungsmerkmale besonders häufig diskutiert. Manche, wie z. B. der integrierte Teppichheber oder der wiederverwendbare Staubbeutel, waren sogar sehr selten Gegenstand der Diskussionen. Über Alleinstellungsmerkmale wurde vielmehr nur dann besonders häufig diskutiert, wenn diese gleichzeitig von den Probanden auch sehr leicht erschlossen werden konnten.

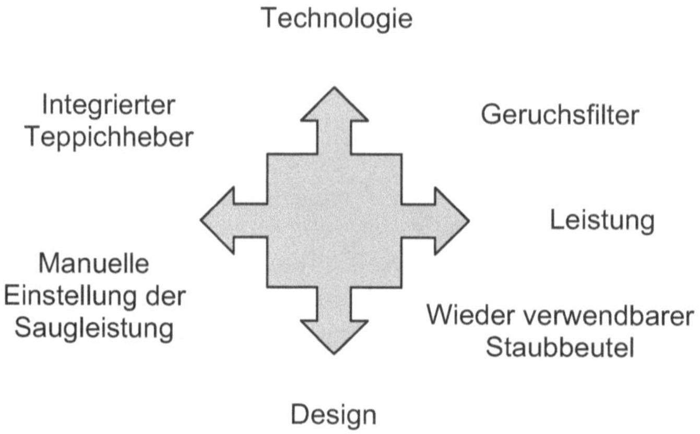

Abb. 96. Alleinstellungsmerkmale des am häufigsten gewählten Produkts

Insgesamt erwies sich die *Methode der Dyadischen Kaufentscheidung* als gut geeignet, die zentralen Merkmale zu ermitteln, durch welche sich die konkreten Produktalternativen aus Sicht der Kunden voneinander unterscheiden. Die Methode ist daher z. B. dann gut einsetzbar, wenn eine neu entwickelte Produktalternative mit bereits vorhandenen Varianten verglichen werden soll und man feststellen will, welche Aspekte hier in der Wahrnehmung der potentiellen Käufer von entscheidender Bedeutung sind.

6.4.5.2 Methode zur Ermittlung geltungstiftender Produktmerkmale

Neben der Bewertung der eigentlichen Zweckmäßigkeit und des damit verbundenen Grundnutzens eines Produkts spielt für viele Kunden auch ein möglichst hoher Zusatznutzen bei der Kaufentscheidung eine große Rolle. Vor allem die Möglichkeit, mit dem Produkt bei anderen Personen einen positiven Eindruck zu vermitteln, wird von Kunden oftmals als besonders wichtig angesehen. Dieser Sachverhalt spielt auch für die Kunden der Firma Kärcher eine wichtige Rolle, insbesondere wenn sie, z. B. als Gebäudereinigungsunternehmen, das Bodenreinigungsgerät vor Ort bei den jeweiligen Auftraggebern einsetzen. Werden die Reinigungsgeräte als hochwertig und innovativ angesehen, erhöhen sie auch die wahrgenommene Qualität der Reinigungsleistung des Serviceunternehmens.

Welche Eigenschaften eines Produkts allerdings den Geltungsnutzen ausmachen, kann produktübergreifend nur ungenau beantwortet werden.

Sinnvoller ist die individuelle Ermittlung der geltungstiftenden Produkteigenschaften am konkreten Produkt. Um diese Ermittlung zu erleichtern, wurde eine spezielle Methode entwickelt. Ihr liegt ein Modell der geltungsbezogenen Kundenzufriedenheit zugrunde, das von drei zentralen Annahmen ausgeht:

1. Kunden (z. B. Gebäudereinigungsunternehmen) möchten mit den Produkten, die sie kaufen (z. B. Bodenreinigungsgeräte), auch bei anderen Personen (z. B. Auftraggebern der Reinigungsfirmen) einen guten Eindruck machen.
2. Dazu ist es aus Kundensicht wichtig, mit dem Produkt die Erwartungen der Auftraggeber möglichst gut zu treffen.
3. Je besser ein Produkt den Erwartungen dieser Personen entspricht, desto größer sind der von den Kunden wahrgenommene Geltungsnutzen und die Zufriedenheit mit dem Produkt.

In Anlehnung an die Methode von Kano (vgl. Kapitel 6.3.2) können einzelne Eigenschaften des Bodenreinigungsgeräts danach klassifiziert werden, wie sehr sie den Erwartungen der Auftraggeber von Reinigungsfirmen entsprechen und dadurch zur Steigerung des Images der Reinigungsfirma beitragen. Sie werden dann als Basis-, Leistungs- oder Begeisterungseigenschaften des Geltungsnutzens eingestuft, woraus sich unterschiedliche Empfehlungen für die Produktgestaltung ergeben: Geht es beispielsweise darum, ein Standard-Reinigungsgerät in einem eher niedrigen Preissegment zu entwerfen, ist es ausreichend, lediglich die Basiseigenschaften des Geltungsnutzens zu realisieren. Soll das Reinigungsgerät dagegen einen besonderen USP bieten, der zudem mit einem höheren Preis einhergeht, empfiehlt sich die Realisierung der geltungsbezogenen Leistungs- und insbesondere der Begeisterungseigenschaften.

Mit Hilfe eines speziell entwickelten Befragungsinstruments [Haury 2007] kann bereits in der Entwicklungsphase des Bodenreinigungsgeräts analysiert werden, welchen Geltungsnutzen verschiedene Produkteigenschaften besitzen, und es kann kundenorientiert entschieden werden, welche Eigenschaften am Gerät realisiert werden sollen, um einen hohen, mittleren oder geringen Geltungsnutzen zu vermitteln.

Die neu entwickelte Methode wurde zunächst am Beispiel weniger komplexer elektrischer Geräte erprobt und evaluiert. Sie erwies sich dabei als leicht verständliche und ökonomisch einsetzbare Methode zur Ermittlung von Kundenerwartungen.

6.5 Fazit und Handlungsempfehlungen

Die gleichzeitige Berücksichtigung von ergonomischen und marktpsychologischen Kriterien bei der Entwicklung des Bodenreinigungsgeräts erwies sich als sehr hilfreiches Vorgehen. Es zeigte sich, dass einige wichtige ergonomische Gestaltungsziele auch wichtige Kaufkriterien sind, die zugleich zur ökologischen Produktverbesserung beitragen. Dies gilt insbesondere für die Einfachheit der Bedienung, das Anzeigen der nächsten Arbeitsschritte auf der Bedienoberfläche, das Anzeigen der Restlaufzeit und die Positionierung des Bürstendrucks. Es wird deshalb empfohlen, im Rahmen eines ganzheitlichen Ansatzes ergonomische und marktpsychologische Gestaltungskriterien gleichermaßen zu berücksichtigen und von vornherein die „integrativen" Merkmale in die Produktentwicklung einzubeziehen.

Die Umweltgerechtheit ist keine explizite Kundenanforderung an gewerblich genutzte Bodenreinigungsmaschinen. Die Umweltgerechtheit der Produkte sollte deswegen eher implizit über die benutzerfreundliche und Ressourcen schonende Gestaltung der Geräte umgesetzt werden. Die ergonomische Optimierung hat z. B. zur Folge, dass weniger Fehler gemacht werden und damit weniger Schäden an den Geräten auftreten und weniger elektrische Energie verbraucht wird. Neben der Umweltfreundlichkeit wird damit gleichzeitig die Produktqualität und -wirtschaftlichkeit, welche wichtige Kundenerwartungen sind, verbessert.

Die Funktions- und Gestaltungsmatrix, welche eine Übersicht über alle verfügbaren Gerätefunktionen und eine Auflistung der entsprechenden Implementierungsoptionen enthält, war eine anregende Grundlage für neuartige und innovative Lösungen. Sie ist vor allem in der Anfangsphase der Produktentwicklung dazu geeignet, vorschnelle Festlegungen auf konventionelle Lösungen zu vermeiden.

Es zeigte sich, dass die nutzerbasierten ergonomischen Evaluationsmethoden sehr zeitaufwändig sind. Es ist deswegen sinnvoll, bei der ergonomischen Evaluation zunächst mit expertenbasierten Verfahren (z. B. Heuristische Analysen) zu beginnen und erst in den späteren Phasen der Produktentwicklung zu aufwändigeren Usability-Studien überzugehen. Dabei ist allerdings zu bedenken, dass die verschiedenen Beurteilergruppen unterschiedliche Nutzungsprobleme benennen. So achten z. B. Nutzernovizen stärker auf Probleme, die bei der Bedienung des Geräts auftreten, während Nutzerexperten stärker Einschränkungen der Funktionalität und der Leistungsfähigkeit hervorheben.

Für die marktpsychologischen Methoden gelten ähnliche Überlegungen wie für die ergonomischen Methoden. Es wird empfohlen, mit Befragungsmethoden zu beginnen und Beobachtungsmethoden erst in den späten Phasen der Produktentwicklung einzusetzen. Dies gilt auch für die Befragungsmethode zur Ermittlung geltungsstiftender Produkteigenschaften und die Beobachtungsmethode der Dyadischen Kaufentscheidung. Mit der *Methode zur Ermittlung geltungsstiftender Produkteigenschaften* können *alle* potenziellen Produkteigenschaften von den Kunden/Testpersonen auf ihren Beitrag zum Produkt(geltungs)nutzen hin beurteilt werden. Vor dem Hintergrund der angestrebten Positionierung des Produkts auf dem Markt wird damit sichergestellt, dass vom ersten Prototyp an die Erwartungen der Kunden in der Produktgestaltung berücksichtigt werden. Die *Methode der Dyadischen Kaufentscheidung* eignet sich besonders zum Einsatz in späteren Phasen der Produktentwicklung, in denen bereits zumindest ein Prototyp des neuen Produkts vorliegt, für den spezifische kundenorientierte und umweltgerechte Produktverbesserungen ermittelt werden können.

Bei der Gestaltung von Bedienoberflächen sollte schließlich auf die Konsistenz zwischen ähnlichen Produkten geachtet werden, um den Wechsel zwischen den Produkten zu erleichtern und damit die Fehlerhäufigkeit zu verringern. Vor allem beim Wechsel von komplexen auf einfache Produkte können hierdurch Bedienfehler deutlich reduziert werden. Um die konsistente Gestaltung von Bedienoberflächen systematisch vorzunehmen, sollte das erarbeitete Beurteilungsinstrument als Grundlage verwendet werden.

6.6 Literatur

[Sauer & Rüttinger 2006] Sauer, J.; Rüttinger, B.: Nutzerorientierte Gestaltung von Gebrauchsgütern. In: Zimolong, B.; Konradt, U. (Hrsg.) Enzyklopädie der Psychologie: Ingenieurpsychologie, Hogrefe: Göttingen 2006, S. 709-736

[Beyer & Holtzblatt 1998] Beyer, H.; Holtzblatt, K.: Contextual Design: Defining Customer-Centered Systems, Morgan Kaufmann: San Francisco 1998

[Holtzblatt & Jones 1993] Holtzblatt, K.; Jones, S.: Contextual Inquiry: Principles and Practice. In: Schuler, D.; Namioka, A. (Hrsg.) Participatory Design: Principles and Practice, Lawerence Earlbaum: Hillisdale, NJ 1993

[Nielsen 1999] Nielsen, J.: Usability Engineering. Boston; Academic Press: 1993

[Dumas & Redish 1999] Dumas, J.S.; Redish, J.C.: A Practical Guide to Usability Testing., Intellect: Exeter 1999

[Hinterhuber & Matzler 2004] Hinterhuber, H.H.; Matzler, K.: Kundenorientierte Unternehmensführung, Gabler Verlag: Wiesbaden 2004

[Backhaus 2003] Backhaus, K.: Industriegütermarketing, Franz Vahlen: München 2003

[Felsing et al. 2007] Felsing, T.; Kushnir, M.; Rüttinger, B.: The Dyadic Purchase Decision (DPD). A new method for the measurement of purchase criterias. Institutsbericht, Institut für Psychologie: Darmstadt 2007

[Haury 2007] Haury, K.: Geltungsmotivierter Konsum. Befunde und Empfehlungen für eine kundenorientierte, bedarfsgerechte Produktkonzeption.; Peter Lang, Europäischer Verlag der Wissenschaften: Frankfurt 2007

7 Leitfaden zur Einführung von EcoDesign in Unternehmen

Jan Großmann, Udo Hermenau, Dirk Hanusch

7.1 Einführung

Der vorliegende Leitfaden ist aus den Erfahrungen der zuvor beschriebenen Teilprojekte C1 bis C6 des Transferbereichs 55 abgeleitet und für die allgemeine Anwendung aufbereitet. Er entspricht einer Zusammenfassung der in den einzelnen Projekten erzielten Forschungsergebnisse und berücksichtigt darüber hinaus die Erkenntnisse aus den neun Jahren Forschung im Sonderforschungsbereich 392.

Der Leitfaden richtet sich grundsätzlich an Unternehmen oder Organisationen, die den Ansatz des EcoDesigns in ihre Prozesse integrieren wollen. Die Motivation für die Einführung kann im Einzelfall sehr unterschiedlich sein, z. B.

- das Erfüllen neuer gesetzlicher Anforderungen,
- eine Operationalisierung vorhandener oder neuer Umweltziele auf Unternehmensebene (z. B. Erfüllen der gesellschaftlichen Verantwortung, Corporate Responsibility),
- das Umsetzen von umweltbezogenen Kundenanforderungen,
- die Verfolgung einer präventiven Strategie durch das Einführen einer Selbstverpflichtung oder
- das Nutzen der Erkenntnisse in einer Marketingstrategie, z. B. Übernahme der Vorreiterrolle in der Branche mit umweltgerechten Produkten (Schaffen von Alleinstellungsmerkmalen).

Insbesondere ist der Leitfaden an das mit der Umsetzung betraute Projektteam adressiert. Er weist Checklistencharakter auf und soll bei der Planung der Projekt- bzw. Handlungsschritte unterstützen, wobei kein Anspruch auf Vollständigkeit erhoben wird. Vielmehr soll der Leitfaden eine Orientierung bei der Umsetzung des EcoDesigns bieten, die von den Unternehmen selbst ausgestaltet wird. Von daher ist es dem Anwender auch freigestellt, einzelne Schritte zu überspringen, sofern er diese für nicht relevant erachtet oder bereits durchgeführt hat. Die Autoren empfehlen jedoch, alle Punkte zu bearbeiten.

Für die erfolgreiche Umsetzung der EcoDesign-Strategie werden Handlungsempfehlungen gegeben, die Erfolgsfaktoren herausgestellt und praxisorientierte Hilfsmittel und Instrumente vorgeschlagen. Zur Ergänzung werden Beispiele aus den Transferprojekten aufgegriffen, um weitere Hinweise für die praktische Umsetzung zu geben. Im Rahmen der Umsetzung können vier Handlungsebenen A bis D unterschieden werden, die in Abbildung 97 dargestellt sind.

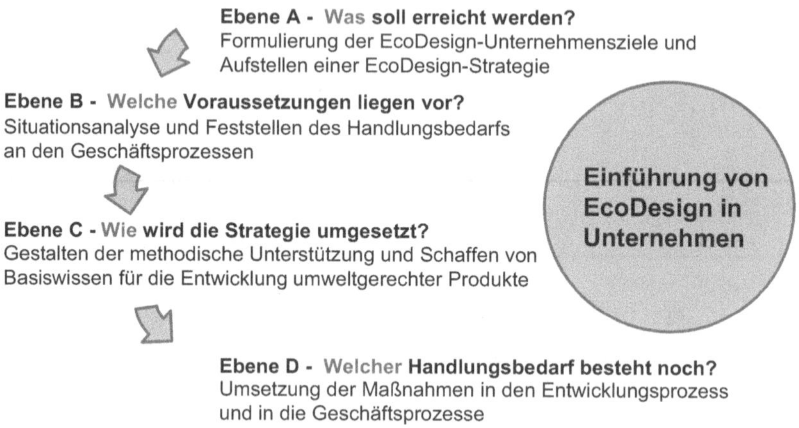

Abb. 97. Aufbau und Ablauf des Leitfadens

Auf der **Ebene A** wird definiert, welche für Ziele mit der Einführung erreicht werden sollen. Es muss hier betont werden, dass eine klare Definition der Ziele auf dieser Ebene die Grundvoraussetzung für das Ableiten einer EcoDesign-Strategie, das Umsetzen im Unternehmen und die abschließende Erfolgskontrolle darstellt. Die Zieldefinition kann für jedes Unternehmen sehr unterschiedlich ausfallen, je nach Umweltperformance, Produktart, Branche und Markt- und Wettbewerbsbedingungen. Mit der Definition seiner Ziele legt jedes Unternehmen selbstständig fest, welcher Stellenwert dem EcoDesign zukünftig beigemessen wird.

In der **Ebene B** wird analysiert, welche Rahmenbedingungen derzeit im Hinblick auf die in Ebene A definierten Ziele vorliegen. Ergebnis dieser Phase ist eine detaillierte Beschreibung des Zustandes vor der Einführung des EcoDesigns. Im Zuge der Analyse werden die Rahmenbedingungen in der Unternehmenspraxis ermittelt und überprüft, welche Erkenntnisse und Informationen bereits im Unternehmen vorliegen. Darauf aufbauend kann der Handlungsbedarf ermittelt werden, der Projektinhalt und -umfang definiert werden.

Basierend auf den Festlegungen und Ergebnissen der beiden vorangegangenen Phasen werden in der **Ebene C** die erforderlichen Maßnahmen konzipiert und umgesetzt. Hierzu zählen das Aufbauen von

Know-how, das Schaffen von Kompetenzen und die Bereitstellung angepasster Methoden und Instrumente. Die Kombination dieser Maßnahmen und der Aufbau der erforderlichen Kommunikationsstrukturen bildet das Grundgerüst des Unterstützungskonzeptes für eine EcoDesign-Produktentwicklung.

Die Umsetzung des ausgearbeiteten Konzeptes im Sinne eines Change Managements erfolgt in **Ebene D**. Voraussetzung für die aktive Anwendung der Methoden und Arbeitsmittel ist ein zielgerichtetes Anpassen der Geschäftsprozesse. Nach erfolgter Implementierung und Anwendung sind abschließend der Zielerreichungsgrad zu überprüfen, Korrekturmaßnahmen festzulegen und die Erkenntnisse aus dem Projekt für eine weitere Nutzung z. B. in kooperierenden Unternehmen zu dokumentieren.

In den nachfolgenden Absätzen werden die Checklisten für die einzelnen Implementierungsebenen vorgestellt.

7.2 Formulierung der EcoDesign-Unternehmensziele und Aufstellen einer EcoDesign-Strategie

Die erfolgreiche Einführung des EcoDesigns beginnt auf der Ebene der Unternehmensziele. Entweder sind schon Umweltbezüge in den Unternehmenszielen formuliert oder müssen solche in Absprache mit der Unternehmensleitung formuliert werden. Dieser Schritt dient der Klärung, welche Ziele mit der Einführung des EcoDesigns erreicht werden sollen. Die Formulierung dieser Ziele ist insbesondere deshalb von überragender Bedeutung, weil sie die Grundlage und Legitimation aller weiteren EcoDesign-Aktivitäten im Unternehmen darstellen. Durch eine klare Zieldefinition und deren anschließende Kommunikation im Unternehmen wird die zukünftige Zusammenarbeit zwischen den Projektverantwortlichen und den übrigen Abteilungen des Unternehmens vereinfacht, da aus den Unternehmenszielen die EcoDesign-Umsetzungsziele abgeleitet werden müssen. Darüber hinaus verdeutlicht die Unternehmensleitung hierdurch den Stellenwert des EcoDesign-Umsetzungsprojektes im Unternehmen.

Durch die Operationalisierung der übergeordneten Unternehmensziele lassen sich die Ziele für die EcoDesign-Strategie formulieren, die im Unternehmen umgesetzt werden sollen. Empfehlenswert ist es, dies zuerst im Rahmen eines Pilotprojekts durchzuführen, bevor die unternehmensweite EcoDesign-Umsetzung erfolgt. Für dieses Projekt gelten die allgemeinen Grundsätze des Projektmanagements, d. h. es ist sicherzustellen, dass die gewünschte Zielsetzung unter Einhaltung eines festzulegenden Kosten- und Zeitrahmens erreicht wird. Anschließend müssen Erfolgskriterien für das Projekt definiert und verantwortliche Mitarbeiter festgelegt werden. Parallel dazu werden die Ziele für Unternehmensbereiche konkretisiert und festgelegt. Die aufgestellten Ziele und Erfolgskriterien werden abschließend im Unternehmen kommuniziert, um die Mitarbeiter über die geplanten Aktivitäten zu Informieren.

Die Abbildung 98 gibt einen Überblick über die Ebene A des Leitfadens.

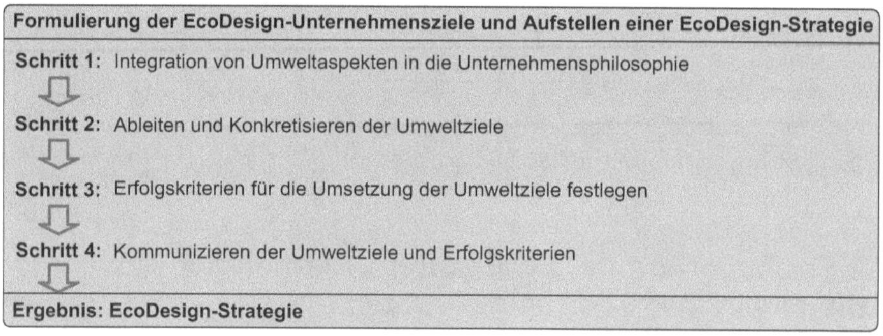

Abb. 98. Aktivitäten und Ergebnisse der Ebene A

Die nachfolgende Übersicht dient als Checkliste für das Formulieren der Unternehmensziele und das Aufstellen der EcoDesign-Strategie. Aus den Industrieprojekten des Transferbereichs wurden den Aktivitäten Erfolgsfaktoren, Handlungsempfehlungen, Hilfsmittel und Beispiele zugeordnet.

Ebene A.1
Integration von Umweltaspekten in die bisherige Unternehmensphilosophie

Handlungsempfehlungen:
- Kritisches Hinterfragen der aktuell formulierten Unternehmensphilosophie in Bezug auf die Umweltziele.
- Wenn Umweltziele enthalten sind, muss deren Umsetzung im Unternehmen erfasst und dokumentiert werden. Ob sich aus dem aktuellen Stand produktbezogene Umweltziele und/oder Maßnahmen für die Prozesse ableiten lassen, ist zu überprüfen.
- Falls noch keine Umweltziele in der Unternehmensphilosophie formuliert sind, sollte das Management Umweltziele definieren. Beim Aufstellen der Umweltziele sollten die Entwicklungsleiter, die Umweltabteilung, die strategische Planung und das Marketing eingebunden werden.

Erfolgsfaktoren:
- Klares und stringentes Formulieren der Umweltziele.
- Gewichten der Umweltziele im Vergleich zu Markt-, Kunden und Wettbewerbszielen.
- Berücksichtigen der unterschiedlichen Bedeutung und Ausgestaltung von Umweltzielen in verschiedenen Ländern und Märkten.

Hilfsmittel:
- Balanced Scorecard.
- Zielvereinbarungen.

Beispiel:
- Eco-SWOT-Analyse bei Kärcher zur Konkretisierung bestehender Umweltziele (vgl. Kapitel 2.2.2.1).
- Hilti Unternehmensziele (vgl. Kapitel 1.1).

Ebene A.2
Ableiten und Konkretisieren der Umweltziele

Handlungsempfehlungen:
- Formulieren von Leitsätzen für den produktbezogenen Umweltschutz im Unternehmen auf Basis der in der Unternehmensphilosophie beschriebenen Umweltziele. Leitsätze sind verbindliche Aussagen dazu, wie der produktbezogene Umweltschutz im Unternehmenskontext verstanden wird. Die Leitsätze dienen als Orientierung bei der praktischen Arbeit im Unternehmen. Sie ordnen die Umweltziele in den Kontext der übrigen Ziele ein, z. B. Qualitäts- und Kostenziele.
- Berücksichtigung der einschlägigen Normen aus dem Umweltbereich, Recherchieren von geeigneten Lösungsansätzen aus z. B. Normen, Verbandsberichten oder Best-Practice-Beispielen für das eigene Unternehmen und Einbinden in vorhandene Managementsysteme.

Erfolgsfaktoren:
- Realistische Einschätzung bezüglich der Chancen und Risiken, der ökologischen Potenziale (was ist machbar?) und der Konsequenzen für das Unternehmen und dessen Markt- und Wettbewerbsposition.
- Sicherstellen der Übereinstimmung von Verantwortlichkeiten, Aufgaben und Kompetenzen.
- Berücksichtigung und Einbeziehen aller betroffenen Stakeholder.

Hilfsmittel:
- Zielkataloge, Kennzahlensysteme.
- DIN EN ISO 14 000 ff.

Beispiele:
- Heidelberg Umweltpolitik (vgl. Kapitel 4.1.4.1).
- Hilti Umweltziele (vgl. Kapitel 1.4.3).

Ebene A.3
Erfolgskriterien für die Umsetzung der Umweltziele festlegen

Handlungsempfehlungen:

- Die Erfolgskriterien sollten eine möglichst umfassende Beurteilung der Umsetzung ermöglichen. Mögliche Erfolgskriterien sind: Akzeptanz bei den Mitarbeitern, Auswirkung auf Qualität, Zeit und Kosten der Produkte, Marktakzeptanz, Wettbewerbsreaktionen, Umwelteffizienz.
- Theoretische Fallbeispiele für EcoDesign-Produkte prospektiv erarbeiten, um eine Vorstellung bezüglich möglicher Erfolgsfaktoren zu bekommen.
- Bei fehlender Entscheidungsgrundlage gegebenenfalls vorläufige Erfolgskriterien aufstellen und diese im Projektverlauf anpassen bzw. ergänzen.

Erfolgsfaktoren:

- Eindeutige Festlegung des Gesamtziels und der Erfolgskriterien unter Berücksichtigung der Marktsituation und Rahmenbedingungen im Unternehmen.
- Messbarkeit der Erfolgsfaktoren anstreben (quantitativ bewertbare Faktoren), zumindest aber qualitative Beurteilung im Team sicherstellen.

Hilfsmittel:

- Methoden zum Festlegen von Gewichtungsfaktoren, z. B. Paarvergleich, gewichtete Punktbewertung, Nutzwertanalyse.

Beispiel:

- Für alle Teilprojekte des Transferbereichs 55 wurden spezifische Erfolgskriterien aufgestellt, die bei Projektabschluss zur Bewertung der Umsetzung genutzt wurden.

Ebene A.4
Kommunizieren der Umweltziele und Erfolgskriterien

Handlungsempfehlungen:
- Beitrag des EcoDesigns zu den Unternehmenszielen beschreiben.
- Schriftliche Fixierung und interne Veröffentlichung bzw. Vermittlung der Ziele und Erfolgskriterien für die spätere Kommunikation.
- Den zukünftigen Akteuren Verantwortlichkeiten zuweisen und Entscheidungskompetenzen einräumen.

Erfolgsfaktoren:
- Richtiges Auswählen und zielgerichtetes Ansprechen der Zuständigen und Betroffenen.
- Auf Verständlichkeit der Ziele achten und Diskurs sicherstellen, insbesondere auf der Umsetzungsebene.
- Schaffen eines ausreichenden Freiraums neben dem Alltagsgeschäft, damit genügend Zeit für die Umsetzung bleibt und die Ziele nicht in der Alltagsarbeit verloren gehen.

Hilfsmittel:
- Mitarbeiterzeitschrift.
- Intranet.
- Betriebsversammlungen.
- Workshops.

Beispiel:
- Internetseite zur Heidelberg Umweltpolitik (vgl. Kapitel 4.1.4.1).

7.3 Situationsanalyse und Feststellen des Handlungsbedarfs an den Geschäftsprozessen

Ebene B dient der Analyse der Ausgangslage beim Umsetzungsprojekt sowie der Definition des geeigneten EcoDesign-Umsetzungskonzepts im Unternehmen.

Eingangs wird mit Hilfe einer Prozessanalyse der reale Produktentstehungsprozess beschrieben, selbst wenn schon eine detaillierte Prozessstruktur, beispielsweise in Form eines Entwicklungshandbuchs, vorliegt. Der Produktentstehungsprozess umfasst dabei den Produktentwicklungsprozess einschließlich der Produktplanungsphase und angegliederte Geschäftsprozesse aus anderen Unternehmensbereichen, wie z. B. das Umweltmanagement, die Arbeitsvorbereitung, die Produktion, die Beschaffung und das Marketing. Hierbei ist insbesondere auf den Unterschied zwischen dem theoretisch vorgesehenen und dem tatsächlich praktizierten Entstehungsprozess einzugehen, da für die Umsetzung der anvisierten Maßnahmen der tatsächliche Zustand relevant ist. Aus diesem Analyseschritt leitet sich der für eine EcoDesign-Umsetzung erforderliche Handlungsbedarf ab.

Um die ökologischen Optimierungspotenziale der Produkte zu ermitteln, müssen deren Umweltwirkungen über deren gesamten Lebensweg erfasst und beurteilt werden. Für die ökologische Beurteilung können je nach Fragestellung unterschiedliche Methoden bzw. Verfahren genutzt werden, so z. B. die Ökobilanz, Kurzbilanzierungsverfahren oder Expertenabschätzungen, die dann je nach Methodenschwerpunkt zu unterschiedlichen Ergebnissen führen können. Von daher erfordert die Auswahl einer geeigneten Methode für eine ökologische Produktbeurteilung entsprechendes Hintergrundwissen. Ist dies im Unternehmen nicht vorhanden, kann externe Unterstützung (z. B. Verbände, Umweltberater, Hochschulen, Umweltinstitutionen) hinzugezogen werden.

Basierend auf den Ergebnissen der Beurteilung können Umweltpotenziale von Produkten oder Produktgruppen identifiziert und der Handlungsbedarf abgeleitet werden.

Beim Erstellen des EcoDesign-Konzepts im Rahmen der Ebene B wird der produkt- und prozessbezogene Handlungsbedarf zusammengefasst und um Zielgrößen erweitert.

Die Abbildung 99 gibt einen Überblick über die Ebene B des Leitfadens.

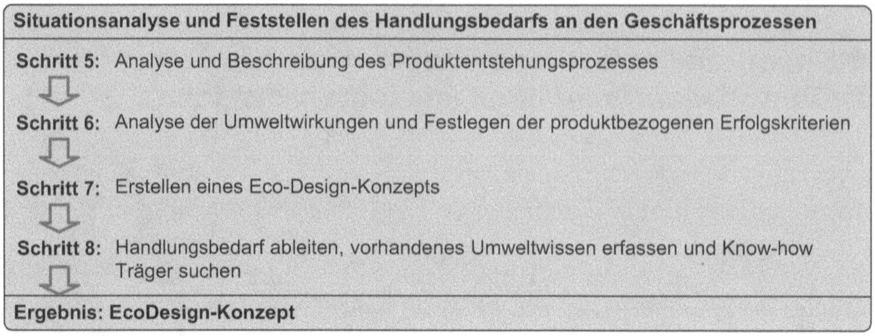

Abb. 99. Aktivitäten und Ergebnisse der Ebene B

Die nachfolgende Übersicht dient als Checkliste für die Situationsanalyse und das Feststellen des prozess- und produktbezogenen Handlungsbedarfs.

Ebene B.1
Analyse und Beschreibung des Produktentstehungsprozesses

Handlungsempfehlungen:

- Durchführung einer strukturierten Befragung der Entwickler zu ihrer Arbeitsweise und den Arbeitsabläufen im Entwicklungsprozess. Ziel der Befragung ist das Ermitteln des realen Entwicklungsprozesses und der dabei wirkenden Rahmenbedingungen.
- Abgleich des dokumentierten Prozesses mit dem tatsächlich „gelebten“ Prozess, um sicherzustellen, dass die zu konzipierenden Maßnahmen an den Praxisbedingungen orientiert sind.
- Feststellen der Einflüsse der Unternehmensbereiche auf Entscheidungen bezüglich des Produkts, um die Entscheidungsträger zu identifizieren und im Gesamtkonzept zu berücksichtigen.

Erfolgsfaktoren:

- Realistisches Abbild des Produktentstehungsprozesses mit seinen Rahmenbedingungen und beteiligten Personen.
- Berücksichtigung des „Faktors Mensch“ in der Entwicklung.
- Auf professionelles Befragungslayout und absolute Vertraulichkeit achten, um ein möglichst realistisches Bild der Situation zu erhalten.
- Interviewer mit angemessenem Hintergrundwissen und Erfahrung auswählen.

Hilfsmittel:

- Allgemeingültige Vorgehensweise zur Prozessanalyse mit den zugehörigen Hilfsmitteln (z. B. Flussdiagramme, Netzwerkdarstellung, Checklisten).

Beispiel:

- In den Projekten C1, C2 und C4 wurden umfassende Prozessanalysen durchgeführt (vgl. Kapitel 1, 2 und 4).

Ebene B.2
Analyse der produktbezogenen Umweltwirkungen und Festlegen der Erfolgskriterien

Handlungsempfehlungen:

- Auswählen eines repräsentativen Produktes aus dem Produktprogramm. Mögliche Auswahlkriterien dabei sind z. B. repräsentative Stückzahl, hohe Umweltrelevanz, Basisprodukt für andere Produkte. Ebenfalls kann ein Produkt ausgewählt werden, dessen Weiterentwicklung aktuell ansteht.
- Liegen im Unternehmen keine oder nur sehr wenige Informationen und Erfahrungen bezüglich der ökologischen Beurteilung von Produkten vor, ist anzuraten, ein Pilotprojekt an einem ausgewählten Produkt unter Zuhilfenahme externer Experten durchzuführen. Aus einem solchen Projekt können sich bereits vielfältige Möglichkeiten und Ansätze zur Verbesserung der Umweltwirkungen des Produktes ergeben.

Erfolgsfaktoren:

- Anwendung geeigneter ökologischer Beurteilungsmethoden bzw. -instrumente.
- Realistische und richtige Einschätzung des Aufwandes für die Arbeitsschritte bei der ökologischen Beurteilung.
- Know-how im Bereich ökologische Beurteilung, z. B. die Anwendbarkeit von Beurteilungsmethoden oder die Ergebnisinterpretation.

Hilfsmittel:

- Benchmarking.
- Ökobilanz.
- Kurzbilanzierungsverfahren.

Beispiel:

- Ökobilanzierung bei Kärcher (vgl. Kapitel 2.2.2.3).
- Kurzbilanzierung bei Hilti (vgl. Kapitel 1.4.3).

Ebene B.3
Erstellen eines EcoDesign-Konzepts

Handlungsempfehlungen:
- Produktbezogenes Konzept: Ableiten von Umweltzielen für das Produktprogramm, d. h. wie sollen einzelne Produkte optimiert werden. Ist z. B. ein einzelnes ökologisches Produkt geplant, oder soll das gesamte Produktprogramm optimiert werden? Erarbeiten von Lösungsfeldern und Bestimmen der erfolgreichsten Variante.
- Prozessbezogenes Konzept: Art und Umfang der Umsetzung des EcoDesigns im Unternehmen und in Geschäftsprozessen beschreiben. Dabei müssen die realen Bedingungen und Entscheidungsspielräume berücksichtigt werden.
- Erarbeiten alternativer Konzepte, um Vergleiche zu ermöglichen und Stärken und Schwächen zu erkennen.
- Analysieren, welche Konsequenzen die aussichtsreichsten Konzepte haben und wie diese gesamtwirtschaftlich zu bewerten sind.
- Auf die Praxisnähe des Konzepts achten. Dies gewährt eine erfolgreiche Umsetzung im Unternehmen. Nach der Umsetzung kann deren Erfolg durch einen Vergleich mit dem aufgestellten Konzept gemessen werden.
- Festlegung eines Hauptverantwortlichen bzw. eines verantwortlichen Personenkreises.

Erfolgsfaktoren:
- Schaffen von klaren Vorstellungen über die Anforderungen an Produkte, Prozesse und Abläufe.
- Das Konzept muss folgende Aspekte in sich vereinen: Praxisnähe, Konsistenz bezüglich Zielen und Maßnahmen, Anwenderakzeptanz.
- Die Bedeutung der frühen Entwicklungsphasen für den Produkterfolg berücksichtigen.

Hilfsmittel:
- Projektverfolgung mit Berichtswesen.
- Methodisches Konzipieren.

Beispiel:
- Erarbeitung des prozessbezogenen Konzepts im Kärcher-C2 Projekt (vgl. Kapitel 2.2).
- Unterstützungskonzept bei Heidelberg (vgl. Kapitel 4.2).
- Implementierungsstrategie bei Hilti (vgl. Kapitel 1.4.3).

Ebene B.4
Handlungsbedarf ableiten, vorhandenes Umweltwissen erfassen und Know-how-Träger suchen

Handlungsempfehlungen:

- Konzept an einem Produkt durchspielen, um zu klären, welcher Handlungs- und Informationsbedarf sich ergibt. Dazu müssen die Akteure ermittelt und festgelegt werden, wie der Informationsbedarf gedeckt werden kann und wie die Informationsflüsse gestaltet werden sollten.
- Alternativ kann das Konzept abstrakt mit dem Produktentstehungsprozess abgeglichen werden, um fehlende methodische Unterstützung für einzelne Arbeitsschritte zu ermitteln. Dabei muss überprüft werden, wo eine methodische Unterstützung notwendig und sinnvoll ist.

Erfolgsfaktoren:

- Im eigenen Unternehmen vorhandenes Wissen erfassen.
- Wissen von anderen Unternehmen, Verbänden, Zulieferern, Hochschulen, Beratern integrieren.

Hilfsmittel:

- Erarbeiten einer Änderungsstrategie (Changemanagement).
- Prozessorientiertes Methodenmodell.

Beispiel:

- Anwendung des Prozessorientierten Methodenmodells bei Heidelberg (vgl. Kapitel 4.1.4.3).

7.4 Gestalten der methodische Unterstützung und Schaffen von Basiswissen zur umweltgerechten Produktentwicklung

In Ebene C werden nun jene Methoden, Arbeitsmittel und Instrumente ausgewählt und ggf. angepasst, die im Rahmen der praktischen Umsetzung der in Handlungsebene B erarbeiteten Prozessabläufe erforderlich sind. Art und Umfang der methodischen Unterstützung definieren sich aus der Zielsetzung des aufgestellten EcoDesign-Konzepts. Der Einsatz von Methoden ermöglicht das Aufstellen ehrgeiziger und konservativer, aber auch kurz- und langfristig realisierbarer Konzepte. Es sollte an dieser Stelle auf ein ausgewogenes Verhältnis zwischen dem im Konzept angestrebten Nutzen und dem daraus resultierenden Aufwand geachtet werden. Zur Reduzierung des Aufwandes empfiehlt sich die unternehmensspezifische Adaption der Methoden in Form von Arbeitsmitteln. Methoden stellen grundsätzliche Vorgehensweisen dar, die ein breites Anwendungsspektrum aufweisen. Arbeitsmittel hingegen, wie z. B. Checklisten, die im Intranet bereitgestellt werden können, oder elektronisch verfügbare Best-Practice-Beispiele basieren zwar auf methodischen Vorgehensweisen, beinhalten aber ein hohes Maß an Handlungsinformationen, sind nahezu selbsterklärend, übernehmen firmenspezifische Vorgehensweisen und Begriffe und leiten den Anwender durch ihre methodische Basis und Integration in bekannte Softwarestrukturen.

An zweiter Stelle steht das Vermitteln der Methoden und des notwendigen Hintergrundwissens durch Schulung und Training zur Methodenanwendung. Die Partizipation der Produktentwickler an der Gestaltung der methodischen Unterstützung ist eine notwendige Voraussetzung für die spätere Akzeptanz der Arbeitsmittel. Damit die Methodenanwendung möglichst schnell verwertbare Resultate liefert, muss den Anwendern die Zielsetzung der Methode und das notwendige Hintergrundwissen vermittelt werden. Die Anwendung einer Methode ohne die zugehörige Entscheidungskompetenz und das erforderliche Wissen kann zu Frustration und Ablehnung des gesamten Konzeptes führen.

Die Abbildung 100 gibt einen Überblick über die Ebene C des Leitfadens.

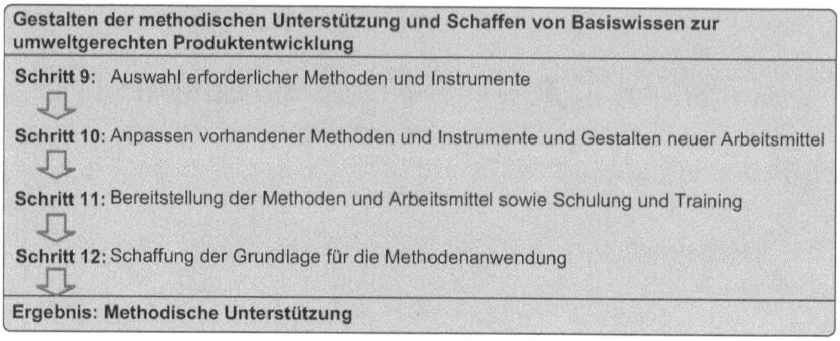

Abb. 100. Aktivitäten und Ergebnisse der Ebene C

Die nachfolgende Übersicht dient als Checkliste für das Gestalten der methodischen Unterstützung und das Schaffen von Basiswissen zur umweltgerechten Produktentwicklung.

Ebene C.1
Auswahl erforderlicher Methoden und Instrumente

Handlungsempfehlungen:
- Erstellen einer Beschreibung, was die Methoden an der jeweiligen Stelle im Entwicklungsprozess leisten sollen.
- Für die Auswahl geeigneter Methoden und Instrumente müssen weitere Kriterien definiert werden. Mögliche Kriterien sind: Bereits vorhandene Methoden im Unternehmen, vorhandene Methodenkompetenz, Kosten (z. B. Lizenzgebühren), Aufwand der Methodenanwendung.
- Mögliche Quellen für Methoden sind: Wissenschaftliche Veröffentlichungen, Methodenhandbücher, Normen, Internet.

Erfolgsfaktoren:
- Kreative Freiräume nicht durch standardisiertes Vorgehen einschränken.
- Methoden und Instrumente müssen sich an dem Bedarf des Anwenders orientieren und auf dessen Entscheidungsspielraum abgestimmt sein.
- Sorgfältige Auswahl der optimalen Methode aus dem umfangreichen Methodenangebot.
- Methoden bevorzugt einsetzen, die im Unternehmen schon in ähnlicher Form verwendet werden.

Hilfsmittel:
- Prozessorientiertes Methodenmodell.
- Methodendatenbanken.

Beispiel:
- Anwendung des Prozessorientierten Methodenmodells bei Heidelberg (vgl. Kapitel 4.1.4.3).

Ebene C.2
Anpassen vorhandener Methoden und Instrumente und Gestalten neuer Arbeitsmittel

Handlungsempfehlungen:

- Anpassen der methodischen Unterstützung an die firmenspezifischen Rahmenbedingungen durch Verwendung des Firmenvokabulars, zielgerichtete Variation einzelner Elemente, Automatisierung, Verwendung des Corporate Designs bei Formularen und Softwaretools.
- Erhöhung der Nutzerakzeptanz durch Einbeziehung des späteren Anwenders bei der Anpassung der Methoden anstreben.
- Schnittstellen zu bzw. Synergien mit vorhandenen Arbeitsmitteln nutzen.

Erfolgsfaktoren:

- Informationsüberfrachtung des Anwenders vermeiden; nur zielführende Informationen bereitstellen.
- Nutzen der Methodenanwendung klar herausstellen.
- Angemessenes Verhältnis zwischen Arbeitsaufwand und Nutzen sicherstellen.

Hilfsmittel:

- Workshops mit Anwendern.

Beispiel:

- Umwelt-QFD und Umwelt-FMEA bei Hilti (vgl. Kapitel 1.4.3.1 und 1.4.3.2).
- House of Environment, RiskMan, EcoSpec bei Heidelberg (vgl. Kapitel 4.2.2).
- Ökobilanztool für Kärcher (vgl. 2.2.3.2).
- Im Teilprojekt C6 (vgl. Kapitel 6) wurden neue Methoden und Instrumente für die ergonomische und marktpsychologische Gestaltung von Bedienoberflächen entwickelt.

Ebene C.3
Vermittlung der Methoden und Arbeitsmittel sowie Schulung und Training

Handlungsempfehlungen:
- Zu den ausgewählten Methoden und Instrumenten sowie zu den angepassten Arbeitsmitteln müssen Dokumentationen für die Anwendung erstellt werden. Bei der Dokumentation ist auf eine einheitliche Form zu achten, die im Unternehmen bekannt und akzeptiert ist.
- Entwickeln eines Trainingskonzepts zur Schulung der Anwender.
- Schaffen des erforderlichen Hintergrundwissens für die Methodenanwendung durch Bereitstellung der Informationen, z. B. durch Aufbau eines Informationsportals.

Erfolgsfaktoren:
- Ausdrückliche Unterstützung durch die Geschäftsleitung.
- Herausstellen des Nutzens für den Anwender und das Unternehmen.
- Vermittlung und Training anhand verständlicher Beispiele.
- Motivierte Mitarbeiter in den Trainingsrunden.

Hilfsmittel:
- Training on the Job & Training of the Job.
- Intranet.
- Entwicklungshandbuch.
- E-Learning.

Beispiel:
- Multiplikatoransatz aus dem Transferprojekt C1. Ein Kernentwicklungsteam wird in der Methodenanwendung geschult und trägt die Idee anschließend in das Unternehmen (vgl. Kapitel 1.3).
- Umweltportal bei Heidelberg (vgl. Kapitel 4.3.1).

Ebene C.4
Schaffung der Grundlage für die Methodenanwendung

Handlungsempfehlungen:

- Sicherstellen, dass die erforderlichen Inputs für die Methodenanwendung verfügbar bzw. in vertretbarer Zeit beschaffbar sind. Die Quellen der Inputs sind zu identifizieren, dazu Rücksprache mit anderen Abteilungen (Controlling, Beschaffung…) halten.
- Die Durchführung eines Pilotprojekts ermöglicht eine Abschätzung der erforderlichen Datengrundlage.

Erfolgsfaktoren:

- Eindeutige Regeln für das Hinterlegen von Daten und Informationen bezüglich Speicherort und Benennung.
- Aktive Durchsetzung eines konsequenten Informationsmanagements.
- Bereitstellung ausschließlich relevanter Informationen.

Hilfsmittel:

- Informationsmanagementsysteme.

Beispiel:

- HTML-Wissenstool bei Hilti (vgl. Kapitel 1.4.4).

7.5 Umsetzung der Maßnahmen in den Entwicklungsprozess und in die Geschäftsprozesse

Die Ebene D stellt die Zusammenführung der strategischen (Ziele), operativen (Prozesse) und inhaltlichen (Arbeitsmittel) Maßnahmen dar. Bei den notwendigen Veränderungen kann auf vorgeschlagene Maßnahmen des Changemanagements zurückgegriffen werden. Die Anwendung der methodischen Unterstützung in Entwicklungsprojekten sollte anfangs begleitet werden, um eine praktische Überprüfung der Zielerreichung zu ermöglichen, Optimierungspotential zu identifizieren und anschließend umzusetzen. Zur Überprüfung der Zielerreichung sollten die in den Ebenen A und B aufgestellten Erfolgskriterien herangezogen werden. Darüber hinaus kann durch einen Vergleich mit vorangegangenen Entwicklungsprojekten der Mehrwert der Methodenanwendung quantifiziert werden.

Die Abbildung 101 gibt einen Überblick über die Ebene D des Leitfadens.

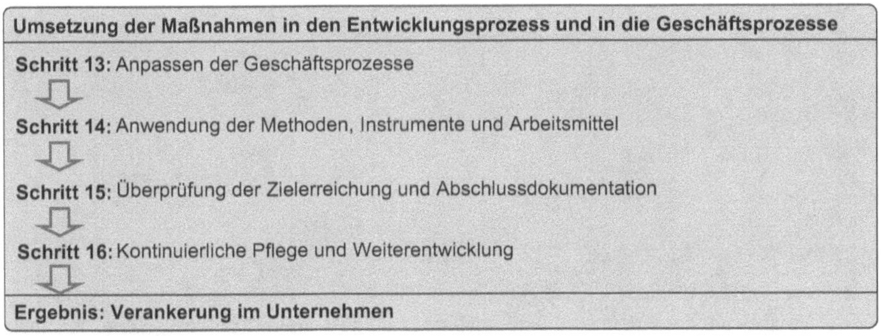

Abb. 101. Aktivitäten und Ergebnisse der Ebene D

Die nachfolgende Übersicht dient als Checkliste für die Umsetzung der Maßnahmen in den Entwicklungsprozess und in die Geschäftsprozesse.

Ebene D.1
Anpassen der Geschäftsprozesse

Handlungsempfehlungen:

- Zur Anwendung des EcoDesign-Konzepts müssen die Geschäftsprozesse und Kompetenzen angepasst werden, z. B. durch Einbinden neuer Methoden in den Entwicklungsprozess. Geänderte Prozessabläufe sind festzuhalten und zu kommunizieren.
- Bei der methodischen Unterstützung sollte zwischen zwingenden und optionalen Elementen unterschieden werden. Optionale Elemente sollten erst später nach Stabilisierung der Umsetzung eingesetzt werden.
- Eine retrospektive Bewertung und deren Dokumentation sollte als Pflichtprozess im Produktentwicklungsprozess vorgesehen werden.

Erfolgsfaktoren:

- Maßnahmen bei Nichteinhaltung der vorgeschriebenen Prozesse festlegen und diese kommunizieren.
- Auf Konsistenz der Maßnahmen achten.

Hilfsmittel:

- Changemanagement.

Beispiel:

- In den Teilprojekten C1, C2 und C4 wurden die entwickelten Methoden, Instrumente und Arbeitsmittel in die firmenspezifischen Entwicklungsprozesse integriert (vg. Kapitel 1, 2 und 4).

Ebene D.2
Anwendung der Methoden, Instrumente und Arbeitsmittel

Handlungsempfehlungen:
- Um gezielte Hilfestellungen geben zu können und Startschwierigkeiten zu überwinden, sollte die Anwendung in der Einführungsphase begleitet werden.
- Mit den identifizierten Schwachstellen und den Verbesserungsvorschlägen können die Methoden, Instrumente und Arbeitsmittel iterativ optimiert werden. Dabei auf Einfachheit und Verständlichkeit achten.

Erfolgsfaktoren:
- Vermitteln des Ziels der Methodenanwendung, um die Nutzerakzeptanz zu erhöhen.
- Die Methoden müssen unter realen Bedingungen die gewünschten Ergebnisse liefern.
- Methodenanwendung nicht mit Sonderfällen überfrachten.

Hilfsmittel:
- Teilnehmende Beobachtung.
- Onlineunterstützung, E-Learning.

Beispiel:
- In den Teilprojekten C1 und C2 wurden die entwickelten Methoden, Instrumente und Arbeitsmittel auf ausgewählte Produkte bzw. in den neu gestalteten Prozessabläufen angewendet.

Ebene D.3
Überprüfung der Zielerreichung und Abschlussdokumentation

Handlungsempfehlungen:

- Zur Überprüfung der Zielerreichung sind die Ergebnisse mit den definierten Erfolgskriterien abzugleichen und für auftretende Abweichungen Korrekturmaßnahmen festzulegen.
- Im Projektablauf einen Zeitrahmen für die Überprüfung der Zielerreichung vorsehen.
- Alle vorgenommenen Änderungen sowie der Verlauf der Umsetzung des EcoDesign-Konzepts sind zwecks späterer Nachvollziehbarkeit zu dokumentieren.

Erfolgsfaktoren:

- Motivation für die Dokumentation schaffen.
- Standard für Dokumentation bereitstellen (strukturiert, kurz und bündig).

Hilfsmittel:

- Skalierungsmethoden.

Beispiel:

- Interne Abschlussberichte der Transferprojekte.

Ebene D.4
Kontinuierliche Pflege und Weiterentwicklung

Handlungsempfehlungen:

- Um das umgesetzte Konzept aktuell zu halten, sind die folgenden ergänzenden Aktivitäten denkbar: Einrichtung eines Frühwarnsystems für neue Umweltgesetze, Anstreben eines Wissenstransfers in andere Geschäftsbereiche des Unternehmens, Aufbau von Netzwerken etc.
- Eine Optimierung des umgesetzten EcoDesign-Konzepts kann in der Nutzung von Synergien bei der Datenbeschaffung (Kosten, Qualität, Umwelt) und im Aufbau von Marketingstrategien zur Kommunikation von Umwelterfolgen liegen.
- Langfristige Erfolgskontrolle über die Akzeptanz von umweltoptimierten Produkten und Prozessen und Nachregulierung der umweltbezogenen Maßnahmen.
- Feedback an die betroffenen Abteilungen und Gruppen.

Erfolgsfaktoren:

- Sicherstellen der Verantwortlichkeiten über das Projektende hinaus.
- Einplanen der erforderlichen Ressourcen.
- Anpassen der Stellenbeschreibungen.

Hilfsmittel:

- Kontinuierlicher Verbesserungsprozess.
- Umweltlabel, Zertifikate.
- Content Management Systeme.

Beispiel:

- Content Management System zur Pflege des Umweltportals bei Heidelberg (vgl. Kapitel 4.3.1).

Index

SPRINGER NATURE

GPSR Compliance

The European Union's (EU) General Product Safety Regulation (GPSR) is a set of rules that requires consumer products to be safe and our obligations to ensure this.

If you have any concerns about our products, you can contact us on ProductSafety@springernature.com

In case Publisher is established outside the EU, the EU authorized representative is:

Springer Nature Customer Service Center GmbH
Europaplatz 3
69115 Heidelberg, Germany

FSC
www.fsc.org
MIX
Papier | Fördert gute Waldnutzung
FSC® C083411

Kolibri 360 GmbH
Ferdinand-Jühlke-Straße 7
99095 Erfurt, Deutschland
produktsicherheit@kolibri360.de